浙江省普通高校“十三五”新形态教材

Chinese and Foreign Catering Culture

中外餐饮文化

李　娜　◎ 编著

ZHEJIANG UNIVERSITY PRESS
浙江大学出版社

图书在版编目（CIP）数据

中外餐饮文化/李娜编著. — 杭州：浙江大学出版社，2022.4（2025.2重印）

ISBN 978-7-308-21689-0

Ⅰ. ①中… Ⅱ. ①李… Ⅲ. ①饮食—文化—世界—教材 Ⅳ. ①TS971.201

中国版本图书馆CIP数据核字（2021）第169766号

中外餐饮文化

李　娜　编著

策划编辑　李　晨
责任编辑　李　晨
责任校对　郑成业
封面设计　春天书装
出版发行　浙江大学出版社
（杭州市天目山路148号　　邮政编码　310007）
（网址：http：//www.zjupress.com）
排　　版　杭州林智广告有限公司
印　　刷　杭州杭新印务有限公司
开　　本　787mm×1092mm　1/16
印　　张　18
字　　数　350千
版 印 次　2022年4月第1版　2025年2月第3次印刷
书　　号　ISBN 978-7-308-21689-0
定　　价　58.00元

前　言

2019 年 5 月 15 日，国家主席习近平出席亚洲文明对话大会开幕式，发表主旨演讲，发出倡议："文明因多样而交流，因交流而互鉴，因互鉴而发展。""我们要加强世界上不同国家、不同民族、不同文化的交流互鉴，夯实共建亚洲命运共同体、人类命运共同体的人文基础。"①2020 年 10 月，在中国共产党第二十次全国代表大会上的报告中，习近平总书记再次提出"深化文明交流互鉴，推动中华文化更好走向世界"，要"坚持交流互鉴，推动建设一个开放包容的世界"。②

为响应这一号召，《中外餐饮文化》以餐饮为媒，以期促文明互鉴。本书以提高读者的餐饮文化素养为目标，充分挖掘餐饮现象背后的文化内涵，令读者知其然并知其所以然。全书分为两篇，共八章。第一篇为理论基础篇，包含了中外餐饮文化概述、中外餐食文化、中外餐器文化、中外餐仪文化和中外餐企文化等五章，分别对"吃什么""用何吃""如何吃""在哪里吃"等餐饮要素进行梳理；第二篇为比较融合篇，包含了餐饮文化比较、语言学习与餐饮文化研究、文旅发展与餐饮文化研究等三章，遴选出部分具有国际符号特征的餐饮文化进行中外比较，同时对餐饮文化与语言学习，以及文旅发展的融合运用进行专题研究，引导读者进行跨界思考。

---

① 为共建命运共同体注入文明力量——解读习近平主席在亚洲文明对话大会开幕式上的主旨演讲 [EB/OL].（2019-05-15）[2022-03-25]. www. xinhuanet. com//2019-05/15/C_1124499458. htm.

② 习近平 . 高举中国特色社会主义伟大旗帜　为全面建设社会主义现代化国家而奋斗——在中国共产党第二十次全国代表大会上的报告（2022 年 10 月 16 日）[N]. 人民日报，2022-10-26（1）.

本书为浙江省一流课程“中外餐饮文化”建设研究成果之一。本书与MOOC课程配套，有完整的课件、题库和视频资源，且持续更新，可供读者进一步学习。教师如需独立课件，可与课程团队联系（361537439@qq.com）。本书的在线资源包括:（1）浙江省高等学校在线开放课程共享平台（https://www.zjooc.cn），或者下载“在浙学”App进行学习。（2）中国大学MOOC（https://www.icourse163.org），或者下载“中国大学MOOC”App进行学习。

本书适合作为高等院校本专科及各类成人高等教育“餐饮管理”课程的拓展书目，也可作为“餐饮文化”或“饮食文化”课程学习的专用教材，同时还可以作为餐饮企业经营管理者，尤其是餐饮产品开发专业人员业务提升的参考用书。另外，本书侧重于中外文化比较，也可作为社会人员提高国际认知学习用，可以帮助读者拓展国际视野，提升读者的出境旅游体验。

本书由浙江外国语学院“中外餐饮文化”省级一流课程团队开发，编写工作主要由团队负责人李娜承担。本书具体编写分工如下：孙刘伟编写第二章，丁欣如（英语）、邱畅（汉语）、张硕（德语）、沈斐斐（法语）、孔琳（俄语）、甘甜（西班牙语）、田鸿儒（日语）、曹笑笑（阿拉伯语）、韩香花（韩语）、沈璐（葡萄牙语）、马素文（意大利语）等11位语言专业教师参与编写第七章，张健康、蒋艳、周波、程华宁等4位文旅专业教师参与编写第八章，李娜承担其余章节的编写。书稿完成后由李娜统筹定稿。

本书在编写过程中，除集结多位不同学科专业教师共同审阅外，金昕悦、费悦华、张洁琦、王子萱、王雪、王琳娜、祝雯钰、张悦靓、王也、向慧敏、周佳怡等10名海外交换生同学为本书提供了第一手资料。本书也参考和借鉴了众多学者的研究成果，在此一并深表谢意！本书虽力求内容完整、科学，但囿于学识有限，书中难免存有不足之处，敬请各位老师和读者批评指正，后续必不断完善。

编　者

2023年7月

第一篇　理论基础篇

第二篇　比较融合篇

第一篇

理论基础篇

第一章

中外餐饮文化概述

本章导读

饮食文化历经了几千年的发展，已成为众多学科领域研究的内容。本章从饮食文化的概念出发，界定中外餐饮文化的涵义，并进一步探讨中外餐饮文化的研究内容。从不同学习者的角度，阐述学习中外餐饮文化的意义。

学习目标

知识目标：

- 理解饮食文化的概念及研究内容。
- 理解餐饮文化与饮食文化概念的差异。
- 掌握中外餐饮文化的学习内容。

技能目标：

- 能结合自身所学专业或兴趣，列举1～2个“餐饮+”案例。
- 能对自身旅游经历、媒体新闻或影视作品中的跨文化餐饮活动进行分析，找到存在或可能存在的文化冲突。

第一章拓展资源

第一节　中外餐饮文化的基本概念

中外餐饮文化并不是一个非常成熟的概念，前人在研究中多使用“饮食文化”这一术语进行阐述。因此，要界定“中外餐饮文化”的定义，需借鉴“饮食文化”的概念进行演绎。

一、饮食文化

（一）文化

何为“文化”？这一用词古今中外都有。早在《周易》的贲（bì）卦中即有载：“观乎天文，以察时变；观乎人文，以化成天下。”此句虽见“文化”，但其只是“纹理”的延伸之意，译为“观察天道运行规律，以认识时节的变化；注重人事伦理道德，用教化推广于天下”。故此句体现出“文化”成为“以文教化”思想的开始。至汉朝，“文化”一词正式出现，但此时的“文化”多指国家的文教治理手段，具有浓重的政治色彩，如刘向《说苑·指武》中写道：“凡武之兴，为不服也，文化不改，然后加诛。”其讲的就是“如果用文德来教化，依然不能改变，就可以用武力诛伐”。到了唐代，“文化”再有新解，被认为是文学礼仪风俗，这种释义一直影响到清代，其后才有了现代意义。

西方人对“文化”的论述比中国起步晚，但比中国古代文献中的论述更广泛。“文化（culture）”一词在1690年安托万·费雷蒂埃的《通用词典》中的定义为“人类为使土地肥沃，种植树木和栽培植物所采取的耕耘和改良措施”，并注有“耕种土地是人类所从事的一切活动中最诚实、最纯洁的劳动”。在法国《迈尔百科辞典》中，“文化”最初也是指“土地的开垦及植物的栽培”。开垦种植是人类对自然世界有目的的改造活动，象征着人类文明生活的开始与演变，之后，古代西方人从认识自然转向认识自身。由此可见，文化的含义是从物质生产活动逐步引向精神生产活动的。

历经了数千年的历史，文化已成为哲学、社会学、人类学、历史学和语言学等不同学科领域的研究内容，其概念也不断丰富，据相关统计，已达几百种。总体来看，根据文化的结构和分类，有两分法，即物质文化与精神文化；有三分法，即物质文化、制度文化与精神文化；有四分法，即物质、制度、风俗习惯和思想价值；还有六分法，即物质、社会关系、精神、艺术、语言符号和风俗习惯。这些都被称为“大文化”的研究范畴。而狭义的“文化”又被称为“小文化”，特指人类的精神创造活动及其结果。

（二）饮食文化

“饮食”一词最早大约出现于春秋战国时期。《礼记·礼运》谓“饮食男女，人之大欲焉”。此为儒家的观点，泛指人类对食物、性爱的欲求与本性。《周易·需卦》和《周易·颐卦》中也均有出现“饮食”一词，其中《颐卦》中的卦象就展示了饮食咀嚼之状，并阐述了饮食与营养的关系，同时将其引申至精神领域。

《现代汉语词典》中，饮食的释义有两个：一是动词属性，即饮食原料的加工生产和食用等动作；二是名词属性，即可食、可饮之物。

饮食的词义看起来并不复杂，但与文化结合在一起，就形成了一个璀璨无比的世界。和文化的划分一致，饮食文化也有狭义和广义之分。广义的饮食文化是指特定社会群体在食物原料开发利用、食物制作和饮食消费过程中的技术、科学、艺术，以及以饮食为基础的习俗、传统、思想和哲学，即人们在食物生产和饮食生活的过程中所创造的物质文化和非物质文化的总和。而狭义的饮食文化则主要指非物质文化的部分。根据这一理解，饮食文化的研究内容则包括了饮食物质文化、饮食制度文化、饮食行为文化和饮食心理文化等。林胜华编写的《饮食文化》一书提到，中国饮食文化涉及食源的开发与利用、食具的运用与创新、食品的生产与消费、餐饮的服务与接待、餐饮业与食品业的经营与管理，以及饮食与国泰民安、文学艺术、人生境界的关系等，深厚广博。从外延看，中国饮食文化可以从时代与技法、地域与经济、民族与宗教、食品与食具、消费与层次、民俗与功能等多种角度进行分类，展示出不同的文化品位，体现出不同的使用价值，异彩纷呈。

二、餐饮文化

“餐饮”较之“饮食”，是一个现代词，通常用来描述餐饮业态，常见于“餐饮业”“餐饮部”“餐饮服务”“餐饮管理”等。目前，我国各省区市还有专门的餐饮行业协会，属于旅游文化的管理范畴。

在已有的文献研究中，还没有比较成熟的对于“餐饮”或是“餐饮文化”的概念界定，本书主要从餐饮经营行业和餐饮消费顾客的双重角度，基于饮食文化研究的内容，将餐饮文化界定为“在餐饮消费过程中，人们在对就餐的食物、就餐的器物、就餐的方式、就餐环境的选择及创新体验的追求中形成的思想、习俗等的总和”。对应该定义，本书的研究内容设定为以下四个方面，即“吃什么（餐食）”“怎么吃（餐器）”“在哪里吃（餐企）”和“为什么吃（餐仪）”，主要围绕餐饮的经营和消费进行研究。

与饮食文化的研究不同，餐饮文化并不过于追溯饮食文化的历史脉络，而是将视线重点放在当今的餐饮现象上，尤其是通过中外餐饮文化的比较，探究文化差异的表现形式和文化背景，从而推进饮食文化向现代文明社会发展，并实现共鉴共享。

第二节　中外餐饮文化的研究内容

餐饮文化是一个广泛的概念。它贯穿于人类的整个发展体系，渗透于当今企业经营和饮食活动的全过程，体现在各个环节之中。从中外研究的视角，对餐饮文化进行探索，借鉴饮食文化的分类方法，餐饮文化主要包括餐饮物质文化和餐饮非物质文化两个层面。再从餐饮活动接触的过程来看，其分为以下四个部分。

一、中外餐食文化

餐食文化是餐饮文化的基础，人们感受餐饮文化，主要通过食物这个载体去实现。餐食分为菜品和饮品两个方面，这是中外餐饮文化中差异最明显的物质形态的表现形式。餐食文化的不同，带来了在食用器皿、食用方式及食用环境等方面的差别。餐食文化受到地域文化、宗教信仰及风俗习惯等多方面的影响，是一个国家、地区与民族文化的缩影。对中外餐食文化进行深入学习，不仅是为了饱腹和追求美味，同时也能在舌尖中感受异国他乡的历史变迁和文化沉淀。

二、中外餐器文化

餐器的出现，是人类文明进化的重要表现。新石器时代的进食方式一般是席地而坐、环火而食。随着农业的发展，衍生出对容器和食器的需要，于是陶器、骨器、磨制石器、铜器、漆器、木器、瓷器、玻璃器皿及不锈钢器皿等各种材质的餐器逐渐摆上餐桌，餐器成为考古研究的重要证据，见证着不同历史时期的时代意义。中外餐器的差异，不仅是餐食文化差异带来的用餐方式的区别，其也传达出中外文化的不断演变、融合和更迭。

三、中外餐仪文化

餐饮礼仪是人们在餐饮活动中遵循的、群体约定俗成的道德规范与行为准则。每个国家、地区或民族都有其独特的餐饮礼仪文化，渗透在食物的搭配、餐器的使用及就餐过程的人际交往中。礼仪的形成并非简单的规则要求，其伴随着千百年的习俗养成，从而成为应然的观念和实然的举动，两者保持自然的一致。在探知异域餐饮文化时，最有乐趣，但也是最难模仿的正是餐饮礼仪文化。

四、中外餐企文化

作为传统服务性行业，餐饮业在扩大内需、繁荣市场、吸纳就业和提高人民生活水平等方面都发挥了重要作用，是拉动国内消费市场的重要力量。餐饮企业文化的创建，对内而言，是凝聚员工力量、形成企业品牌的内核精神，是餐饮企业可持续发展的基石；对外而言，则是行业市场竞争带来的百花齐放的符号。中外餐企文化中包含的行业领袖文化是餐企文化的璀璨明星，这些知名餐饮企业、老字号餐饮企业在成长中的革新和发展，在行业乃至民族文化中注入了浓重一笔，而餐企的运营文化则推动着行业标准和消费模式的升级及改革。

第三节　中外餐饮文化的研究意义

“餐饮”二字，较之饮食，融入了更商业化的内容。因此，对中外餐饮文化的研究，必然是从经营视角进行的，研究者的身份分为“餐饮消费者”和“餐饮经营者”，前者是追求吃得更有文化，后者则希望管得更为专业，二者良性推动、密不可分。在满足消费者多元化的需求时，经营者需学习更多专业知识，将餐饮文化融合到餐饮产品开发、餐厅环境布置及餐饮活动设计中，努力让餐饮消费者获得多维度的体验，并产生更多的需求，这便是中外餐饮文化研究的重要意义，同时也是与饮食文化研究的主要区别。

一、从餐饮消费者的角度

（一）感受他国食文化魅力

餐饮文化是国家文化中的重要部分，根据中国外文局对外传播研究中心第 5 次中国国家形象全球调查结果，“中餐”成为中国文化的第一代表元素（中药、武术位居其后）。在各种类型的跨文化交际活动中，餐饮活动始终是必不可少的内容。

2019 年我国提出了“文明因多样而交流，因交流而互鉴，因互鉴而发展”的倡议，并从四个方面指出了具体道路，其中就强调了文明交流互鉴应该是对等的、平等的、多元的、多向的，而不应该是强制的、强迫的、单一的、单向的。因此，我们应走入不同文明，了解彼此的文化差异，在包容多元文化的同时，树立民族自信。

（二）提升跨文化交际能力

从餐饮文化的角度，不同国家对饮食内容的选择和态度、饮食方式的习惯和风俗等都存在显著的差异，这些差异常常表现在具体的餐饮行为上。通过对中外餐饮文化的学习，可以培养人们跨文化交际时的适应能力，在求同存异的基础上更好地把握本土文化特征，跨越文化交际障碍，有效地避免交际双方由于文化差异而产生的误解和冲突。

（三）激发餐饮思维孵化力

旅游餐饮行业一直以来引领服务业的发展潮流。现代科技、艺术、教育等的融入，催生了餐饮产业新业态发展，餐厅迈入智能化、主题化及功能化的新时代。消费者在满足基本生理需要的同时，向往愉悦的精神享受，餐厅逐渐成为除吃饭以外的活动体验场所，既可以组织形式多样的会议和宴会等正式活动，也可以开展阅读和亲子互动等各类休闲活动。中外餐饮文化的学习，不仅为人们带来味蕾的新鲜感受，还能让人们具有更接地气的饮食思维，从民生视角启发自身研究领域创新思考。

二、从餐饮经营者的角度

（一）深挖餐饮文化内涵

餐饮是旅游六要素（吃、住、行、游、购、娱）之首，作为旅游链条中重要的一环，餐饮承担着传承和创新文化的重要使命。充分发挥文化在餐饮经营中的多元化功能，是促进酒店产业消费升级、实现餐饮行业优质发展的重要内容。餐厅经营应打破传统经营模式，在建筑外观、空间布局和装修装饰等外部表现形式中充分融入文化元素，同时开发具有文化内涵的菜品和服务，赋予消费体验的文化精神象征意义。学习中外餐饮文化，正是知其然，并知其所以然的过程，是在学习借鉴优秀餐饮企业文化的基础上，寻找更多创新路径，让新时代赋能新业态。

（二）树立餐饮国际形象

餐饮企业连锁化、精细化、国际化发展已是大势所趋，中国餐饮将持续成为中国文化的形象标识和传播载体。学习中外餐饮文化，可提升传统餐饮企业迈入国外餐饮市场的适应能力；基于中外餐饮文化差异，做好产品分析并精准投放，提升产品的国际竞争力，延长企业生命周期，让更多中国餐饮品牌登上国际舞台。

遵循学习进阶（learning progressions，简称 LPs）理论，对于某个主题连续地、熟练地思考，会随着对这个主题的学习和探究依次连续发展，从而形成从简单到复杂，再到相互关联的概念发展过程，也会指导人类从无知到不惑，再到创新的过程。中外餐饮文化目前虽然还不是一个非常成熟的研究领域，但伴随着餐饮业的国际化发展，以及跨文化交际活动的日益增加，中外餐饮文化研究必将迎来百花齐放、百家争鸣的明天。

拓展阅读

中国餐饮行业的发展现状及未来

中国餐饮行业伴随着经济发展，不仅成为人民生活水平和消费能力提升的见证，也逐步成为扩内需、促销费、稳增长、惠民生的支柱产业。随着互联网突飞猛进的发展和普及，“互联网 +”已成为一个时代趋势，餐饮行业成为线上互联网连接线下的最大入口。互联网餐饮行业一站式交易平台的进入改变了传统餐饮行业的发展，将传统的线下交易搬到了线上，加快了行业的流通和服务的普及。

根据国家统计局数据，近年来，中国餐饮业市场规模持续壮大，从 2012 年突破 2 万亿元，2015 年突破 3 万亿元，再到 2018 年突破 4 万亿元，发展到 2019 年已达 4.7 万亿元，每年的增长速度都在 9% 以上。尽管近年来增速有所下滑，2019 年为 9.4%，但仍远高于 GDP 增速。2020 年在遭受新冠肺炎疫情重挫的影响下，市场规模仍能保持在 3.95 万亿元，体现了行业反弹后劲十足。

随着餐饮行业的不断发展，我国餐饮行业业态逐渐由单一走向多元化。同时，为了更好地适应广大消费者的消费需求，餐饮业的业态细分更加精准。未来我国餐饮业将在以人为本、服务民生的基本原则上，从自主创新、信息化经营管理、节能低碳、绿色发展、品牌战略等层面推动发展转型，优化发展结构，创新发展模式，提升服务质量，释放发展新动能。

（资料来源：前瞻产业研究院）

本章小结

- 餐饮文化是在餐饮消费过程中，人们在对于就餐食物、就餐器物、就餐方式、就餐环境的选择及创新体验的追求中形成的思想、习俗等的总和。
- 餐饮文化研究的内容包括“吃什么（餐食）”“怎么吃（餐器）”“在哪里吃（餐企）”和“为什么吃（餐仪）”等。
- 通过学习中外餐饮文化，经营者可以将餐饮文化融合到餐饮产品开发、餐厅环境布置以及餐饮活动设计中，努力可以让餐饮消费者获得多维度的体验，并产生更多元化的用餐需求，继而推动餐饮经营的良性发展。而消费者通过对中外餐饮文化的学习，可以充分理解经营者的用心。

复习思考

1. 请根据自己的理解，谈一谈饮食文化与餐饮文化的概念差异。
2. 请思考中外餐饮文化研究对自己的专业学习或兴趣发展有哪些帮助。
3. 请以自己曾经的旅游经历或生活经验，举例说明学习中外餐饮文化的意义。

第二章

中外餐食文化

本章导读

从区域、肤色、地理气候、获食模式、进食类型和食物品种等方面进行划分，世界饮食文化体系形成了以中餐、西餐和清真餐为代表的主要餐食风格。中国的餐食文化因不同地区的自然地理、气候条件、资源特产、饮食习惯及历史文化等形成和发展出八大菜系，其烹调技艺各具风韵，又脉脉相通；由法餐、意餐、英餐、美餐和俄餐构成的西式餐食文化，不仅在食物原料上各放异彩，烹饪方式也各有所长。美酒、咖啡和茶同样也是庞杂的餐食文化体系中的浓墨之笔，与各大菜系共同谱写出中外餐食文化的华丽篇章。

学习目标

知识目标：

- 理解世界饮食文化体系的分类。
- 掌握中国八大菜系、西餐五大菜系和清真菜系文化的基本特点。
- 掌握酒饮、咖啡和茶文化的基本起源、分类和基本特点。

技能目标：

- 能根据餐饮活动的需要进行菜单的基本设计。
- 能简单介绍各类中外餐食文化。

第二章拓展资源

第一节　世界饮食文化体系

一、世界饮食文化分类

关于世界饮食文化的主要类型，在我国烹饪界、餐饮界比较有影响的分类法有3种。

第一种是以陶文台为代表提出的中西论，即分为中餐和西餐两大代表类型，这种分类方法符合大众认知。

第二种是以聂风乔为代表提出的板块论，他将世界饮食体系分为了以中国菜为代表的东方菜、以法国菜为代表的西方菜及以土耳其菜为代表的伊斯兰菜等三大板块，这种分类方法对地域划分更为细致。近年来，也有由陈苏华提出的山林狩猎采集型、草原游牧型、大河流域农业型、欧洲渔牧混合型及阿拉伯伊斯兰型五大类型的说法，这种分类方法体现了地理环境与饮食文化的关系。

第三种则是由董欣宾与郑奇在《中国绘画对偶范畴论》中所提出来的饮食文化生态论。他们把饮食文化放在人类三大主体文化生态中，并做了较为深刻的论述。董欣宾的饮食文化生态论作为其人类文化生态学的有机构成部分，在海内外文化理论界尤具地位，影响深远。该理论将饮食文化体系分成了3种，并且从代表区域、地理气候、获食模式、进食类型和食物品种上进行了对比，饮食体系分类更为清晰，如表2–1所示。

表2–1　董欣宾的世界三大饮食文化体系比较

人种代表	代表区域	地理气候	获食模式	进食类型	食物品种
黑色人种	非洲	热带雨林	采集	手捛	植物为主
黄色人种	中国	温带	耕作	杆箸	植物、动物
白色人种	欧洲	寒带	渔猎	刀叉	动物为主

生物环境决定了人类食物的种类，进而决定了人类的获食方式。太阳对自然地理的影响，形成了地球各地域的不同温度和湿度环境，并直接影响饮食文化。总之，无论是哪种分类方法，世界饮食文化体系都与地理分布紧密相关。

二、主要饮食文化代表

（一）中国

中国大部分位于亚热带、温带，地势落差大，地貌复杂，气候多样，故而食源丰富。《黄帝内经·素问·藏气法时论》有云："五谷为养，五果为助，五畜为益，五菜为充……"总体描述了2000多年来相对发达的农业、养殖业及丰富的自然物产，共同构成了中华大地食物的来源——植物、动物原料并举，同时也表明了以中华民族为代表的东方亚细亚农耕型主辅食物结构。精耕农业中普遍的进食方式是使用杆箸，后来微缩为筷子。所以，我们把中国饮食又称为农耕饮食、杆箸饮食或者筷子饮食。以中国为代表的东方菜系文化，居世界饮食重要地位。

（二）法国

法国为欧洲国土面积第三大的国家，也是西欧面积最大的国家。较之欧洲其他国家，法国拥有得天独厚的地理位置，气候多样性与东亚大陆的呈趋热之势有本质区别。南北的生态差异使得法国在食材的选择上丰富多样。他们的主食粗细结合、荤素并举。为了御寒，多食荤食，以此来补充热量。欧洲白色人种的进食工具为刀叉，恰似由渔猎工具微缩形成。所以，以法国为代表的欧洲饮食也称为刀叉饮食或渔猎饮食。当然，法国世界瞩目的餐饮地位，离不开意大利文化的影响。

（三）土耳其

土耳其位于地中海北岸，且三面环海，物产盛产，处于伊斯兰与地中海两大文化圈的交汇之处，充满了独特的宗教特点和地中海风情。土耳其的烹饪发源于东亚，发展于安纳托利亚。土耳其的餐饮文化来源于阿拉伯饮食和安纳托利亚饮食文化，经过数百年的融合，形成了独特的土耳其饮食风格。遵循伊斯兰教的饮食习惯，土耳其人就餐时一般喜盘腿而坐，并用右手直接取食，这也形成了土耳其饮食文化中独有的宗教特色。

◎ **拓展阅读**

地中海式饮食

地中海式饮食是居住在地中海地区的居民所特有的膳食方式，其以意大利南部和希腊等地中海地区国家为代表，尤其是以克利特岛居民的膳食结构为基础。这种特殊的饮食结构强调多吃蔬菜、水果、海鲜、豆类、坚果类食物，其次是谷类，并且烹饪时要用植物油

（含不饱和脂肪酸）来代替动物油（含饱和脂肪酸），尤其提倡用橄榄油。地中海式饮食是以自然的营养物质为基础，包括橄榄油、蔬菜、水果、海鲜、豆类，加上适量的红酒和大蒜，再辅以独特调料的烹饪方式。

地中海式饮食在1945年由美国人安塞尔·凯斯在意大利西南部港口城市萨莱诺首次向世人报道。从不被世人认可，到成为健康饮食代名词，体现了现代人健康饮食观念的改变。

当然，地中海式饮食可能只是地中海地区居民健康影响因素之一，遗传、环境和进行重体力劳动的生活方式也是不可忽略的。另外，并非所有的地中海地区的膳食结构都是如此，比如在意大利北部，人们常常用猪油和黄油进行烹饪，橄榄油只用作拌沙拉和烹饪蔬菜；在北非，伊斯兰教教徒是不喝酒的；而在北非和黎凡特地区，除了橄榄油，羊尾油和炼制的牛油也是传统的膳食脂肪的主要来源。这些国家因文化、种族背景和宗教信仰的不同，饮食模式在保持着基本一致性外也不尽相同。

第二节　中国菜系文化

中国菜肴在烹饪中有许多流派，在春秋战国时期即有南北两大风味，到唐宋时期已逐步成熟。至清代初期，鲁、苏、粤、川四大菜系已然形成。随着饮食业的进一步发展，有些地方菜愈显其独有特色而自成流派，到清末时期则形成了最有影响的“八大菜系”：鲁、苏、川、粤、闽、浙、湘、徽。尽管菜系不断繁衍发展，八大菜系一直被公认为最符合中国餐饮文化的分类。受到不同地区的自然地理、气候条件、资源特产、饮食习惯及历史文化等影响，中国“八大菜系”的烹调技艺各具风韵，其菜肴特色也各有千秋。

一、鲁菜

鲁菜为八大菜系之首，其起源可追溯到商朝末年，自宋以后鲁菜就成为“北食”的代表，明、清两代，鲁菜已成为宫廷御膳主体，对京、津及东北各地的影响较大，后由济南和胶东两地的地方菜演化而成。鲁菜以清香、鲜嫩、味纯而闻名，十分讲究清汤和奶汤的调制，清汤色清而鲜，奶汤色白而醇。

鲁菜分支中的济南菜擅长爆、烧、炸、炒，其著名菜品有糖醋黄河鲤鱼、九转大肠（见图 2–1）、汤爆双脆、烧海螺、烧蛎蝗、烤大虾、清汤燕窝等。鲁菜分支中的胶东菜以烹制各种海鲜而驰名，口味以鲜为主，偏清淡，其著名菜品有干蒸加吉鱼、油爆海螺等。新中国成立后，鲁菜的创新菜品有扒原壳鲍鱼、奶汤核桃肉、白汁瓢鱼、麻粉肘子等。经过长期的发展，鲁菜已是名品荟萃，既有堪称“阳春白雪”之称的典雅华贵的孔府菜，又有星罗棋布的各种地方菜和风味小吃，在八大菜系中始终占据着举足轻重的地位。

图 2–1　九转大肠

二、苏菜

苏菜始于南北朝时期，历史悠久，唐宋以后与浙菜并称成为“南食”两大台柱。苏菜是由苏州、扬州、南京、镇江四大菜为代表而构成的。

苏菜历来以重视火候、讲究刀工而著称，其特点是鲜香酥烂、原汁原汤、浓而不腻、淡而不薄、口味平和、咸中带甜。其烹调技艺擅长于炖、焖、烧、煨、炒。烹调时用料严谨，注重配色，讲究造型，四季有别。苏州菜口味偏甜，配色和谐；扬州菜清淡适口，主料突出，刀工精细，醇厚入味；南京、镇江菜口味醇和，玲珑细巧，尤以鸭制的菜肴闻名。苏菜的著名菜肴有大煮干丝、清汤火方、鸭包鱼翅、松鼠桂鱼（见图 2–2）、西瓜鸡、盐水鸭等。

图 2–2　松鼠桂鱼

三、川菜

川菜在秦末汉初就初具规模，唐宋时发展迅速，明清时已富有名气，现今川菜馆遍布世界。正宗川菜以成都、重庆两地的菜肴为代表。川菜重视选料，讲究规格，分色配菜，主次分明，鲜艳协调。其特点是酸、甜、麻、辣香、油重、味浓，注重调味，离不开三椒（即辣椒、胡椒、花椒）和鲜姜。川菜以辣、酸、麻脍炙人口，为其他地方菜所少有。这也形成了川菜的独特风味，享有“一菜一味，百菜百味”的美誉。川菜的烹调方法擅长于烤、烧、干煸、蒸。川菜善于综合用味，收汁较浓，在咸、甜、麻、辣、酸五味基础上，加上各种调料，相互配合，形成各种复合味，如家常味、咸鲜味、鱼香味、荔枝味、怪味等20多种。川菜的代表菜肴有夫妻肺片（见图2–3）、怪味鸡块、麻婆豆腐、宫保鸡丁、廖记棒棒鸡、廖排骨等。近年，川菜发展迅速，在国际烹饪界有“食在中国，味在四川”之说。

图2–3　夫妻肺片

四、粤菜

粤菜即广东菜，狭义指广州府菜，也就是一般指广州菜（含南番顺），是中国八大菜系之一。西汉时就有粤菜的记载，南宋时受御厨随往羊城的影响，明清发展迅速。20世纪随着对外通商，粤菜吸取了西餐的某些特长，从而走向世界，仅美国纽约就有粤菜馆数千家。粤菜是以广州、潮州、东江三地的菜为代表形成的。菜的原料较广，花色繁多，形态新颖，善于变化，讲究鲜、嫩、爽、滑，一般夏秋力求清淡，冬春偏重浓醇。调味有所谓的五滋（香、松、臭、肥、浓）和六味（酸、甜、苦、咸、辣、鲜）之别。其烹调擅长煎、炸、烩、炖、煸等，菜肴色彩浓重，滑而不腻。粤菜尤以烹制蛇、猫、狗、猴、鼠等野生动物而负盛名，粤菜的著名菜肴有三蛇龙虎凤大会、五蛇羹、盐焗鸡、蚝油牛肉、烤乳猪（见图2–4）、干煎大虾碌和冬瓜盅等。

图2–4　烤乳猪

五、闽菜

闽菜是经历了中原汉族文化和当地古越族文化的混合、交流而逐渐形成的。闽菜起源于福建省闽侯县。闽侯县甘蔗镇恒心村的昙石山新石器时代遗址中保存的新石器时期福建先民使用过的炊具陶鼎和连通灶，就证明福州地区在5000多年之前就已从烤食进入煮食时代。闽菜是以福州、泉州、厦门等地的菜肴为代表发展起来的，其特点是色调美观，滋味清鲜。其烹调方法擅长于炒、熘、煎、煨，尤以“糟”最具特色。由于福建地处东南沿海，盛产多种海鲜，如海鳗、蛏子、鱿鱼、黄鱼、海参等，故多以海鲜为原料烹制各式菜肴，别具风味。闽西因位于粤、闽、赣三省交界处，以客家菜为主体，多以山区特有的奇味异品为原料，具有浓厚的山乡色彩。闽菜著名菜肴有佛跳墙（见图 2-5）、醉糟鸡、酸辣烂鱿鱼、烧片糟鸡、太极明虾、清蒸加力鱼、荔枝肉等。

图 2-5　佛跳墙

六、浙菜

浙江饮食的起源应该追溯到新石器时代的河姆渡文化，距今已有 7000 年左右，经越国先民的开拓积累、汉唐时期的成熟定型、宋元时期的繁荣和明清时期的发展，已自成风格。

浙菜以杭州、宁波、绍兴、温州等地的菜肴为代表发展而成，其特点是清、香、脆、嫩、爽、鲜。浙江盛产鱼虾，又是著名的风景旅游胜地，湖山清秀，山光水色，淡雅宜人，故其菜如景，不少名菜来自民间，制作精细，变化较多。烹调技法擅长于炒、炸、烩、熘、蒸、烧。久负盛名的菜肴有西湖醋鱼、生爆鳝片、东坡肉、龙井虾仁（见图 2-6）、干炸响铃、叫花童鸡、清汤鱼圆、干菜焖肉、大汤黄鱼、爆墨鱼卷、锦绣鱼丝等。

图 2-6　龙井虾仁

七、湘菜

湖南属于大溪文化的遗存，楚文化对湘菜产生了很大影响。湖南地处长江中游，西、南、东三面环山，北向敞开至洞庭湖平原，是一个马蹄形盆地，这种地貌非常独特，其烹饪也便构成了三大风味流派，即湘江流域、洞庭湖区和湘西山区。

湘菜的特点是用料广泛，油重色浓，多以辣椒、熏腊为原料，口味注重香鲜、酸辣、软嫩。其烹调方法擅长于腊、熏、煨、蒸、炖、炸、炒。其著名菜肴品种有腊味合蒸（见图 2-7）、东安子鸡、麻辣子鸡、红煨鱼翅、汤泡肚、冰糖湘莲、金钱鱼等。

图 2-7　腊味合蒸

湘菜之辣与其他嗜辣菜系不同，四川为麻辣，贵州是香辣，云南是鲜辣，陕南是咸辣，湖南却是酸辣。此酸辣中的酸不同于醋，醇厚柔和，与辣组合，成为湘菜的一大特色。

八、徽菜

徽菜的形成、发展与徽商的兴起、发迹有着密切的关系。在漫长的岁月里，经过历代名厨的推陈出新、兼收并蓄，徽菜已逐渐从徽州地区的山乡风味脱颖而出，逐步成为雅俗共赏、南北咸宜的八大菜系之一。

徽菜由沿江、沿淮、徽州三个地区为代表的地方菜构成，其中徽州菜品成为徽菜的主流与渊源。徽菜的特点是选料朴实，讲究火功，重油重色，味道醇厚，保持原汁原味。徽菜以烹制山野海味而闻名，早在南宋时，“沙地马蹄鳖，雪中牛尾狐”就是那时的著名菜肴了。另外，徽菜喜用火腿佐味，以冰糖提鲜。其烹调方法擅长于烧、焖、炖。著名的菜肴有符离集烧鸡、火腿炖甲鱼（见图 2–8）、腌鲜桂鱼、火腿炖鞭笋、雪冬烧山鸡、奶汁肥王鱼、毛峰熏鲥鱼等。

图 2–8　火腿炖甲鱼

第三节　西餐菜系文化

西餐是近代中国人对西方各国（指欧美国家及其移民所在的广大区域）菜点的统称，广义上讲，也可以说是对西方餐食文化的统称。现代西餐的分类主要包括法式、意式、英式、美式和俄式等菜系。

一、法式菜系

法国餐饮文化自路易十四开始便闻名遐迩，至今仍名列世界西菜之首。

法式菜肴的特点是选料广泛（如蜗牛、鹅肝都是法式菜肴中的美味），加工精细，烹调考究，滋味有浓有淡，花色品种多。法式菜还比较讲究吃半熟或生食，如牛排、羊腿以半熟鲜嫩为特点，海味的蚝也可生吃，烧野鸭一般烧至六成熟即可食用等。法式菜肴重视调味，调味品种类多样，也擅用酒调味，什么样的菜选用什么酒都有严格的规定，如清汤用葡萄酒，海味品用白兰地酒，甜品用各式甜酒或白兰地等。法国甜品被认为举世无双。法国人还十分喜爱吃奶酪、水果和各种新鲜蔬菜。

图 2–9　法式蜗牛

法式菜肴的名菜有法式蜗牛（见图 2–9）、马赛鱼羹、鹅肝排、巴黎龙虾、红酒山鸡、沙福罗鸡等。

二、意式菜系

意式菜系是西菜始祖，常为众人所不知。早在罗马帝国时期，意大利曾是欧洲的政治、经济、文化中心，其餐饮文化在欧洲有着举足轻重的地位。意大利美食无论是卖相、味道，还是食材的选用，都有着其独特的风格，食材尤以古地中海橄榄油、谷物、香草、鱼、水果、奶酪和酒为主，被很多人视为理想的现代饮食结构。

意式菜肴的特点是原汁原味，以味浓著称。烹调注重炸、熏等，以炒、煎、炸、烩等方法见长，且喜欢吃六七成熟的主食。

意大利人喜爱面食，做法和吃法甚多。其制作面条有独到之处，各种形状、颜色、味道的面条至少有几十种，如字母形、贝壳形、实心面条、通心面条等。意大利人还喜食意式馄饨、意式饺子等。冰淇淋是意大利人的发明，并在 16 世纪由西西里岛的一位教士改良并完善，如今西西里岛的冰淇淋依然被认为是意大利最佳。除此以外，意式菜肴的名菜有蔬菜通心粉汤、焗馄饨、奶酪焗通心粉、肉末通心粉、比萨（见图 2–10）等。

图 2–10　比萨

三、英式菜系

英国悠久的好客传统迎来了世界各地的游客，也带来了各种传统烹饪方式、调料和食谱。英式餐饮简洁，且与礼仪并重，有“家庭美肴”之称。

英式菜肴的特点是油少、清淡，调味时较少用酒，调味品大都放在餐台上由客人自己选用，尤其是蔬菜，一般不做加工，装盘直接浇上调料便可。英菜烹调讲究鲜嫩，口味清淡 ，选料注重海鲜及各式蔬菜，菜量要求少而精。英式菜肴的烹调方法多以蒸、煮、烧、熏、炸见长。英格兰生产的威士忌曾与法国的干邑白兰地、中国的茅台酒并称为世界三大名酒。去酒吧饮酒是英国人的主要社交方式。

英式菜肴的名菜有鸡丁沙拉、烤大虾苏夫力、薯烩羊肉、烤羊马鞍、冬至布丁、明治排等。炸鱼与薯条（fried fish and chips，见图 2-11）是大众最熟悉的英式餐品。

图 2-11　鱼与薯条

四、美式菜系

美国是一个移民国家，来自世界各地的人们把故乡的风俗习惯及烹调技艺都带到了这里，并逐渐形成美国的饮食特色。美式菜系以速食风格著称。

美国菜兼收并蓄多种菜系风格，但主要是在英国菜的基础上发展起来的，所以美国菜继承了英式菜简单、清淡的特点，口味咸中带甜。美国人一般对辣味不感兴趣，喜欢铁扒类的菜肴，常用水果作为配料与菜肴一起烹制，如菠萝焗火腿、苹果烤鸭。美国人喜欢吃各种新鲜蔬菜和水果。

美国人对饮食的要求并不高，只要营养、快捷，讲求的是原汁鲜味，但对肉质的要求很高，如烧牛柳配龙虾便选取来自美国安格斯的牛肉，只有半生的牛肉才有美妙的牛肉原汁。

美式菜肴的名菜有汉堡（见图 2-12）、烤火鸡、橘子烧野鸭、美式牛扒、苹果沙拉、糖酱煎饼等。各种派是美式食品的主打菜品。

图 2-12　汉堡

五、俄式菜系

由于沙皇俄国时代的上层人士非常崇拜法国，贵族不仅以讲法语为荣，而且饮食和烹饪技术也多学习法国。但是，由于人体对环境的适应需求，俄国食物更讲究高热量，并由此逐渐形成自己的烹调特色。俄国人喜食热食，爱吃鱼肉、肉末、鸡蛋和蔬菜制成的小包子和肉饼等，各式小吃颇负盛名。

俄式菜肴口味较重，喜欢用油，制作方法较为简单。口味以酸、甜、辣、咸为主，酸黄瓜、酸白菜往往是饭店或家庭餐桌上的必备食品。烹调方法以烤、熏、腌为特色。俄式菜肴在西餐中影响较大，一些地处寒带的北欧国家和中欧南斯拉夫民族的人们的日常生活习惯与俄罗斯人相似，大多喜欢腌制的各种鱼肉、熏肉、香肠、火腿，以及酸菜、酸黄瓜等。

图 2–13　红菜汤

俄式菜肴的名菜有什锦冷盘、红菜汤（见图 2–13）、鱼子酱、酸黄瓜汤、冷苹果汤、鱼肉包子、黄油鸡卷等。由于历史的原因，哈尔滨现仍保存有正宗的俄式西餐。

第四节　清真菜系文化

中国清真菜有 5000 多种，如葱爆羊肉、黄焖牛肉、手抓羊肉（见图 2–14）、清水爆肚、油爆肚仁等，都是各地清真餐馆中常见的菜肴。各地还有一些本地特别拿手的清真风味名菜，如兰州的甘肃炒鸡块、银川的麻辣羊羔肉、青海的青海手抓饭、云南的牛肉冷片、吉林的清烧鹿肉、北京的它似蜜、天津的独鱼腐等。清真菜还善于吸收其他民族风味菜肴之长处，将好的烹饪方法嫁接到本民族的菜肴中来，如清真菜中的东坡羊肉、宫保羊肉等便来源于汉族的风味菜肴。还有些菜肴，如涮羊肉原为满族菜，烤肉原为蒙古族菜，后来也成为清真餐馆热衷经营的风味名菜。

图 2–14　手抓羊肉

第五节　酒、茶、咖啡文化

“饮”与“餐”同为人类食物中重要的组成部分。饮料又称为“酒水”，以是否含有酒精进行区别，含酒精的称作“酒”，而不含酒精的称为“水”，如茶与咖啡就属其中。

一、酒文化

（一）酒的概念和分类

1. 酒的概念

酒是由水果、谷物、花瓣、淀粉甚至于其他有足够糖分或淀粉的植物经过发酵、蒸馏、陈酿等方法生产出的含乙醇的饮料。含有 0.5% ~ 75.5% 食用酒精的可饮用的液体可以称为酒。

关于酒的度数，是由法国著名化学家盖·吕萨克提出，即在 20 ℃的常温环境下，每 100 mL 的酒液中含有纯酒精的毫升数，通常用百分比或者一个缩写词“GL”来进行表示，如 42 度白兰地标注为“42Ale% by VOI.”，或“42GL”。

2. 酒的分类

根据酒精度数，酒可分低度、中度、高度三大类。一般来说，20 度以下的为低度酒，20 ~ 40 度的为中度酒，高于 40 度称为高度酒。

◎ **拓展阅读**

啤酒的度数

啤酒瓶上经常可以看到两个度数：一个是酒精度数，一般不高于 10 度；另一个指在发酵过程中，原料中的麦芽汁的糖分浓度，即原麦芽汁浓度，分 6度、8 度、10 度、12 度、14 度、16 度等，这与啤酒是用小麦作为原料有关，一般而言，麦芽浓度高，含糖就多，那么啤酒的酒精含量就高。

根据用餐方式，酒可以分成餐前酒、餐间或佐餐酒，以及餐后酒。餐前酒起到的是开胃作用，所以不宜使用高度酒，而餐后酒的作用是慢慢平缓之前的进食，带有一定的消化作用。西餐配餐法则中，不同的时间搭配不同的酒，同时，不同的菜品需要搭配不同的酒水，最通用的规则就是“白酒配白肉，红酒配红肉”，意思就是“白葡萄酒主要搭配鱼、虾、蟹等白肉，而红葡萄酒主要搭配牛、羊、猪等红肉”。所以在正式的西餐里，每个餐位都配有 3 个甚至更多款式的酒杯。

根据生产工艺，酒可以分成三大类。酿造酒主要是指一些低酒精类的酒水，包括葡萄酒、啤酒、黄酒、清酒等。蒸馏酒则是在酿造的过程中，采取蒸馏的方式浓缩酒精，故而酒精度数较高，如白兰地、威士忌、伏特加、金酒、朗姆酒、龙舌兰，以及中国白酒。配制酒又称为调制酒，最常见的就是鸡尾酒和各种果酒。

（二）酒的文化

中国制酒历史源远流长，酒的品种繁多，名酒荟萃，享誉中外。黄酒是世界上最古老的酒类之一，约在 3000 多年前，商周时代，中国人独创酒曲复式发酵法，开始大量酿制黄酒。在约 1000 年前的宋代，中国人发明了蒸馏法，从此，白酒成为中国人饮用的主要酒类，我们所说的中国的酒文化主要就是白酒文化。因为在中国的诸多酒种中，白酒历史悠久、工艺成熟，至今为止仍是世界上产量最大的蒸馏酒。

而被称为西方文明摇篮的希腊，地处巴尔干半岛，三面环海，境内遍布群山和岛屿，土壤相对贫瘠，属于典型的地中海式气候，更喜欢沙砾土壤的葡萄，以其耐旱性和对地中海式气候的适应性而在希腊广泛种植，葡萄酒满足了西方人对酒类的需求。

啤酒被誉为“液体面包”。德国是啤酒的发祥地，所以德国啤酒以其口感圆润、香味柔和、色泽清爽透明、泡沫丰富而著称，在世界啤酒领域里始终遥遥领先。

二、茶文化

（一）茶文化的概述

“茶文化”泛指与茶相关的文化，包括茶产业、饮茶、品茗、器用、茶事等，其包含层面除了人文、历史、哲学，还涵盖政治、经济等。以茶文化和政治的关系来说，自中唐以来，历代茶政与饮茶方式都有相关记载与论述。就经济层面来说，唐代时期社会安定，经济发达，因茶风鼎盛，茶的大量生产促使贸易消费迅速发展。就文学而言，历代文人对茶推崇备至，以茶作为题材，留给后世许多诗、词、书、画、歌、赋、曲等佳作。从自然现象来看，历代茶文化随着制茶工艺的不同而有所改变，如茶树品种、栽培、制作、加工等。从历史层面而言，自茶的源起，不论茶叶加工、饮茶方式，还是历代茶事记载，均有长足演变。文化乃人文化成之意，“茶文化”广义的说法即通过茶事而与人类生活经验相关并化成的人文历史累积。

（二）茶的起源

神农是我们中国上古部落联盟的首领，传说他的肚皮是透明的，可以观察到各种植物在他腹中的反应，并据此做出判断：它是可食用的，还是可药用的，或者具有毒性作用。为了帮助老百姓，他亲尝百草，并且撰写了人类最早的著作《神农本草经》。他在亲尝百草的过程当中，多次中毒，幸得一种植物帮助他解毒，他把这一植物取名为“茶”。“茶”字谐音“检查”的“查”音。神农后来不幸食用了断肠草，来不及解毒而逝世，人们为了纪念他的恩德和功绩，封他为“药王神”，这可能是最早有关茶叶历史的记录。

另一位与茶文化发展相关的便是陆羽。陆羽的生平充满了传奇色彩。陆羽，字鸿渐，现湖北天门人，是唐代著名的茶学家。陆羽一生视茶经为道，并于公元758年著作了世界上第一部茶叶专著《茶经》，以三卷十章七千余字全面介绍了茶叶的摘茶、制茶、饮茶、评茶的方法和经验，为世界茶叶的传播发展做出了卓越的贡献，因此被敬称为“茶圣”。

（三）茶叶的分类

茶叶最常见的分类方法是按照发酵程度来界定，可以分为4种。

不发酵茶，即绿茶。按照生产工艺的区别，绿茶可进一步划分成炒青绿茶、烘青绿茶、晒青绿茶及蒸青绿茶。杭州西湖龙井和黄山毛峰等都属于绿茶。

半发酵茶，其中发酵程度最轻的要数黄茶，比如君山银针。黄茶又可分为黄芽茶、黄小茶和黄大茶。发酵程度稍高一些的就是白茶，比如白毫银针。发酵程度相对比较高，在30%~60%的则为乌龙茶，也称为青茶。按照地理来进行划分，乌龙茶可分为闽北乌龙、闽南乌龙、广东乌龙和台湾乌龙。大家熟悉的铁观音属于闽南乌龙，大红袍属于闽北乌龙。

全发酵茶，或接近完全发酵的是红茶。红茶又分成小种红茶、工夫红茶及红碎茶，如正山小种、安徽祁门红茶等。

后发酵茶为黑茶。黑茶是一种边销茶，主要分布在湖南、湖北、四川及滇桂地区，普洱熟茶、广西六堡茶都属于黑茶。

另外，按照茶汤颜色，茶叶可以分成绿茶、红茶、青茶、黑茶、白茶、黄茶等六大茶系。

三、咖啡文化

（一）咖啡的历史起源

根据罗马语言学家罗士德·奈洛伊的记载，公元6世纪，牧羊人卡尔迪于埃塞俄比亚发现了咖啡。传说卡尔迪采摘了一些咖啡果实给修道院的修道士尝，从而咖啡提神醒脑的功效渐渐被人们所知。由于当时修道士们在晚祷期间容易打瞌睡，因此咖啡变成了修道士们的必备品。后经埃赛俄比亚传至也门，咖啡渐渐走进阿拉伯世界。

除此之外，还流传着另一个版本：公元6至8世纪，埃塞俄比亚有个牧羊人叫卡尔迪，有一天，他发现自己的羊吃了一种植物上的红果子，变得非常兴奋，活蹦乱跳的。他也大着胆子尝了这种不知名的果子，只觉味道酸甜，人也变得神清气爽。随后，他就跟着羊群每天都吃。有个当地伊斯兰教的长老路过并看到了，因为好奇也跟着吃。回家后，长老梦到穆罕默德托梦，指示他用这个红果子煮水喝，可以提神。从此以后，伊斯兰教徒夜间祷告前，都会喝红果子煮的热果汁，这就是咖啡的前身“咖瓦”。

（二）茶文化与咖啡文化的对比

1. 基于起源的文化对比

从文化起源的角度来看，茶文化的起源并没有一个具体的说法，从古至今一直流传下来。虽然有很多传说，但是由于时间久远，至今也没有一个标准的解释。一般来讲，中国被认为是茶的起源地，也就是说茶是通过中国向世界各个地区运送传播的。在中国流传着许多关于茶起源的故事，追溯历史，最早应该是巴蜀先民利用地理优势制作茶料，到魏晋南北朝时趋于成熟，再到唐朝时达到鼎盛，陆羽的《茶经》便是那时候的产物。唐朝时，茶已普遍，可以说是风靡全国。如果现在很多人会拿在咖啡厅喝咖啡作为小资的代表，那么那时候喝茶便是超越生活的享受。

而咖啡文化的起源也具有扑朔迷离的神秘色彩，一个民间流传的故事对此有详细的描述：一个伊斯兰教托钵僧被他的敌人赶入沙漠。在精神错乱的状态下，他听到声音，提示他采食身边的咖啡果。他把咖啡果放在水里，想把它们泡软，由于咖啡果过于坚硬，他没有成功。不得已，他只好将浸泡咖啡豆的水喝了下去。最后，这个托钵僧就靠这种手段生存了下来。当这个托钵僧走出沙漠之后，他觉得自己能够幸存，并且自己身上之所以能够获得神奇的能量，全都是真主安拉相助的结果。于是，他就不停地向别人讲述这个故事，并且把这种配制饮料的方法介绍给了别人。

2. 基于种类、制作方法、品尝方法、功效的文化对比

（1）种类：中国的茶与西方的咖啡都有着悠久的历史。从种类的角度来讲，茶的种类是非常繁多的，包括红茶、绿茶、黄茶、乌龙茶等，同样的，咖啡也有着丰富的分类，有纯咖啡、花式咖啡、皇家咖啡等。

（2）制作方法：茶与咖啡在冲泡、制作技术与方法上有着很大的区别。具体来讲，不同的茶会有不同的冲泡方法，比如，在对绿茶进行冲泡时，使用温水或者较冷的水冲泡即可，这样的口感更加丰富。咖啡则不同，在具体进行冲泡的时候，主要有虹吸法、高压蒸馏法，以及最传统的冲泡法等。

（3）品尝方法：除了以上制作方法和分类的区别，二者在品尝方法上也存在着很大的不同。在品茶的时候，对茶叶的填配也是有要求的，喝的时候再进行茶叶的补充，基本保持茶水浓度的前后一致，喝茶的时候，可以与糖果、小点心等一起品尝，味道更加丰富。在品尝咖啡的时候，也是按照个人的口味来选择，可以先加入一点糖和牛奶，细细地对其进行品味，等待牛奶、糖与咖啡充分融合之后，轻轻搅拌再进行饮用就可以了。

（4）功效：从功效的角度来看，茶除了可以当作饮品之外，还具有修身养性的功效，在人们的生活中发挥着巨大作用。对于咖啡来说，其不仅可以缓解疲劳，振奋精神，还能在此过程中预防胆结石等疾病的发生，可以说，适量地饮用咖啡对人体健康是非常重要的。

总之，茶文化与咖啡文化虽然在历史起源、品尝方法、种类等方面都存在着很大的差异，但是，不得不说的是，适量饮用茶或咖啡，不仅可以强身健体，还能达到修身养性的目的。除此之外，茶文化和咖啡文化作为世界文化的重要组成部分，在人们的日常生活中也发挥着重要的作用，要加强二者的交流与合作，从而更好地促进茶文化与咖啡文化的进步与发展。因此，在未来的经济发展过程中，要积极加强茶文化与咖啡文化的合作与交流，让中国的茶文化走出中国，走向世界。世界各国人民在品茶、喝咖啡的同时，除了能了解彼此的文化与历史，更能体会到中西文化的交融与碰撞，相信茶文化与咖啡文化在中外国际文化交流发展中将扮演越来越重要的角色。

本章小结

● 世界饮食文化体系的分类，比较有代表性的有3种说法，包括中西论、板块论和饮食文化生态论。

● 中国八大菜系是我国认可度较高的餐食文化分类，分别为鲁、苏、川、粤、闽、浙、湘、徽八大菜系。

● 西方餐食文化的主要代表包括了法式、意式、英式、美式和俄式等五大菜系，与东方饮食风格迥异。

● 饮品与菜品共同构成丰富的餐食文化，以酒、咖啡和茶为代表的饮品文化，紧随着世界文明发展脚步，见证着人类历史的前进，也滋润着芸芸众生。

复习思考

1. 关于世界饮食文化体系划分的3种分类方法，有何差异和联系？
2. 中国菜系分别有什么特点，与其发源地之间有何关系？
3. 五大西方菜系分别有什么特点，与国家的地理、气候、风俗文化有何关系？
4. 请从各菜系中选出一个代表菜，了解其菜品背后的故事。
5. 请以酒、咖啡或茶为例，对中外饮品文化进行比较思考。

第三章

中外餐器文化

本章导读

餐器的诞生，代表着进餐方式和烹饪技术的变革，是人类文明向前发展的里程碑。餐器文化隐藏着不同时代的饮食文化。中外餐器文化呈现出的器具材质和款型尺寸上的差异，以及使用方式上的异同，不仅能满足用餐中的各种感官的享受，同时也饱含了人们美好的情感寄托。对中外餐器文化中的代表器物进行比较学习，既能与餐食、餐仪文化相结合，了解餐饮文化完整体系，同时也能在进餐方式中感受不同的文化背景。

学习目标

知识目标：

- 理解餐饮器具文化的概念及分类。
- 掌握筷子、盘子等常见中式餐器的文化发展历史及现代内涵。
- 掌握刀叉、餐巾、玻璃杯等常见西式餐器的文化发展历史及现代内涵。

技能目标：

- 能正确使用各种餐器，并了解中外文化差异。
- 能根据使用需求正确选购餐具。
- 能讲出各类餐器使用规范的原因。

第三章拓展资源

第一节　餐饮器具概述

餐饮器具，也称食具或餐器，即人们在进餐过程中所用的各种器具，是人类进入熟食阶段后的生活工具。餐器的诞生和革新，对于改善餐饮卫生、促进餐饮文化的发展，具有重要意义。当今社会，餐饮器具五花八门、琳琅满目，供人们选择的种类非常多，各具特色，各有优缺点。

一、餐饮器具的分类

（一）根据使用功能进行分类

1. 碗

碗是最早与炊器并行产生的专门食器。在我国，碗的产生不会晚于陶罐烹煮食器，是人类制造出来专门饮水、喝粥的餐具。最早的碗可能就是石制的，这点从碗的偏旁可见一斑。距今约7000年的河姆渡文化遗址中就出土了朱漆木碗。碗与筷子共同构成了东亚民族进食最基本的器具。现代碗的造型已愈加丰富，形状、大小各异，设计上也更注重人本文化，如有高矮脚碗、深浅壁碗，以及加盖连盏碗等。碗对于中华民族，不只是一个餐器，还是盛装精神食料的容器，比如，会以碗作为特殊场合的礼物，结婚时赠送对碗，婴儿诞生时赠送金碗，把职业称为“铁饭碗”“金饭碗”，有的碗面上还会刻上福、禄、寿、喜等吉祥图案。

2. 盘、碟、盆

盘、碟、盆主要是用于装盛菜品的平面式器皿，据其器型深浅或大小进行命名。

盘，又称平盘，装盛没有水分或水分较少的食物。在我国成形于唐代，这可能与唐代爆炒菜肴技术的成熟有关。

碟，较之盆、盘都要小一些。例如，常见的骨碟，用于个人盛放食物骨刺、果壳等；另外还有冷菜碟，分量较小，以碟装放比较精致。

盆，俗称“汤盆”，主要装汤水类食物，壁浅口敞，由于器皿较大，是筵席中体现场面的器具。现代餐厅为了控制成本或增加加热功能，将盆底架空，也是餐器发展的一大创新。

与碗一样，这类器皿在外形上富于变化，既可作为共享餐器，也可个人使用，与其他餐器进行搭配，共同展现台面效果。

3. 杯、壶

杯、壶是盛装饮品的专门器具，如酒杯壶、茶杯壶和咖啡杯壶等。壶多为公用餐器，杯则为个人使用。早期的直饮酒器主要由碗兼担，故杯类的餐器要晚于瓶、壶等盛储器皿。而酒器比其他饮具出现得更早，在我国应有7000多年的历史，在各个朝代的考古发现中皆能发现，这也是中国酒文化最好的见证。

除了材质上的差异，杯的款式也渐趋简化，而壶与其他饮具不同，其始终是中国饮文化的独特象征，曲水流觞和酒茶壶器一起成为中国饮文化的历史符号。

4. 匙、匕、筷

这三类的主要功能是取食，故也称为"摄取类餐器"，匙也称"勺"，如甜品匙、咖啡匙，匕也称"刀"，但在古代，也将勺称为匕，称"勺型匕"。在大家的认知中，普遍认为刀、叉、匙是西方专属，筷子则是东方之物，其实，在中华餐饮的演进中也曾长期使用过刀、叉等餐具。古时的餐叉也可称为"荜（bì）"，而中华最古老的明显具有进食特征的食具谓"骨匕"，长江流域和黄河流域文化出现的骨匕器具大多数为条形匕，也有少量的勺形匕。骨匕的使用正是为进食粟黍制成的粥饭而创制的，它的诞生体现了中华农耕文明由狩猎、游牧演进转化，其历史甚至比先秦发现的筷子要早3000多年。较之匙、勺，筷是东方人独有的进食工具，在我国上海的筷子博物馆里收藏有2000多双筷子，展现了中国传统文化的光辉历史。

（二）根据不同材质进行分类

1. 陶瓷质地餐器

陶瓷质地的餐器主要用于食材的盛放，包括碗、盘、杯、碟等。

陶的历史比瓷更早，在甘肃大地湾新石器早期遗址中出土的交错粗绳纹陶碗，是我国至今考古发现中最为古老的陶器碗实物之一，距今约有10000年。瓷的生产技术要求比陶更高。陶瓷器皿表面涂有一层釉，彩瓷是釉上又添加了某种化合物，不同的化合物经过高温烧制后会显示不同的色彩。彩釉在经过高温焙烧后，虽然有一部分铅、镉等重金属的毒性会与其他元素化合而消失，但若瓷器直接接触带酸性的饮料或食品，便会又溶解出来，对饮料和食品造成污染，这种有毒物一旦进入人体，会引起不同程度的伤害甚至产生中毒反应。

市场上随处可见的仿瓷碗，因比传统陶瓷更轻巧和不易碎，且成本低廉，备受商家欢迎，但其主要原料是三聚氰胺和甲醛树脂，依然属于塑料碗的范畴。这些产品盛装一些酸碱物或是热的物品时就会存在不安全因素。另外，家庭如果购买陶瓷器皿套具，其不论大小，均以“头”为单位，如48头餐具中，可能会包括12个盘子、6个碗、6个筷架、6个汤勺等，每一件物品即为一头，所以要根据家庭用餐人口进行选购。

2. 不锈钢质地餐器

由于不锈钢材质的坚硬特质，最常见的不锈钢质地餐器主要是刀、叉、匙和勺等处理餐食的器具，在西餐中普遍使用。

不锈钢餐饮器具漂亮且较为耐用，与其他材质相比刚柔并重，在餐桌上大添光彩。当然不锈钢餐具的款式不如陶瓷器皿丰富，款式主要体现在柄部的设计上，同一款式不锈钢餐器会形成完整系列。但是，这类材质也有一定的弊端，比如对清洁的要求较高，容易看到指纹和水渍。因此餐厅在备餐期间会要求员工对不锈钢餐器进行擦拭和检查，不锈钢餐器经过清洗处理后，由员工用干净的餐布进行擦拭，去除餐器上的水渍，并确保没有留下指纹，然后分门别类存放，待摆台时取用。另外，有的金、银器餐器还需要额外的护理，以免出现氧化，造成生锈。需要提醒的是，不锈钢材质也分等级，劣质的餐器制作粗糙，含有多种重金属元素，尤其是铅、铝、汞和镉等会损害人体健康。

3. 玻璃质地餐器

玻璃餐器最大的优点就是透明，用玻璃器皿盛装食物会受到阳光或灯光的影响，形成别样的视觉感，主要包括各类玻璃杯或用于装呈冷菜的碗碟。

常见的玻璃餐器有硅酸盐玻璃、硼酸盐玻璃、铝酸盐玻璃等几大类，原料都是二氧化硅、氧化钙、碱性氧化物等矿物原料，如不特殊加入某些元素达到某种目的则对人无害。就普通玻璃来说，其熔制温度通常在1100 ℃ ~ 1800 ℃，日常生活中的加热很难达到这个温度范围的下限，所以基本上加热后不会释放有害物质，因此，玻璃是很稳定的物质，可以放心使用。但是，一些带有有色图案或花纹的玻璃餐具中含有较高含量的重金属镉和铅，会伤害人体健康。另外，玻璃餐器还有一大特点就是易碎，不同品牌的玻璃餐器价格悬殊，几元到几百甚至上千元不等，使用中要轻拿轻放，多加爱护。除此以外，玻璃杯因器型中空，其清洗难度较高，高级餐厅也会在清洗后进一步用水蒸气辅助干布巾进行擦拭，确保水杯干燥且无渍迹。

4. 其他材质

除了上述材质外，餐桌上还有布巾材质的餐器，如餐巾，或称为口布，还有一些密胺类、木制类或铁质的餐器，如筷子、比萨盘、甜品碟等。这些不同材质与食物的共同搭配，增加了就餐时的视觉享受，营造出不同的就餐氛围，但除了审美艺术功能上的满足外，餐厅还需从安全和成本等方面进行综合考虑，以发挥出美器的实用功能。

第二节　中餐餐器文化

一、筷子

著名物理学家李政道先生曾指出：筷子如此简单的两根东西，却精妙绝伦地应用了物理学上的杠杆原理。日本学者从研究筷子的力学结构中也发现，人们使用筷子，至少可牵动30多个关节和50多条肌肉运动，还能激发大脑，阻止和延缓脑细胞的退化。筷子早已不只是东方人进食的独特方式，已积淀出丰富的筷文化。

（一）筷子的由来

筷子文化源远流长，据史料记载，最早的筷子出现在3000多年前的石器时代，而关于起源，在民间有3种不同的说法。

一种说法是，姜子牙最开始用两根细竹枝检验出食物里面的毒，从那以后，他便开始用两根竹枝吃饭。四周的邻居们也有样学样，纷纷学着用竹枝吃饭，效仿的人越来越多，这一习惯也就一代一代传了下来。

另一种说法是，妲己用玉箸夹菜喂纣王，这种夹菜的方式慢慢传到了民间，于是便产生了筷子。

第三种说法是大禹在治水期间，为节约时间，不仅经常野外用餐，还迫不及待使用两根树枝将汤里面的肉夹出来，大禹手下人见之纷纷效仿，于是传承下来。

（二）筷子的历史

从燔（fán）炙时代至陶器饪物时代，筷都还是一种前形态，即一些树枝、竹条等，这种还不能称之为真正意义的筷子，但已经开始起到筷子的拨捣功能。进入新石器的过渡时代，这个时代主要是以兽骨为筷，在1995年10月出土的骨叉，实际上就是起到筷子的功能。青铜器时代称之为梜（jiā），根据汉语音型构造，其发音已体现了筷子的基本功能。

东周至唐代，筷子被称为箸、筯，以箸为主。在明陆荣《菽园杂记》中记载：“吴俗舟人讳说，‘住’与‘箸’谐音，故改‘箸’为‘快儿’。”讲的是京杭大运河旁边的纤夫，每次他们去吃饭的时候都会说“给我箸”。“给我箸”，听起来极为不利，行船之人都很忌讳“柱”“帆”等字，所以他们就把这个“箸”字改成“快”。因当时的筷子以竹制为多，所以在这“快”上面加一个“竹”字头，也就形成了现在的“筷”字。另有一说，因“箸”的谐音为“住”，而“住”代表停滞之意，古代商人们因担心商品滞销，便想到将“箸”取其反义，改称为“筷”，取其“快”的含意，寓意商品快销，生意兴隆。

如今，筷子已有了更多的发展，但筷文化的发展始终都充满了浓郁的中国传统文化色彩。

（三）筷子的制型和使用

筷子的形状看似简单，然而简单中又极有内涵。筷子的形制通常是一头方一头圆，圆的象征天，方的象征地，天圆而地方，这是中国人对世界基本原则的理解。

中国人讲究“阴阳两和、合二为一”。筷子使用时，一根在上，一根在下，在上为阳，在下为阴，这就是两仪之象。用筷子的时候会经常互换位置，主动的不是永远主动，在下的也不是永远在下，这就是阴阳可变之理。

随着时代的发展，筷子逐渐传至世界各地。最早时，筷子是经意大利人利玛窦传入西方国家的，当华人走出国门后，筷子被更加广泛地传至国外。而今，西方人对筷子并不陌生，在世界的许多地方，都建有筷子博物馆。筷子代表着中国，代表着中国悠久的五千年文化，更代表着祖祖辈辈对下一代的教诲。

◎ 拓展阅读

中、日、韩筷文化比较

韩国人用餐过程中主要会使用两种餐具——汤匙和筷子，并以汤匙为主，筷子为辅。汤匙主要盛汤及盛汤里的菜，也用来食用主食，而筷子只是夹菜用。韩国人在用餐时会用筷子把菜夹过来之后，把筷子放下，再用汤匙进食。韩国筷子材质上以金属为主，并且又长又细，筷头扁平，这也是为了满足烤肉等烹饪的需要。

日本筷子的摆放位置与众不同，通常都是横向摆放在用餐者的面前。日本人用餐主要使用筷子，不用调羹，日本筷子短且尾部极尖，这主要为了便于能够挑鱼刺和夹取鱼块寿司等。

中国筷子除了上方下圆的特点外，在用餐的过程当中，中国人会同时使用筷子和调羹，但以筷子为主，调羹为辅，这对于合餐制的用餐方式来说，相对便利。

通过对三个亚洲国家的筷子文化进行比较，可以看到餐器的外形和使用与国家的习俗文化有关，存有异同之处。

二、瓷器

（一）陶瓷发展历史

陶瓷一般分为陶和瓷两大类。胎体没有致密烧结的黏土和瓷石制品，统称为“陶”，其中把烧造温度较高、烧结程度较好的那一部分称为“硬陶”，把施釉的一种称为“釉陶”；而经高温烧成、胎体烧结程度较为致密、釉色品质优良的黏土或瓷石制品称为“瓷器”。

据说早在欧洲掌握制瓷技术之前的1000多年，中国已开始制造瓷器。中国传统陶瓷的发展，经历了一个相当漫长的历史时期，种类繁杂，工艺特殊。

传说中的黄帝、尧、舜时期及至夏朝（约公元前21世纪—公元前16世纪），是以彩陶为发展标志的，包括较为典型的仰韶文化，以及在甘肃发现的稍晚的马家窑与齐家文化等。

在西安半坡史前遗址中出土的大量制作精美的彩陶器，令人叹为观止。这数千年间，除日用餐饮器皿之外，祭祀礼仪所用之物也大为发展。从公元前206年至公元220年之间的汉朝，艺术家和工匠们的创作材料不再以玉器和金属为主，陶器受到了更为确切的重视。在这一时期，烧造技艺有所发展，较为坚致的釉陶普遍出现，汉字中开始出现“瓷”字。同时，通过新疆、波斯至叙利亚的通商路线，中国与罗马帝国开始交往，促使东西方文化往来交流，从这一时期的陶瓷器物中也可以看出外来影响的端倪。

商朝殷墟的遗址中挖出的陶片、陶罐包括很多种款式，有灰陶、黑陶、红陶、彩陶、白陶，以及带釉的硬陶。这些陶器上的纹饰、符号、文字与殷商时代的甲骨文和青铜器有密切的关系。

三国、两晋时期，江南陶瓷业发展迅速，相继在浙江萧山、上虞、余姚一带出现了越窑、瓯窑、婺窑等著名窑址，所制器物注重品质，加工精细，可与金、银器相媲美，成为当时名门望族的日用品。东晋南朝时期，在江西、四川、福建等地的窑址有了很大发展。但江浙一带的瓷窑都出现了明显的衰退迹象，瓷窑减少，产量降低，装饰简化，烧造略显粗糙。这种局面一直持续至唐代前期。

隋朝虽短，但在瓷器烧制上，却有了新的突破，不但有青瓷烧造，白瓷也有很好的发展，另外此时在装饰手法上也有了创新，如在器物上用另外的泥片贴花。

到了唐代，瓷器制作已蜕变至成熟的境界，而跨入真正的瓷器时代。汉代虽有瓷器，但温度不高，质地脆弱只能算是原瓷，而发展到唐代，不但釉药发展成熟，火烧温度能达到 1000 ℃以上，所以说唐代是真正进入瓷器的时代。这一时期最著名的窑为越窑与邢窑。

陶瓷业至宋代得到了蓬勃发展，并开始对欧洲及南洋诸国大量输出。宋代陶瓷是我国瓷器的鼎盛时期，“宋瓷”闻名世界。定窑、汝窑、官窑、哥窑、钧窑为五大名窑，形制优美，高雅凝重，不但超越前人的成就，即使后人仿制也少能匹敌。

元代瓷业与宋代相比是衰落的，然而这一时期也有新的发展，如青花和釉里红兴起，彩瓷大量流行，白瓷成为瓷器主流，釉色白而泛青，这些带动了以后明清两代的瓷器发展，得到很高的成就。

明朝时期，景德镇的陶瓷制造业在世界上是最好的，在工艺技术和艺术水平上占据突出地位，尤其是青花瓷达到了登峰造极的地步。此外，福建的德化窑、浙江的龙泉窑、河北的磁州窑也都以各自风格迥异的优质陶瓷蜚声于世。

清朝统治 200 余年，其中康熙、雍正、乾隆三代被认为是整个清朝统治下陶瓷业最为辉煌的时期，工艺技术较为复杂的产品多有出现，各种颜色釉及釉上彩异常丰富。到清代晚期，政府腐败，国运衰落，人民贫困，中国的陶瓷制造业日趋退化。

中华民国成立以后，各地相继成立了一些陶瓷研究机构，但产品除沿袭前代，就是简单照搬一些外国的设计，无发展可言。直到中华人民共和国成立以前，未出现过让世人注目的产品。但是，中国与瓷在外国人的眼里已经是密不可分了。

（二）China 与瓷器

众所周知，瓷器与中国的英文同为“china”，只是首字母 C 大写为中国，小写为瓷器。关于瓷器的词源众说纷纭，目前为止，“china”的词源尚未有确切证据，大致有以下说法。

第一，先有“中国 China”，再有“瓷器 china”。中国使用“China”这个英文名称始于 1912 年，而中国的英文名称“China”一词的词源和词义，在学术界一直是众说纷纭、各执其词，常见的说法与“瓷”“秦”“茶”“丝”“粳”“苗语”有关。还有专家经过探索和考证，认为“China”最早来源于印度史诗《摩诃婆罗多》和《罗摩衍那》中出现的“Cina”一词，也有说法是出现于殷商时期，不作深究，但都远远早于作为瓷器的china。因为17世纪前，欧洲还没有真正的硬质瓷（白瓷），当他们初次看到这精妙的瓷器时，又没有什么词语来描述，就直接用描述中国的“China”来称呼了。另一说法，是指陶瓷古称瓦器（chinaware），此处ware为瓦之译音。China放在ware之前，可知China作为国名，初无瓷器一义，后来省略ware，才小写其字头，简称瓷器为china，获得瓷器之义，这已然是晚清的事。

第二，先有“瓷器china”，再有“中国China”。这一说法认为“china”是汉语“昌南”（原景德镇名）的音译。随着景德镇精细白瓷大量流传到海外，才使得“瓷”（china）成为“中国”的代名词。这一说法，后来被学者否定，认为这只是景德镇的一些有识之士，出于爱乡心切而杜撰出来的说法，从时间点来推算并不成立。

（三）骨质瓷

对比中国灿烂的瓷器发展历史，骨质瓷是唯一的西方人发明的瓷种。第一个成功生产出骨质瓷的英国人是约西亚·斯波德。骨质瓷简称骨瓷，亦称骨灰瓷，是一种以煅烧处理的骨粉为主，同时加入部分黏土、长石、石英等矿物原料，采用高温素烧、低温釉烧二次烧成工艺烧制的软质瓷。目前，世界上最好的骨质瓷依然还是在英国，最著名的品牌为威基伍德（Wedgwood），其创始者约西亚·威基伍德1730年出生于英国的陶工世家，世代都以制陶为生。约西亚·威基伍德从小便在自家习陶，于1759年创立了Wedgwood陶瓷厂，开始生产以Wedgwood为名的瓷器，约西亚·威基伍德在品牌创立初期发明乳白瓷器，为Wedgwood带来丰厚的利润，美丽的外观与具有竞争力的价格，促使Wedgwood乳白瓷器成为市场上的热销商品，也是英国瓷器史上的一大成就。1765年Wedgwood荣获英国皇家选用，一只Wedgwood咖啡杯价位最少在人民币800元左右。

此外，丹麦、德国、日本也有著名的骨瓷品牌。我国也有很多优秀的骨瓷生产企业，2016年G20杭州峰会的整套骨瓷均为中国制作，标志着中国骨瓷技术也已走向世界，重振中国雄风。

食因器而丰韵，器因食而多姿，餐瓷艺术反映了制瓷技术的演变，更体现了人间生活的千姿百态和风韵。

第三节　西餐餐器文化

一、刀叉

（一）西式餐器的发展历史

西餐的餐具主要是刀、叉、匙等不锈钢器具，以及餐巾、玻璃杯等。或许是分餐制的用餐所需，与中餐比较，西餐器具材质更为丰富。

但是，根据相关文献及画作记载，早期西方的普通百姓用五指齐下进餐，而贵族们为了显示出他们的地位高贵，通常使用三指，不包括无名指和小拇指，食用完由侍者为他们提供洗手盅清洗手指。这样的服务现在在有些高级餐厅也会提供，如一些泡着柠檬或玫瑰的洗手盅。由此可见，餐具是徒手用餐不断文明发展的结果。

关于餐具的演变，还有一说，就是认为餐器是捕食工具的微缩。欧洲从地理位置来讲，大部分都是属于北温带或寒带，没有热带，也没有干旱和半干旱的地区，是唯一没有大片沙漠的一个洲。由于地理位置、气候条件等的特殊性，欧洲人不得不发展渔猎和畜牧业，为保持原汁原味，很多肉类的烹饪都保持着大块状，而刀和叉顺理成章地就成为欧洲渔猎饮食文化当中必不可少的进食工具。

（二）不同餐器的演变

1.5 亿年前，祖先们使用刀的目的并不是用来进食，而主要是用来割烤肉，或者是遇敌防身。一直到法国皇帝路易十三在位期间，餐刀的顶部都保持着锋利的刀尖，用餐之余，用餐者会把餐刀当作牙签来使用。有一位黎塞留大公，他发现这样的行为非常不雅，于是，就命令家中的仆人把餐刀的刀尖磨成椭圆形，并且不允许客人当着他的面用餐刀剔牙。后来餐刀刀头就变得圆润起来，人们根据不同切割功能，在刀型上进行不同设计和改良，比如鱼刀宽而短，牛排刀尖而长。

餐叉最早出现在 11 世纪的意大利塔斯卡地区，当时只有两个叉齿。12 世纪，英格兰的坎特伯爵把叉推荐给了撒克逊王国的人民，不过并未得到认可，甚至有人认为，使用餐具（叉）是受了撒旦的诱惑，是亵渎神灵的一种行为，所以会把叉放在手上当作决斗的武器。到了 18 世纪的法国，因为革命战争的爆发，部分的法国贵族开始偏爱使用 4 个叉齿的叉进餐。总体来说，叉的普及、外形的设计及功能的开发，也都是随着用餐需求而不断发展的，如今昂贵的餐叉甚至成为象征地位的一种符号。

餐匙的产生实际上来自汤匙。早在旧石器时代，就出现过各种材质的汤匙，在希腊汤匙又称为耳蜗，是有螺旋形的蜗牛壳。有意思的是，在 15 世纪的意大利，在为孩童举行洗礼时，最流行的礼物便是送洗涤汤匙。

（三）刀、叉、匙在中国的发展

刀、叉、匙作为典型的西式餐具，在中国古代也曾有较长时期的发展。

相关考古资料证明，在中国餐饮的演进历史中，中国人也曾长期使用过刀叉，比如餐叉，古时称之为“荜”。不过现代汉语中，“荜”的含义和以前并不相同，有些甚至将这个字通竹字头的“筚”，现在“荜”又谐音成“匕”。在距今 4000 年前的甘肃齐家文化遗址中发现的三叉餐叉，非常精致，东周遗物中也出现过骨质餐叉。通过这些发现，可以猜测这些器具只是当时上层社会肉食者的专用品，并没有普及开来。旧石器时代文化遗址中又发现了一些小型的尖状器物，考古学家判断，可能是用来割肉取食的一些原始工具。迄今为止，中国最古老的明显具有刀叉特征的进食器具，称之为骨匕。河南安阳曾出土的宰羊骨匕，根据考古判断是牛骨。比这时间更早的就是在 7000 年前的河姆渡文化遗址中的象牙雕鸟形匕，以及河北的磁山遗址中的骨匕，这两者分别代表了长江流域和黄河流域早期的骨匕器具，从器型上看，多数都是条形匕，以及少量的勺形匕。

骨匕的出现，不仅体现了进餐器具的演变，也证明了当时雕刻艺术的精进。骨匕的功能，在当时最主要就是进食黍粟制成的一些粥饭，勺形匕尤为明显，它具有处理糊状食物的特征。由此可见，这是中华农耕文明由狩猎游牧演进转化的第一种进食中介工具，其历史说起来比先秦发现的筷子还要早 3000 多年。

在商周遗物中有多种式样的金属匕，形状和大勺十分相似，但其勺端十分尖锐，勺的边缘也很锋利，与刀相似。因此，它们不但替代了骨匕，而且兼有刀、叉、匙三合一的功能，尖齿用来插肉，利刃可以切割，羹勺又便于舀食。考古发现这种匕的总量很大，甚至超过了筷子，可见这是当时主要的进食器具，且和箸并存。

由此可见，西式餐器并非西方独有，其也见证了中国历史的发展。

（四）现代刀叉器具

一个正式西式宴会用到的西餐餐具的数量，根据西式宴会的标准，多达 10 多种甚至 20 多种，初次面对，难免惊慌失措，可能对西方普通家庭来说，也是很不自在的。

西方人在不同的进餐阶段及食用不同的食物时，使用不同的餐具。它们在长度、形状上都有不同，其功能也存在差异，基本的一套器具主要包括面包刀、开胃品刀叉、汤匙、主餐刀叉（牛排刀叉、鱼刀叉）和甜品叉匙等。

黄油刀一般放在面包盘上，用于食用面包时涂抹黄油；开胃品刀叉主要用于开胃小食或沙拉；西餐中有两把匙勺类餐具，一个匙面是椭圆形，另一个是圆形，前者称之为汤匙，后者称之为甜品匙，甜品匙配有甜品叉；主餐刀叉，又称为主菜刀叉，是西餐桌上配备的最为常见的刀叉具，可用于食用各类主食。主餐刀叉又分牛排刀叉和鱼刀叉。牛排刀叉，因为牛排等红肉类肉质较韧，难以切割，其刀头细而长，尖锐锋利，便于切割；鱼肉等白肉肉质厚但易于切割，所以鱼刀刀头并不锋利，但宽大厚实，其同时也配有造型相似的鱼叉。

◎ 拓展阅读

图说西餐宴会餐具的使用规则

西餐餐具的摆放位置与用餐的先后顺序有关，先上餐的餐器在盘面的外侧，便于拿取，待用餐完毕后，侍者会将已用餐具撤下后再上下一道菜品，进餐者只需依序取用就基本无错（基本上为：面包刀盘→开胃品刀叉→汤勺→鱼刀叉→主菜刀叉→甜品叉匙），由于甜品是最后一道菜品，故甜品叉匙一般放在正餐盘的前面，待正餐结束后取用。所有刀、叉、匙的柄部朝向也都是便于进餐者左右手的使用。

图 3–1 为西餐宴会摆台示意图，图 3–2 为实物摆放效果，两者基本一致，黄（奶）油刀的位置和水杯的数量略有差别。图 3–2 中因面包占据面包盘盘面，故将黄（奶）油刀放在面包盘前，且刀柄朝右，便于取用；另图 3–2 中多一个香槟杯，并放置在白葡萄酒杯右侧，表示用餐时先使用香槟杯，然后依次使用白葡萄酒杯、红葡萄酒杯和水杯。西餐宴会喝葡萄酒的顺序一般按颜色由淡到浓、酒精度由低到高的顺序，如一般在正式场合用较为清爽的香槟或各类果酒作为餐前酒，正式用餐时根据食物的不同搭配不同的葡萄酒，先吃鱼、鸡等白肉，并配白葡萄酒，然后吃牛排、羊排等红肉，配红葡萄酒，餐后可以饮用度数较高的白兰地或威士忌。

现代不锈钢金属餐具的设计，除了功能的实用价值本身，其材质不仅影响寿命，还对饮食安全产生重要影响，比如不锈钢中 430、304 等材料则更优，最简单的检验方法

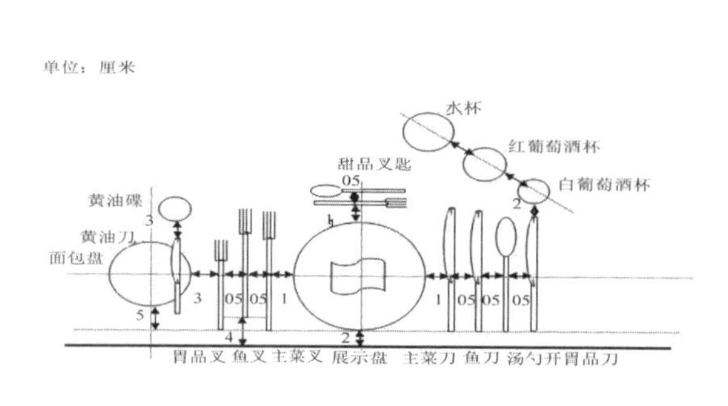

图 3-1　西餐宴会摆台示意图

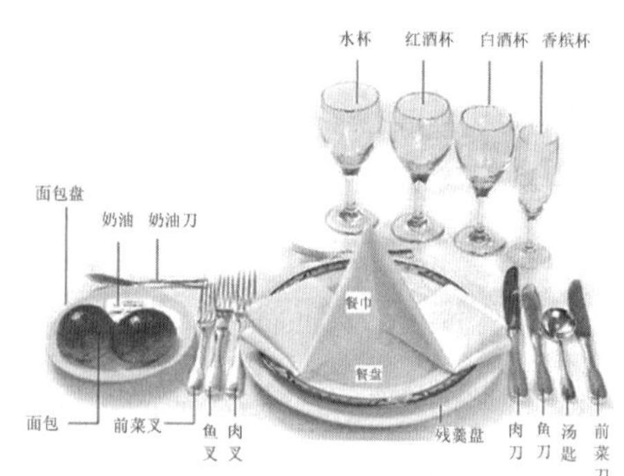

图 3-2　西餐宴会实物摆放效果

就是使用磁铁，磁铁吸不住为佳。

金属餐器除了常见的不锈钢材质以外，有的也会使用镀金、镀银等其他材料，这类餐具在使用过程中容易氧化，其生产成本及后期养护要求较高，仅用于一些特殊场合，如 2016 年 G20 杭州峰会国宴餐具中金餐具的奢华与绘有杭州西湖的骨瓷相得益彰。

（五）刀叉具使用礼仪

除了刀叉具的取用先后顺序外，刀叉餐具在使用过程中，还需注意以下礼仪规则。

（1）使用刀叉具切割食物时，左右手的手肘应自然垂放身体两侧，不能放在桌面。

（2）与人交流时，不得手持刀叉具手舞足蹈，更不能将餐具指对他人。

（3）刀叉永远放在盘面上，不能一头搁在餐桌上。

（4）不同的摆放可以向服务员暗传信息（见图 3-3），减少过多的反复沟通。

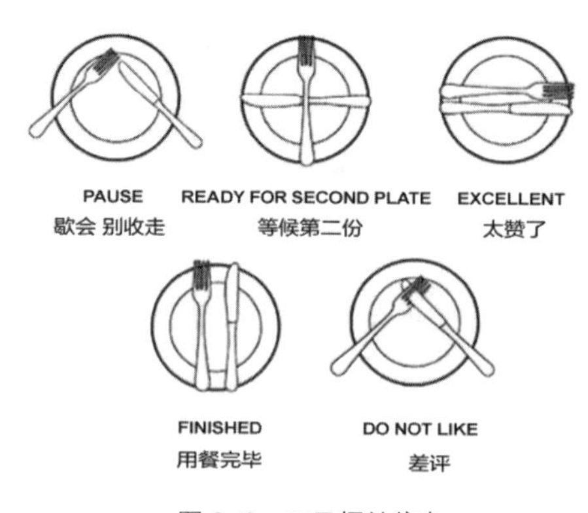

图 3-3　刀叉摆放信息

（5）食用大块或整颗水果，可以先用刀切成小块后再用叉取用。

（6）食用鱼肉可先去头尾和鱼鳍，再食鱼肉，不要翻鱼身，可用刀叉处理。

（7）不可一手拿酒杯，一手用叉取食。

（8）餐具掉落，不能用餐巾擦拭，而应示意服务员更换即可。

二、餐巾

（一）餐巾的发展

15世纪时的英国男人都留着络腮胡子，在没有刀叉辅助的情况下，手抓肉的进食方法把胡子弄得全是油腻，于是他们会扯起衣襟或是桌布往嘴上擦拭。家庭主妇们为了解决这一问题，在男人的脖子上挂一块布巾，这是餐巾产生的一种说法。这种餐巾的大小和形状，后来受到了英国伦敦的一名裁缝的统一规范，并逐步形成了习惯。据相关史料记载，希腊和罗马贵族一直保持用手指进食的习惯，在用餐后会用一条毛巾大小的布巾擦手，有的会先用洗手钵洗手指，而钵里除了盛水外，还漂浮片片玫瑰花瓣。西亚、埃及等地区的文明史中也有使用餐巾的历史记载，埃及人则在钵里放上杏仁、肉桂和橘花。

据记载，我国周朝曾设幕人掌管用毛巾覆盖食物的古制。由此可见，最早的餐巾主要是起到覆盖食物的作用，以此来清洁食物、保护食物。到了清代，皇帝在用餐时使用一种称之为“怀挂”的物件，极为精致，使用皇帝御用的明黄色的绸缎绣制而成，绣有福寿吉祥的图案，华丽夺目。因为绸缎面料十分光滑，特别容易滑落，聪明的宫女们将餐巾的一角绣上了扣绊，在用餐前将扣绊扣在衣物上，在进餐过程中起到洁净自身衣物的作用，这也许就是中国最早的餐巾。

（二）餐巾的作用

1. 卫生作用

无论餐巾源于何时何处，餐巾的产生都是为了帮助改进进食卫生。现代人使用餐巾，主要是防止汤汁、酒水弄脏自己的衣物，以及及时清理进食后的嘴部，包括用餐巾包住嘴里的果核和骨头，避免用餐时直接把骨刺吐在餐桌上的不雅表现，但是，切不可用来擦脸、擦汗、擦餐具及擦口红。因此，进餐前可以将餐巾平铺在膝盖上，但无须像婴儿口水兜一样塞在下巴下。

2. 美化作用

餐巾发展到17世纪，开始关注其观赏功能，于是就有了折花。餐巾折花起源于古希腊，17世纪后进入西方家庭，出现在我国只不过百年的历史。公元1680年，意大利就已经有了20多种餐巾的折法，如教士僧侣的挪亚方舟形、贵妇人用的母鸡形，以及一般人用的小鸡、鲤鱼、乌龟、公牛、熊和兔子等形状。将餐巾折叠成不同的花式，形成了不同主题，使得宴会有一个非常好的主题氛围，增进顾客消费的体验。

3. 礼仪作用

在西餐宴会中，餐巾是一个重要的礼仪信号。首先，餐巾可以暗示宴会开始和结束，女主人把餐巾铺在腿上是宴会开始的标志，而女主人把餐巾放在桌上，则代表宴会结束。其次，餐巾还是是否继续用餐的暗语，如只是中途暂时离开，可将餐巾放在椅面上，此举表示“此位有人，很快回来”。如果离席不再回来，则将餐巾放在桌面，服务员一见便可理解。

三、玻璃杯

（一）酒杯的发展

酒杯的产生必然伴随着酒的历史发展，由于中国悠久的酒文化，酒杯的演变历史也源远流长。中国至今所见的最早的两种专门饮酒器具是距今7000多年的一种鸟形陶瓷器皿及距今6000多年前的仰韶文化遗物——彩陶双耳瓶。彩陶双耳瓶是由陶罐演变而来的热酒壶，其不只是饮酒壶，还可用来温酒，这也说明了我国饮酒器皿是晚于瓶壶的出现。

早期饮酒器皿由碗兼用，我国有的地区目前依然保留着大碗喝酒的豪爽酒风。考古发现，大溪文化遗址中的薄胎细泥的单耳杯和大汶口文化遗址中的彩陶弧形杯是目前为止发现的比较早的两种杯形器皿，分别距今大约有6400年和5000年，比碗的出现要晚了近两三千年。而年代再稍微晚一点的，便是山东临沂大饭庄龙山文化遗址中发现的黑陶高柄杯，这种高柄杯就相当于现在的高脚杯，其已具备专用酒杯的全部特征。到战国时期，饮酒器渐渐简化，甚至出现了水晶直筒形杯子，其造型和质感与现代玻璃杯几乎一样。

唐末，爵角形酒杯退出历史舞台，杯形趋向小巧精致的酒盅。此时，西域带来了精致的高脚中形酒杯，自此筒形杯、几何形杯、象形杯和高脚杯等各种酒杯琳琅满目。

这些酒器的杯形、材质、功能都不相同，且称呼各异，常出现在文学作品中，如尊 / 樽、壶、彝(yí)、卣(yǒu)、罍(léi)、缶(fǒu)、爵、角等。《韩诗说》中描述到“一升曰爵，二升曰觚，三升曰觯（ zhì)，四升曰角，五升曰散”，可见其分类复杂。欧阳修《醉翁亭记》中云：“射者中，弈者胜，觥筹交错，起坐而喧哗者，众宾欢也。”觥在当时常被用作罚酒。《鸿门宴》中有“卮（ zhī ）酒安足辞”，“卮”，盛酒器也，自出现“杯”后，也有称“盏”或“盅”等。

关于玻璃杯的起源，则可以追溯到 18 世纪中叶，西方一些国家的富人开始用波希米亚和威尼斯透明玻璃杯饮酒，而中产阶级家庭或高档酒馆里，人们习惯用平底大口杯或上彩釉的陶瓷杯，小酒馆则用锡杯或小碗。到了 18 世纪末，人们在英格兰发现了水晶玻璃。

水晶玻璃，是在玻璃的原料中增加了 24% 的铅。水晶玻璃杯通过选料、熔融、结球，形成杯柄和杯底后再上磨、吹制，控制酒杯器形的形状和大小，最后进行压底、退火，形成成品。加入的铅可以使玻璃杯有较好的折射率、硬度及较大的比重，所以水晶玻璃杯比普通玻璃杯看起来更具视觉效果。随着现代科技发展，铅被发现会对人体健康产生影响，所以无铅水晶得以研发。

◎ 拓展阅读

玻璃酒杯的选购技巧

选购一款好的酒杯，需关注产品宣传中对杯身强度、抗变温性和抗磨损性等特点的描述，这些都会影响玻璃杯的使用寿命。同时也要关注其标注的玻璃杯容量、高度、直径及酒杯的曲线等相关指标，这些不仅满足饮酒者的功能需要，也是酒杯品质的标准。一个酒杯的曲线极为复杂，一般由五部分组成，分别是杯身曲线、挺部曲线、脚底曲线、杯身挺部过渡的曲线，以及挺部脚底过渡的曲线。想做一个好酒杯，其身高、体重、三围、曲线都是需要经得起考验的。

（二）玻璃杯的器形

除了材质的优劣和已经积淀的历史价值，作为酒杯本身，一般会从器形来考量其质量。

首先，玻璃杯的杯壁并不是越厚越好，杯壁过厚会影响玻璃器皿的清澈度，势必也就影响到品酒时的视觉享受。

其次，玻璃杯的大小及形状不仅带来了器皿整体流线的美观，还会影响酒水香味的强度和复杂度。以葡萄酒酒杯为例，其大肚杯形就是为了葡萄酒的酒香味能得到很好的挥发，尤其是在正确晃杯后，会增加酒的口感。正因为这个原因，不同类型的酒水就需要不同形状和大小的酒杯。

最后，杯口的形状决定了酒在入口时与味蕾的第一接触点，从而影响对酒的组成要素（如果味、单宁、酸度及酒精度）的不同感觉。从人的味觉敏感区域分布（见图 3-4）可见，舌尖对于甜味最为敏感，其次是咸再到酸，舌根位对苦味最为敏感。专业品酒师会根据酒水的特点选择合适的杯子及饮法。

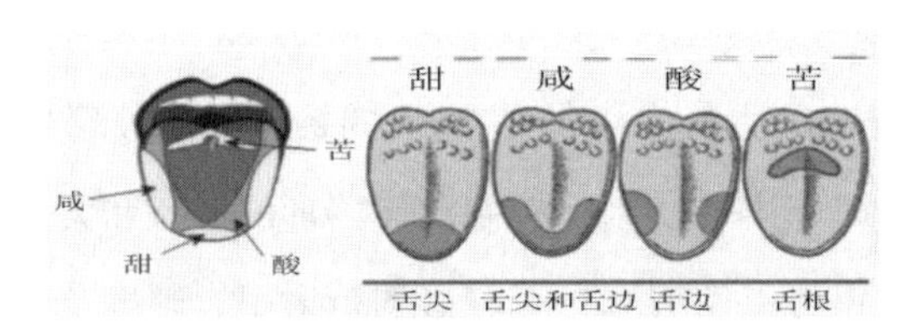

图 3-4　人的味觉敏感区域分布图

（三）常见玻璃杯类型

根据酒水的分类，常见的玻璃杯类型如图 3-5 所示，从左至右分别为香槟杯、红葡萄酒杯、白葡萄酒杯、白兰地杯、鸡尾酒杯、威士忌杯和直身水杯。

图 3-5　玻璃杯类型

香槟杯杯身最高，但瓶身最为细长；红葡萄酒杯比白葡萄酒杯容量略大，款型上也稍有差别，匹配红白葡萄酒的特性，手持葡萄酒杯建议捏住柄部，不宜在杯肚留下指印，影响葡萄酒的色泽品鉴；白兰地杯因其杯形又称为郁金香杯，饮酒时将温暖的手掌托在酒杯上，让手心的温度传递给白兰地，使白兰地酒香更好地挥发出来；鸡尾酒杯敞口可挂盐霜，丰富视觉感官效果；威士忌杯多为方形杯，品酒者多喜欢兑上冰块；直身水杯可谓多功能杯，牛奶、果汁、矿泉水及啤酒都非常适用。

我国的白酒杯一般非常小巧，一杯约 50 ml，而酒精度数相当的白兰地或威士忌杯则在 200 ~ 300 ml，器形差别大。中国文化中有俗语“茶七、饭八、酒十分”“茶满欺客，酒满敬人”，茶因很烫需留三分，而酒应斟满，表示待客热情，另白酒性猛，干杯易醉，故小杯为宜。而西方文化重品酒，饮酒者晃杯闻香观色，有的还喜欢加冰块，酒杯器形大方可满足这一需求。

本章小结

- 中外餐器品类繁多，可以从功能和材质等方面进行分类，而组合在一起既能满足用餐需要，也能带来丰富的感官享受。
- 中餐餐器以筷子和瓷器为主要代表，从考古遗迹中可知其发展演变，而与亚洲乃至全世界的其他国家进行比较，也可见其异、知其趣。
- 西餐餐器以刀、叉、匙、餐巾和玻璃杯为主要代表，这些餐器同样在经历岁月的沉淀与打磨后绽放异彩，成为餐桌文化中不可缺少的部分。
- 中外餐器文化的差异是不同进食方式的体现，从另一个角度，也带来了独特的餐饮服务文化。

复习思考

1. 餐器的功能价值与审美价值的关系如何？怎样进行结合？
2. 请从网络搜索中西餐宴会摆台作品，并对其餐器摆放进行比较，说明各餐器的功能及摆放的目的。
3. 为什么西餐餐器中有各种暗语礼仪？
4. 合餐制和分餐制对餐器的选择和摆放有何影响？

第四章

中外餐仪文化

本章导读

由于社会背景、宗教信仰及历史文化等带来的礼仪文化的差别，一方面展现了一个国家、民族或地区的文化精髓，另一方面也会在相互交流中产生冲突，餐饮礼仪文化尤甚。从餐饮环境礼仪、餐饮着装礼仪及用餐服务礼仪等方面对中外餐饮礼仪进行探索，在舌尖文化中充分尊重中西文化差异，并实现文明共享互鉴，既可提升餐饮活动中的个人形象，同时能更好地达成跨文化交际的目的。

学习目标

知识目标：

- 理解餐饮礼仪文化的概念及特点。
- 理解中外餐饮礼仪文化差异产生的原因和可能产生的冲突表现。
- 掌握中外餐饮环境礼仪文化、餐饮着装礼仪文化及餐饮服务礼仪文化的差异。

技能目标：

- 能文明参加各种餐饮场合，并塑造个人形象，提升个人餐饮交际能力。
- 能根据赴宴要求选择符合身份的衣着。
- 能与餐厅员工有效沟通，避免产生因文化差异带来的冲突。

第四章拓展资源

第一节　餐饮礼仪概述

一、餐饮礼仪概述

荀子云："人无礼则不生，事无礼则不成，国无礼则不宁。"礼仪是民族精神面貌和凝聚力的体现，对个人而言，则是道德水准和教养的衡量标尺，具体可以体现在一个人的仪表仪态和言行举止上，既包括日常的衣食起居，也包括职场的为人处世。餐饮礼仪，又称就餐礼仪、餐桌礼仪，是指与用餐有关的礼仪要求，餐饮礼仪在交际中占据重要的地位。学习和正确运用餐饮礼仪，不仅是自身形象的塑造，更是实现交往目的的基本保证。

（一）餐饮礼仪的特点

1. 普遍性

餐饮礼仪既存在于日常生活中，如在家庭用餐时的礼仪，也存在于正式宴请场合，甚至是国际交往活动中。学习餐饮礼仪，是个人生活和成长的基本要求。

2. 地域性

不同国家、地区或民族皆有其独有的餐饮礼仪文化。一方水土养一方人，餐饮礼仪文化与地域文化有着紧密的关系，比如宴席的座次礼仪，中国与外国、南方与北方皆有差异。

3. 情感性

餐饮礼仪是用餐群体之间的情感传递和表达。在家庭中，体现的是长辈与晚辈间的交流，如晚辈敬酒时，酒杯要比长辈低，表达的是对长辈的敬重；在餐厅里，领位员根据顾客的人数和特点来选择合适的餐位，表达的是餐厅员工对顾客的人性化关怀。

（二）餐饮礼仪的分类

由于餐饮礼仪覆盖面较广，可以从用餐的时间、地点、场合和参与者等角度，对餐饮礼仪进行分类。

1. 按照用餐过程分

狭义的用餐过程指从入席到离席的过程，而广义的用餐过程，可以包括用餐前的邀约宴请、赴宴准备，到抵达用餐场地后的相互问候、再到用餐，直至餐后的相互道别、离开餐厅等整个活动过程。餐饮礼仪渗透于用餐过程中的每一个环节。

2. 按照用餐场合分

根据社会交往的特点，用餐场合主要包括家庭用餐和社会用餐，而社会用餐则还可以细分为员工食堂用餐和社会餐厅用餐等。针对社会餐厅的类别，还可以继续分为自助餐厅、包厢、大厅等。用餐场合不同，餐饮礼仪也各有差异。

3. 按照餐饮主体分

聚集性的用餐活动较之个体用餐，其礼仪要求更为复杂。从服务的主被动关系来看，可以分为餐饮服务人员礼仪和餐饮消费人员礼仪；从活动组织和参与关系来看，则可分为宴请主方礼仪和赴宴客方礼仪。

二、造成中外餐饮礼仪文化差异的原因

礼仪文化是不同国家、地区及民族在长期的发展中形成的仪式规则。每个国家、地区及民族都在饮食中自觉或不自觉地透露着自己的文化背景。中西文化之间的差异，造就了中西餐桌礼仪文化的差异，这种差异来自中西方不同的思维方式和处世哲学。

（一）社会背景

在中国，“吃”的形式后面蕴藏着丰富的心理和文化的意义，以及人们对事物的认识和理解，从而获得更为深刻的社会意义。中国人注重“天人合一”，西方人注重“以人为本”，这种价值理念的差别形成了中餐以食表意、以物传情的特点。因此，传统的中餐会更注重菜的种类和数量，而西餐则更注重饭菜的营养性。

（二）宗教信仰

宗教作为意识形态，不仅与经济基础发生联系，而且与其他意识形态也紧密相关，它是各民族传统文化的一部分，并且受传统文化的制约。千差万别的宗教信仰方式，也影响了不同的饮食文化和礼仪习俗。

（三）历史文化

餐桌礼仪从某种程度上来说是一种生活习惯的反映，而生活习惯的形成也是一种历史文化的沉淀和延伸。所以，中西餐桌礼仪文化的差异也是中西传统文化差异的一个部分。

三、中外餐饮礼仪差异带来的冲突表现

根据中国外文局对外传播研究中心与凯度华通明略合作开展的第5次中国国家形象全球调查结果，“中餐”成为中国文化第一代表元素（中药、武术位居其后）。餐饮活动成为国家形象和文化的主要传播方式，随着跨文化交际活动的频繁，餐饮一方面起着重要的文化传播作用，另一方面因文化差异而导致的各种冲突事件也频频曝光。

（一）用餐方式的冲突

合餐制和分餐制是中西用餐方式的最大区别。曾有新闻报道“外国游客吃中餐没有吃饱”，究其原因是该游客误以为餐席中仅摆放在他面前的这一道菜是属于他的；而中国游客至国外餐厅就餐，往往喜欢让服务员再多给一个盘子来和共餐者分享某个菜品，这种行为令服务员匪夷所思，有的甚至误认为这是一种特别抠门的做法而面露鄙夷。

（二）用餐气氛的冲突

中国人吃饭讲究的是“情”，合餐、圆桌无一不透露出浓浓的人气和热闹，故而就产生出相互夹菜、敬酒劝酒等各种行为；西方人吃饭追求的是“形”，分餐、方桌里藏着的是用餐者的仪式感，他们更在意背景音乐、餐巾摆盘、酒器搭配等细节。因此，外国人也许会反感中国人聚餐时的“喧闹”，而中国人可能会介意外国人用餐时的“做作”。

（三）用餐行为的冲突

在不文明用餐行为中，曝光度最高的可能是自助餐抢食问题。作为一种舶来文化，自助餐给中国带来了新的就餐体验，但本着经济性的原则，一些消费者会争抢食物，尤其是一些限量供应的高价值食物。这种不顾形象的用餐行为常会使我国游客被妖魔化。

当然，产生冲突的表现形式尚不止以上所列，餐食的原料和烹饪方式也是产生冲突的主要原因。这些因为中外餐饮礼仪差异带来的冲突，不仅影响就餐体验和交流效果，严重的可能造成经济损失，甚至产生不良国际影响。“中国游客”在各种新闻中被贴上各种恶意标签，有的外国餐厅甚至拒接中国游客。随着国际交流活动的日益频繁，有必要普及基本的中外餐饮礼仪文化，令食者吃贯中西，共促文明。

第二节　用餐环境礼仪

礼仪的产生通常都与社会交往的活动场合有关，餐饮礼仪文化同样也与用餐的环境紧密相连。

一、中餐厅的礼仪文化

（一）中餐厅的基本礼仪

中餐厅就是以中式餐饮为主要产品的就餐场所，根据菜系可进一步细分，如粤菜馆、川菜馆等，也可以按照主打产品进行分类，如火锅店、烤肉店等。在我国，中餐厅占据了市场的主要部分。

1. 桌席礼仪

在一个餐厅中有多张餐桌时，首先要确定桌席的礼仪，开餐前一般会确定主桌位置，其他宾客则根据与主桌的关系亲疏来确定桌次。有的餐厅会提前编制席位表，由餐厅员工或主方进行嘉宾引领。

桌席的礼仪，通常以门为参照物，遵从以右为尊、以远为上、居中为尊等原则。

以两张餐桌为例，根据餐厅的空间，可按照图 4–1 或图 4–2 进行安排。

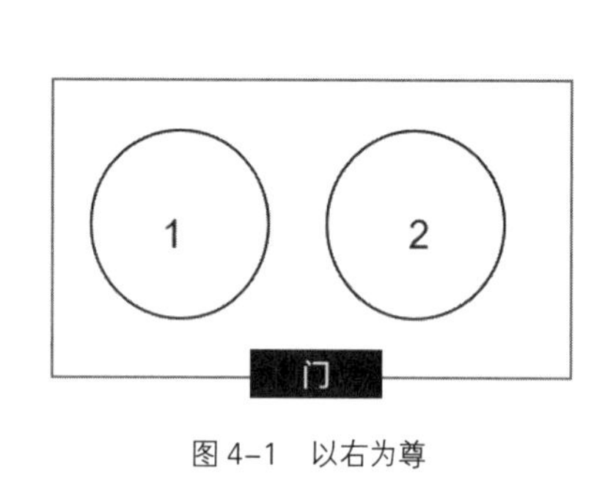

图 4–1　以右为尊

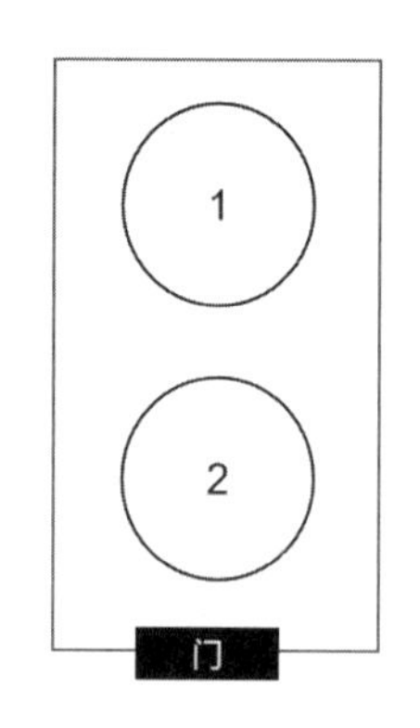

图 4–2　以远离门为尊

如果有三张餐桌，同样可以有不同的排列，如图 4–3、图 4–4 的两种方式皆符合礼仪要求。

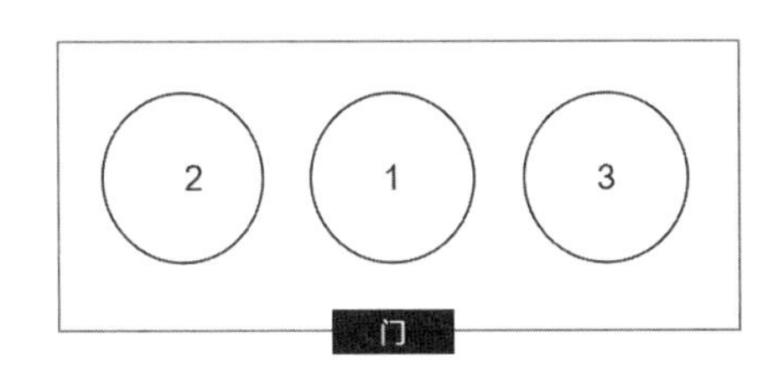

图 4-3　以中间为尊

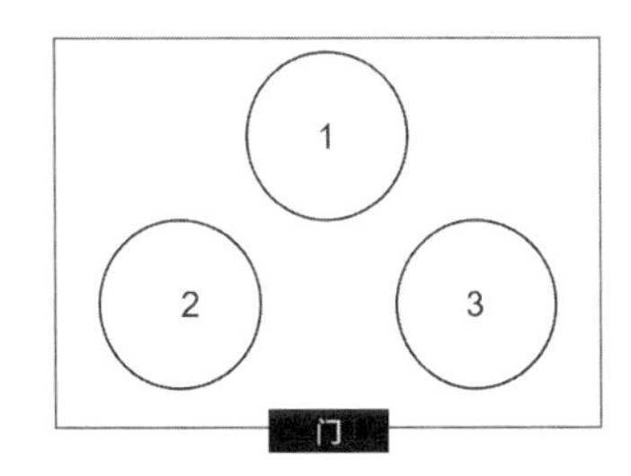

图 4-4　以中间和远离门为尊

以此类推，当有更多的桌次时，均可按照以上原则进行安排，同时兼顾餐厅的总体布局，如餐厅是否有舞台，餐厅是否狭长或方正等。

2. 座次礼仪

在桌次确定好后，则需确定单桌的座次席位。

（1）主人席位的确定：第一主人的席位一般面对餐厅入口处，以便环视整个宴会的进展情况，谓之“面门为尊”；第二主人（副主人或女主人）的席位设于第一主人的正对面，正副主人与桌中心形成一条中轴线。

（2）宾客席位的确定：同一桌席，席位的高低以离主人座位的远近而定，根据主人的设定一般有两种席位安排方法，分别如图 4-5、图 4-6 所示。无论哪种方法，第一客人位（主宾）都设于第一主人位的右侧。如有翻译，一般位于主宾或副主宾位的右侧。

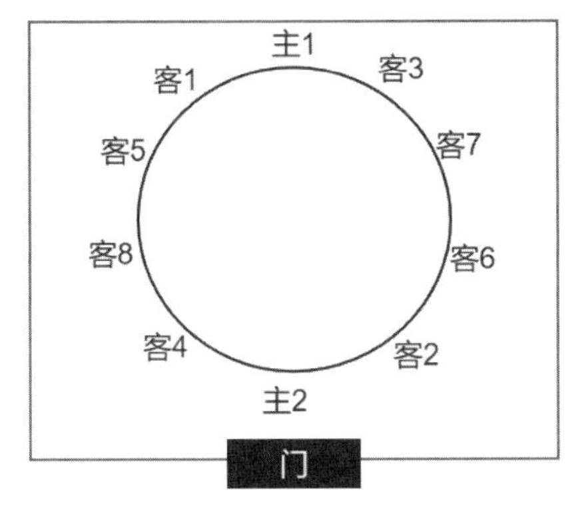

图 4-5　宾客席位安排方法 1

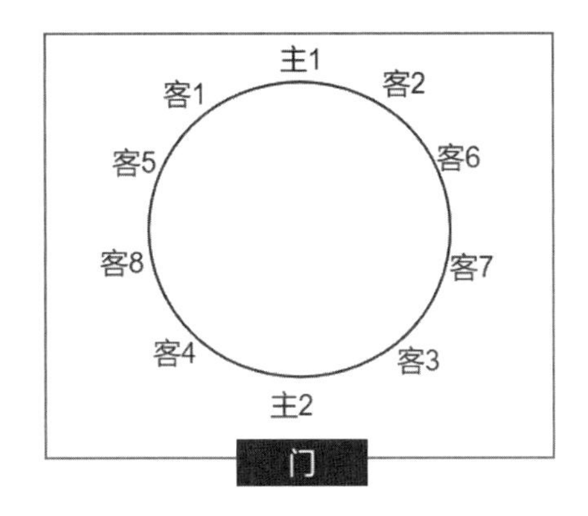

图 4-6　宾客席位安排方法 2

在国际交往中，安排席位遇到特殊情况也会灵活变动，如主宾身份高于主人，为表示对宾客的尊敬，在餐桌没有明确的朝向或餐桌在离餐厅门口较远的位置时，可根据其安全性或舒适性来确定尊位，如靠窗区为尊，靠通道或门口则欠佳。

◎ 拓展阅读

圆桌的释义

中餐用圆桌，西餐用方桌，这似乎是大家认知中本来的样子，而大家是否思考过，这也是中西餐饮文化的一部分。

圆桌也称百灵台，相传因为宝物都有灵气，古代帝王在后院休息欣赏各地进贡的宝物时，都用圆桌家具。当然，中国家庭的餐厅也是家人们团聚交流情感的地方，圆桌不仅符合中国人大家庭“围坐”的饮食习惯，也蕴含着“团圆”之意。但圆桌还有更深层的含义，那就是圆桌没有棱角，削去了人与人之间的高低贵贱，没有语言，却表达了所有人渴望平等的愿望，所以“平等”和“自由”就是圆桌文化的精髓。

在《水浒传》中，一百单八将排座次，孰先孰后，孰左孰右，马虎不得，造次不得，大家虽是被逼上梁山，但聚义厅里没有一张大圆桌，这种尊卑高低的讲究不逊于皇宫。故宫太和殿上，皇帝的镏金宝座高高在上，而其摆放的高度，自然高过叩首的臣子们，这无不体现出权势的高低和身份的不平等。当然，《水浒传》中的梁山好汉，或者是塑造梁山好汉的作者施耐庵，也想要平等自由，但遗憾的是，不善用圆桌文化精髓的封建王朝走向了覆灭。

时代在变化，圆桌文化的精髓依旧传承完好。圆桌不仅仅是作为中国传统文化的一个重要组成部分，映射出中国传统文化的光辉，更被赋予深层次的意义。2010 年，浙江东阳市明清居的 18 张精品雕花大圆桌入选上海世博会木雕精品展，获得特别金奖；东阳市康泰红木家具厂的“三国演义大圆台”获得第五届中国雕竹编工艺美术博览会金奖；等等。类似作品无不显示出红木圆桌文化背后的历史根源及品牌故事。

圆桌文化的现代版本——“圆桌会议”，以及现在流行的“圆桌论坛”，让大众对圆桌历史更加刮目相看。在单位的会议室里，在社会各界各种各样的会议中，常常能看到一张巨大的椭圆形圆桌，虽然圆桌的直径不等，但多少表示出人人平等的含义。显然，圆桌理念已经渗透到现代人的生活中，成为大众的共识。圆桌，不仅是一件家具，更是一种文化。

很多国家将圆桌文化精髓传承，但因不同文化的差异，圆桌必然有迥异的命运。

（二）中餐厅的包厢礼仪

包厢是中国餐饮文化中较为独有的一部分，因其私密性强成为餐厅经营的营销利器，犹如在闹市区有停车场。一家餐厅拥有包厢，可获得商务宴请或各类聚餐的客人青睐。

由于包厢是独立的用餐空间，在此就餐也应遵守其用餐礼仪。

（1）确定包厢后，主方应及时告知其他嘉宾包厢的名称，便于嘉宾抵达后快速找到包厢。

（2）如果嘉宾身份尊贵，主方应在餐厅入口处或包厢门口迎接。

（3）抵达包厢，后来者应向先来者表示问候和致意。

（4）遵从主方的进餐安排，如主方有私密要求，避免使用手机进行拍照等。

（5）包厢一般设有开瓶费或最低消费标准，主方需在预订包厢时进行确认，以免结账时产生纠纷。

（6）离开包厢时，主方或包厢服务员可提示聚餐者检查随行物品和衣物等。如有自驾前来的，可主动向包厢服务员索要免费停车票据。

◎ 拓展阅读

包厢里的文化

中国包厢文化，至少可以追溯到宋代。宋代经济发达，市民生活丰富，酒楼茶肆处处可见，为了招徕顾客，酒楼的经营者们便不断在布局上花样出新，以迎合不同层次顾客的需要，阁儿就是在这种市场背景下应运而生的。一些名著古籍上可以看到“阁儿”“阁子”“雅间”等词，但是，当时的阁子隔音效果还不太理想，以至于《水浒传》中有写金翠莲的啼哭声传到了鲁智深喝酒的阁子，而宋江在东京樊楼也能听到隔壁阁子里史进与穆弘的狂言。但阁子毕竟让酒客享受着一个相对独立的空间和更周到的服务。除此以外，经营者为了让氛围更为雅致，还想到在阁子里插四季花和挂名人画来装点门面。由此可见，早期包厢的产生也是为了满足需要私密空间、高雅环境且有消费能力的食客。

包厢文化在中国能发展起来，自然也沿袭了这些社会背景。

另外，中国是一个熟人社会、圈子社会。包厢是一个狭小的空间，这正契合了熟人社会的文化心理诉求，包厢成为亲朋好友的聚会之所。

包厢不仅是一个封闭的餐饮消费空间，也反映了社会文化形态，从更大的层面来看，包厢更是一种现象。

如今，除餐厅之外，网吧、KTV、剧院、电影院、茶馆都有推出类似包厢概念的独立消费空间。2013年吉林农业大学图书馆还推出了收费的考研学习包厢。这些包厢，较之免费或低价的公共资源，会提供更好的环境和服务，当然也成为经营者精心打造的商机。这样的空间设计到底是影响了大多数人的利益，还是有利于推动经济发展、进行差异竞争？包厢是去是留，引人深思。

二、西餐厅的礼仪文化

西餐厅一般是以西式餐饮为主要产品的就餐场所的统称，同样可以根据菜系类别分类。在我国，最常见的是法式餐厅或意大利餐厅。也有的消费者将日料店、韩国餐厅、泰式餐厅等东南亚餐馆，都归为西餐厅行列，但这种说法欠缺严谨。

（一）西餐厅的基本礼仪

1. 桌席礼仪

西餐厅的桌席礼仪，原则上和现代中餐厅基本相同，但略有差异。

在总体布局方面，由于方桌可以拼接，加之采用分餐制，较之圆桌更为灵活，可以根据场地来进行各种形状的拼接摆放（如U型、L型等，见图4–7），有时并无主桌的安排。

图4–7　西餐餐桌布局

2. 座次礼仪

除了以右为尊、面门为尊、居中为尊等基本原则外，西餐还有女性优先、男女交叉而坐的要求，这样女士能得到男士的照顾，充分体现了“lady first”的西方绅士文化。如未带家眷，可以选择身份恰当的异性嘉宾共同就座。根据餐厅场地的情况，可按照图4–8中A、B两种形式安排座次，男女主人呈中轴线，并形成两个交谈中心。

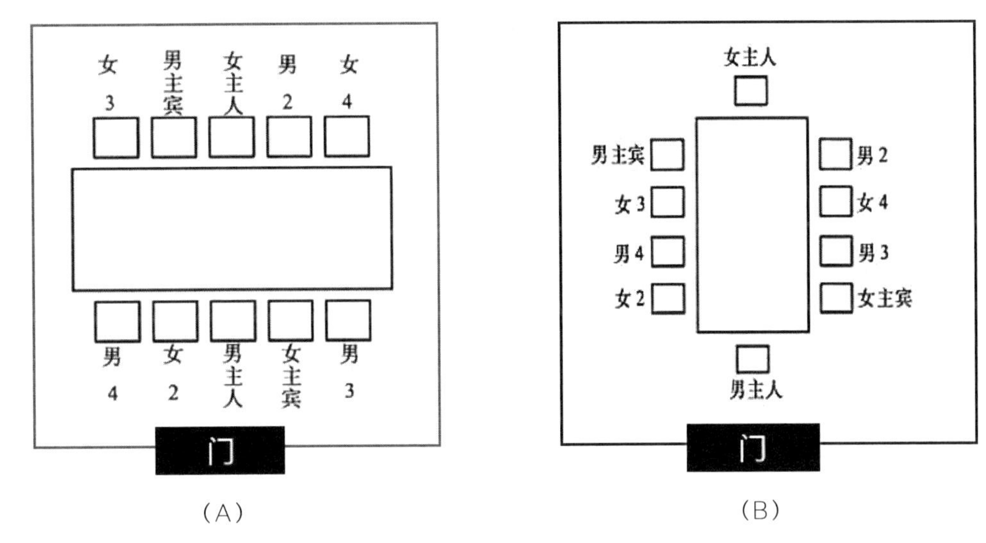

图 4-8 座次安排

◎ 拓展阅读

分餐制和合餐制

围桌就餐分为合餐制和分餐制。从现代中、西方宴会的基本面貌来看，西方宴会实行的是分餐制，而中国宴会实行的是合餐制。西方宴会宾主并排坐在长桌旁，各人有各人专用的餐具，各人享用各人分得的菜肴与酒水，气氛优雅宁静；而中国宴会宾主则围坐在圆桌旁，大家共吃、共用宴席上的所有菜肴，亲切热烈，其乐融融。事实上，中国实行过多年的“分餐制”的进餐方式。这一历史可上溯到史前时代，它经过了不少于3000年的发展过程。

中国合餐制的诞生大体是在唐代，发展到具有现代意义的合餐制，经历了一个逐渐转变的过程。然而这种转变的契机竟与中国人起居方式的改变有着密不可分的关系。

在周秦汉晋时代，筵宴上之所以实行分餐制，与当时用小食案进食有关。如果食案没有改变，饮食方式也不可能有大的改变。事实上中国古代饮食方式的改变，确实是因高椅大桌的出现而完成的，这是中国古代由分餐制（分食制）向合餐制（会食制）转变的一个重要契机。古代中国人分餐进食，一般都是席地而坐，面前摆着一张低矮的小食案，案上放着轻巧的食具，重而大的器具直接放在席子外的地上。后来说的“筵席”，正是这种古老分餐制的一个写照。这种以小食案进食的方式，最晚在龙山文化时期便已发明。

西晋王朝灭亡以后，生活在北方的少数民族陆续进入中原，先后建立政权。居于国家统治地位的民族的变更，使得中原地区自殷周以来建立的传统习俗、生活秩序及与之紧密关联的礼仪制度受到冲击与改变。这也间接导致了家具发展的新趋势，传统的席地而坐的姿势也随之有了改变，常见的跪姿坐式受到更轻松的垂足坐姿的冲击，这就促进了高足坐具的使用和流行。在唐代中晚期，中国人已经基本上抛弃了席地而坐的方式，最终完成了坐姿的革命性改变。家具的改变引起了社会生活的许多变化，也直接影响了饮食方式的变化。

既然中餐曾经有过分餐的历史，那么西餐是否也有过合餐的阶段呢？西方的就餐文化深受埃及文化影响。据文献研究，古埃及人宴会前先洗手，吃饭时一家人坐在蒲席上，中间是一个大浅盘，上面摆放着饭菜，每个人都用手抓着吃，可见这是合餐制。从第五王朝，也就是公元前2500年开始，古埃及出现了一种供客人两两对坐用餐的高桌子，宴会时桌子上用来堆放饭菜，进餐者用手抓着吃菜，这也是合餐；尽管古埃及人很多时候一家人不管老幼男女，都在一起吃饭，但是举行宴会时从未有一家人围坐在一张桌边的情景，可见古埃及还没有像我们今天这样的典型的合餐制。一些古籍中描述古希腊人的一些社交宴会，客人自带食物，主人提供酒水，客人一到，要先脱鞋、洗手，再让一个奴隶为他洗脚，然后，一个摆满了食物的桌子被抬进宴会厅，晚宴正式开始。宾主皆侧身斜靠在四周的躺椅上，不用刀叉，手拿食物，用勺子喝汤。在古希腊语中，这种宴会有个正式的名字，叫“会饮”，可见在这类社交宴会中菜肴是大家共用的，实行的也是合餐制。

合餐制在中世纪的整个欧洲都很普遍，直到文艺复兴后才逐渐走向衰落。随着文艺复兴运动的发展，欧洲开始逐步抛弃过去数千年的合餐习惯，并以此来提倡文明的生活方式。经过一系列细致的变革，新的就餐方式建立起来了：每个人有自己专用的盘子、刀、叉和勺子，汤则使用专门的公勺来分配或舀取。在17世纪以后举行的许多盛大宴会中，人们依然频繁地共同聚餐，但与以前不同的是，进餐者不再被允许用未经擦洗的私人餐具触及桌上的公共食物。用餐者必须先使用公共餐具取得食物，或者擦洗和更换私人餐具，并把这些食物置于自己的盘子里，然后再使用自己专用的餐具将食物送入口中。这种被我们今天称为分餐制的新饮食风格，先是上层社会的习惯，而后成为一种时尚，扩展到整个社会。

因此，分餐抑或合餐并没有绝对的中外属性，更没有优劣之分，其在人类历史的发展中不断适应和变化，随着中外文化的融合，两种用餐方式也会相互影响，从而更有利于餐饮文化的发展。

（二）西餐厅的小费文化

小费是指服务行业中顾客感谢服务人员的一种报酬形式，据相关文献记载，其源于18世纪英国伦敦，当时酒店的饭桌中间摆着写有“To Insure Prompt Service（保证服务迅速）”的碗，顾客将零钱放入碗中，将会得到招待人员迅速而周到的服务，后来人们把上面几个英文单词的首字母联起来，就成了小费的英语单词“tips”。

不同国家的小费文化各不相同。美洲国家比较盛行，其代表着是对服务的肯定；欧洲国家则根据账单计费情况，如并未包含服务费，则建议按10% ~ 15%给予；亚洲国家风俗各异，在新加坡，付小费是被禁止的，因为会被认为服务质量差，日本、韩国与我国相似，并无付小费习惯，但是在泰国，处处都必须付小费。

总体来说，对于多数国家而言，虽无明确小费规定但已成习俗，尽管服务员不会主动索要，但如若不给，会令服务人员尴尬甚至不满。因此，在国外餐厅就餐，应多观察当地客人的结账行为，入乡随俗，以免失礼。当然，如果不想多付小费，可以及时阻止对方提供的额外帮助，如洗手时给你递毛巾，抵达餐厅为你泊车，等等。

国外餐厅的小费一般支付总餐费的5%至25%不等，以10%居多。多数餐厅并不会强制支付，一般由客人自行确定，如果用餐金额小，可将找回的零钱作为小费，如果用餐金额大，则按照总餐费的比例计算。旅游城市的餐厅，为避免外来游客不了解当地习俗，同时也是为了增加收入，会直接在小票中提示需要给小费，甚至标明小费的金额，这种做法类似中国高档餐厅中的“茶水费”或“服务费”，是一种强制性的收取方式，只需照单全付即可。

现代中国的餐厅服务并不收取小费，甚至不允许员工索要小费，但其实中国古代早已有给“赏钱”的习惯，赏赐对象有店小二、奴仆、书童、小厮、跟脚等。而在约100年前，西方也出现过一次反小费浪潮，当时的反小费协会认为给小费是一种不良风气，号召人们加以抵制，但效果甚微，原因是很多侍者没有其他收入，仅以小费为生。第一次世界大战以后，餐馆和旅馆开始实行“10%服务费”制度，将价格提高10%作为服务人员的固定工资，这样收入尽管已有保障，然而新规定还是难以战胜老习惯，对服务上乘者，顾客依旧甘心解囊，给小费的风气始终延续。

尽管我国并无小费支付的习惯，且赴国外消费颇高，但我们应尊重当地习俗，理解小费并非只是一项额外支出，甚至可以理解为是未标注在菜单上的必付项目，是餐厅服务人员的基本工资，是对餐厅服务人员劳动的肯定。重新审视小费文化，能获得意想不到的餐厅消费体验，树立文明游客形象。一份发自善意的小费鼓励，可以换回美好的旅游体验。

三、宴会厅的礼仪文化

我国历史上的宴会名目繁多，除了通常所说的“国宴”“军宴”，各级官府举行的宴会统称“公宴”，私人举办的“婚宴”“寿宴”“接风”“饯行”等宴会统称“私宴”外，有的以规格高低、规模大小、仪式繁简，划分为“正宴”“曲宴”“便宴”。有的以设宴场所分为“殿宴”“府宴”“园亭宴”“船宴”等。秦末项羽在鸿门坂宴请刘邦，史称“鸿门宴”，汉武帝在柏梁台宴请群臣称“柏梁宴”，唐代皇帝每年在曲江园林宴请官僚史称“曲江宴”等，无论何种，宴会都是集体性的用餐活动，宴会厅正是满足这一用餐需求的场所。随着宴会的功能需求不断发展，宴会厅在面积大小、装潢程度及硬件设施等各方面也呈现出多样化的发展。

宴会厅的桌席和座次安排与中、西餐厅一致，对赴宴者而言，则增加了宴请的礼仪要求。

（1）赴宴时间：根据邀约信息，确定出发时间，不同国家略有差异，有的国家时间观念很强，要求非常守时，而有的国家则相对随性，迟到半小时都不足为奇，但一般在正式场合中，建议准时，过早会令对方备感仓促，过迟则显得不够重视。

（2）赴宴着装：“人靠衣装马靠鞍”，认真得体的衣着能体现人的精神面貌和形象气质，对于赴宴者而言，必须选择得体的衣着参加宴会，如衣着过于随意，或衣着的颜色与宴会气氛不符等，可能会给宴会宾客们带来不悦。

（3）赴宴礼物：赴宴时，人们常以礼物为媒介，表达尊重、友谊、感谢等情感。初次见面，一般不建议赠送贵重的礼物，常见的如鲜花、葡萄酒或与宴请主题有关的物品，礼物选择需考虑受赠方的禁忌。

（4）就餐言行：宴会是一个集体性的活动，在进餐过程中需与旁人交流互动，此时礼仪细节较多，一言一行皆代表个人素养。

四、自助餐厅的礼仪文化

自助餐，欧美称之为“buffet”，是以自助形式取餐、个人方式计价的用餐方式。

（一）自助餐的起源和发展

相传最早来源于 8 至 11 世纪给西班牙帝国带来诸多困扰的北欧海盗维京人，这些海盗们摈弃欧洲的用餐礼节，要求餐馆摆出所有食材供其畅饮豪吃，至今世界各地仍有许多自助餐厅以“海盗”命名。

瑞典人后把这一形式逐渐完善，18 世纪的瑞典晚餐前，常常会有摆上轻食和饮品的“斯堪的纳维亚式冷餐会”，所以在俄语中，“自助餐”一词干脆就叫“瑞典桌子”。后来自助餐经由 1939 年的纽约世博会传至美国。拉斯维加斯赌场的 24 小时 1 美元畅食自助，从 20 世纪 40 年代起，把无数红了眼的赌客牢牢拴在这个不夜之城。第二次世界大战的时候，这种进食方式被引入美军后方驻地的军用食堂。

自助餐作为一种西餐就餐方式进入亚洲，第一站就是日本，所以自助餐之名源于日本，于日本昭和 33 年（也就是 1958 年）东京帝国酒店首创，厨师将烹制的冷、热菜肴及点心陈列在餐厅的长条桌上，由客人依据喜好取食，自己随意取食，自我服务。

中国内地的自助餐最早出现在 20 世纪 70 年代末的上海，而真正以一种标准业态风靡则是在 20 世纪 80 年代末。2003 年随着高端自助餐饮品牌进入中国市场，开启了中国自助餐的新时代，自助餐去除了疯狂抢食气息，初显高雅。

（二）自助餐的特点

1. 从用餐者角度

（1）多样可选：即可根据自己喜好，自由选择，因此在很多大型活动中，由于参与活动的人员来自五湖四海甚至世界各地，以自助餐的形式安排餐饮是最为省心的。

（2）无限取食：即可根据自己食量，随意取食。自助餐按人收费，对取食量不作限制，这也体现了自助餐的高性价比，但同时也带来了抢食现象。有的餐厅针对这一情况，设置了限时制，如 2 小时内可随意取食，超时则加收费用，针对一些贵重的菜品则进行限量供应，一人一份，以控制其成本。

（3）自由流动：即不设席位，随吃随拿，用餐者不用顾虑座次等问题，约束较少。

正因为以上这些特点，自助餐的经济性也就显而易见了。

2. 从餐厅经营者角度

自助餐省去了顾客的桌前服务，降低了用人成本，可以提前批量准备菜品，省去了点单的时间，加快了服务效率。另外，可以根据餐厅的菜品储备进行自行组合，某些高利润的菜多一些，低利润的菜少一点，有效控制仓储空间和食物采购成本，而大批量的销售也能加快流动资金的回收。所以，自助餐可谓是两者皆爱。

但是，随着人们对美食的不断追求，以及物质生活的不断丰裕，自助餐的特点也在发生一些变化。餐饮时间上由一般安排在早餐或餐前冷食，逐渐增加了午晚餐；餐饮形式上由廉价便餐发展到各种主题自助餐，如情人节自助餐、圣诞节自助餐、婚礼自助餐等，人均价格攀升；餐饮服务上由全自助到增加了部分菜品的客前现烹现食的半自助，由顾客单一取食发展到顾客可自选食材自烹自食的全方位自助餐；餐饮管理上，从菜品的丰富度上，逐步开始引导消费者进行科学饮食，并避免浪费。

与中国饮食方式中的桌餐差异最为明显的就是自助餐，没有了长幼尊卑的席位，也没有了餐间的完整服务，自助餐更表现出西方人对个性、对自我的尊重。相比较而言，中餐更注重食品间的“渗透”，即味道的搭配和匀称；而西餐更注重食品的“齐全”，即保证营养的搭配和匀称。因此，在我国的正式宴请中，少有使用自助餐的形式，自助餐多作为会议用餐的主要形式，一来人数多，备餐上菜慢，会议间休息时间短，桌餐可能来不及安排；二来自助餐不需要太正式，可以随意走动，便于交流，不需要安排席位，对组织者在礼仪上的要求较少；三来与会者来自五湖四海，众口难调，同等餐标的桌餐无法满足所有人的喜好；四来自助餐对酒店员工服务要求少，员工无须太高的专业服务能力即可上岗。

（三）自助餐的基本礼仪

1. 排队取菜

一般按照正常的流动队伍排队，不逆向、不插队、不乱抢、不犹豫。加快取菜的速度，就是加快文明的脚步。

2. 循序取菜

自助餐菜品摆放顺序一般都是参照正常的就餐流程，以中餐为例，一般是冷菜、汤、热菜、主食、饮品、甜品和水果，可依序选择即可，如确实比较挑剔，建议先在外围转上一圈，先了解一下情况，然后再去取菜，切勿自行其是，乱装乱吃一通，难免会使本末倒置，咸甜相克，有可能到最后心有余而力不足。

3. 少取多次

根据自己的口味和食量，少取多次，量力而行，减少食物浪费。多次还有利于保持食物原味，比如冷热分开。

4. **禁止外带**

所有的自助餐，都有一条不成文的规定，即自助餐只许在用餐现场自行享用，而绝对不许在用餐完毕后“自行打包”带出，此类行为一旦被发现，可能会被餐厅要求对打包食物进行称重付款。如果确实有特殊情况，可与餐厅主动进行沟通。

5. **整理餐具**

在餐厅就座用餐应在离去前对其稍加整理为好，尽量避免杯盘狼藉等不堪入目的情况。有的自助餐要求在用餐结束之后，自觉将餐具送至指定之处，则需遵规操作。不允许将餐具随手乱丢，甚至任意毁损餐具或私带餐具离场。

6. **积极交际**

不要躲在僻静之处埋头大吃，可与其他在场者进行适当交流，充分利用自助餐的特点，主动寻找机会，积极开展交际活动。

纵观自助餐的发展，从意识形态到文化流行，自助餐已经经历了数次迭代。从起源时粗鲁却方便的海盗食法，到第二次世界大战结束后的美式文化风靡；从随着一些世界级五星级酒店向亚洲进驻，到发展出众多产品类型。如今，自助餐正面临着第三次迭代升级。自助餐食者在享受进餐乐趣之时，应稳住进餐节奏，保持文明姿态，体会取舍之道。

五、鸡尾酒会的礼仪文化

鸡尾酒会，是一种以鸡尾酒为主要餐品的休闲聚会形式，其发端于美国，至今已有 200 年的历史。由于其简单方便，且利于交流，已成为国际上目前流行的一种聚会方式。

（一）鸡尾酒会的特点

鸡尾酒会发展至今，其形式基本稳定，主要有以下特点。

第一，时间一般安排在下午四、五点，介于中餐和晚餐之间，一般持续时间在 1 个小时左右。

第二，场地除了餐台外，不放置供客人就餐的桌椅，客人可以自由走动。

第三，餐品通常以酒类、饮料为主，酒的品种较多，还备有点心，如三明治、小面包等。

第四，服务人员会提供流动服务，帮助客人收餐具和斟倒酒水。现场有调酒师提供调酒表演。

与其他聚会不同，主要表现为用餐形式、用餐内容和聚会目的的差异，总体来看，鸡尾酒会是以社交为目的的休闲聚会活动。

根据举办者的活动目的，鸡尾酒会可分为两种：一种称专门酒会，即单独举行的酒会，其程序完整、内容丰富、时间较长，比较讲究；另一种叫宴前酒会，其主要与正式宴会同时举行，作为宴会前召集客人、等候开宴的序曲。根据酒会主题，鸡尾酒会多是欢聚、庆祝、纪念、告别、开业典礼等。

（二）鸡尾酒会的礼仪

虽然鸡尾酒会并不是正式餐饮活动，但也有相应的礼仪要求。

1. 作为酒会的主人要注意的礼仪

（1）邀约：一般提前一两个星期电话或书面邀请客人，说明酒会的目的、时间、地点、参加的人群、联系方式及是否需要正装等。

（2）欢迎：主人要在会场欢迎来客，并与之寒暄，然后把他们介绍给他们可能会喜欢结识的朋友。有时候男、女主人会各有分工；由于客人可能迟到30分钟之久，所以必须有专人负责留意门口。

（3）音乐：可以在酒会上播放背景音乐，但最好选择适合跳舞的音乐，声音不要太大，节奏也不要过于强烈，否则的话，会打扰到其他客人的交谈。

（4）食物：在食物的准备上，开胃食品一定要品种多样化，包括牛肉、鸡肉和蔬菜等等，以满足客人们不同口味的需要。除了水果等需要新鲜制作外，其他食物一般会提前准备。鸡尾酒会上一般不用刀叉，所以食物的大小要正好可以一口吃下去，而且不能有汁液，也不能粘手。

（5）特殊服务：如果有年龄大的客人，可以准备少量椅子供特殊客人的需要，一般不超过来宾数的1/3。

2. 参加鸡尾酒会的客人要注意的礼仪

（1）接到请帖须及时回复，申明自己是否出席。

（2）酒会进行期间，客人可自由出入，迟到不为失礼，早退亦无妨，当然主人也可以不用特意送客。

（3）小规模的鸡尾酒会是一种比较自由轻松的酒会，赴会者在衣着方面不用讲究太多，只要穿常服便可；场面较隆重的鸡尾酒会，受邀参加酒会的客人一般都要认真修饰，如男士要穿西服或小晚礼服，女士要化妆并穿礼服或正装等。

（4）男士要照顾女士，如酒杯空了要适时为其取酒，最好不要让女士形单影只。

（5）鸡尾酒会上要小声说话、小口啜饮、小量进食，不要占着餐台使其他宾客没机会接近餐桌，不要开怀畅饮，不要大呼小叫对别人劝酒。

（6）对于想要结识的新朋友，要进行自我介绍，最好能附上自己的名片。

除了以上典型的餐饮礼仪文化外，餐饮礼仪文化还包括如何正确使用餐器。这部分内容在介绍餐器中已同步介绍。如何正确与人交往，比如怎样问候、行礼、致意或是交谈，这些归属于日常礼仪学习内容，均不在此赘述。

第三节　赴宴着装礼仪

一、赴宴着装基本礼仪

（一）着装礼仪的TPO原则

TPO原则是活动场合中的基本准则。

T（time）原则：即时间原则，主要指服装选择要考虑时代、季节和早晚等时间要素，做到因时制宜。

P（place）原则：即地点原则，主要指服装选择要考虑地区、城镇、民族等地点要素，符合当地气候及文化等。

O（occasion）原则：即场合原则，主要指服装选择要考虑活动的目的，如正式场合和非正式场合的衣着搭配是不一样的。

（二）男士赴宴衣着礼仪

男士赴宴衣着一般建议西装、礼服等正式着装，也可以是中山装等具有中国特色的服装。除了服装类型外，还要注意相应的着装礼仪。

（1）着装风格一致，如上装、下装及鞋袜，甚至领带等搭配都需保持统一。

（2）穿着正确，比如西装的纽扣应规范，袖口的商标应去除，衬衫的袖口比西装要略长一点。

（3）色彩协调，一般不超过 3 种颜色，且尽可能与个人肤色、身型相符。

（4）注意饰品细节，男士饰品不宜过多和花哨，一只手表、一枚戒指、一个名片夹足矣。

（三）女士赴宴衣着礼仪

女士赴宴衣着建议以裙装为主，可以是大礼服或小礼服，也可以是具有民族特色的旗袍或改良版的汉服。除了与男士着装礼仪相同的一些要求外，还有其他值得特别需注意的地方。

（1）嘉宾需考虑身份，不要过于高调，以免有哗众取宠的感觉。

（2）要带一双备用丝袜，以防袜子拉丝或破损，落座和起座时应注意抚平裙摆，以免被椅子或桌角勾住。

（3）穿正式的裙装，不宜搭配凉鞋、后跟用带系住的鞋或露脚趾的鞋。

（4）正式场合应化淡妆前往，如果是国际活动，可喷淡味香水。

（5）饰品不宜超过 3 种，手表、戒指、耳环、项链、眼镜、胸针等选择两三种即可，且要注意佩戴正确，如胸针、戒指皆需根据实际情况佩戴，同时也要求款式、颜色的协调。

二、燕尾服礼仪

燕尾服是欧洲男士穿着的礼服，因其基本结构形式为前身短而齐腹、西装领造型，后身长至膝盖、后衣下端片成燕尾形呈两片开衩而得名，常见于一些特定的场合。

（一）燕尾服的起源和发展

燕尾服起源于英国。一说是在 18 世纪初，英国骑兵骑马时，因长衣不便，而将其前下摆向后卷起，并把它别住，露出其花色的衬里，没想到却显得十分美观大方，于是，其他兵种相继仿效。18 世纪中叶，官吏和平民纷纷穿起剪短前摆的服装作为一种时尚，燕尾服就这样产生了，并且很快遍及全英国。另有一说则是源于欧洲马车夫的服装造型，当今的马术服便是由此改良而成。

燕尾服最初是硬翻领，领下是披肩，到了 18 世纪末发展为两种式样：英国式和法国式。英国式主要为高翻领，且是对称的三角形，扣上扣时为对襟形状，燕尾服一般与白色的短外裤一同穿，如穿紧身裤，就应以黑皮靴相配。法国式的燕尾服带有下前摆，在拿破仑帝国初期时的隆重场合，它与黑天鹅绒短裤配套穿搭，成为高雅的象征。至

19 世纪中期，燕尾服已不再是原来的对襟，而是时兴单排扣和不剪下摆的样式，且可不必再与靴子相配。

在法国，燕尾服最早出现于 1789 年的法国大革命时期，是上流社会男士较为普通的装束，1850 年升格为晚间正式的大礼服。1854 年欧洲普遍流行黑色燕尾服。到第二次世界大战以后，燕尾服成为上流社会绅士们必备的礼服，如夜间参加盛大宴会、酒会、舞会等。这种习惯发展至今，燕尾服已成为重大社交活动指定性及礼仪的公式化装束，如在国家级庆典、婚礼、古典交际舞比赛等活动中都须穿着此种礼服。

由于燕尾服受特殊的礼仪、礼规的制约，所以在选料、造型、配饰等方面均有严格的标准及要求。一套完整的黑色燕尾服，除了燕尾服外套外，其组成部分还应包括马甲、衬衫、黑色领结、腹带、长裤、马靴和帽子，再加上手套、手杖、怀表和皮质钱夹等配饰。

（二）燕尾服的衣着礼仪

燕尾服不仅衣型独特，其穿着也颇有讲究。

1. 场合

燕尾服表现出强烈的象征意义和仪式感，因此只作为特定礼服使用，如古典音乐会，特定的授勋、典礼仪式，盛大的婚礼晚宴，盛大的舞会等正式场合，如无特殊场合需要，身着燕尾服也是会留人笑柄。

2. 纽扣

燕尾服穿着时不系纽扣，只在前身设三粒扣或双排六粒扣装饰。

3. 衬衣

燕尾服都是以简单的线条塑造修长的身姿，与燕尾服搭配的内里最好是白色双翼领礼服衬衣，胸前有“U”胸衬。

4. 搭配

领结应选择真丝质地，精致而考究，且与西装同色最为稳妥。如配白色领结时，手套和胸前装饰巾都应为白色，下身搭配与礼服同材质的长裤。

虽然现今的燕尾服有些许改变，如领子、袖口等，但依然让人有一种肃然起敬的感觉，这也正是燕尾服所承载的潇洒帅气又正统的骑兵精神带给人们的魅力所在。

◎ 影音传递

《布达佩斯大饭店》

图 4-9 《布达佩斯大饭店》

《布达佩斯大饭店》是2014年上映的电影，获得第87届奥斯卡“最佳美术”“最佳服装设计”“最佳化妆与发型设计”等5项大奖（见图4-9）。

该影片中布达佩斯大饭店的大堂经理，蓄着小胡子、身着紫色燕尾服、搭配黑色领结、一身古龙水味的古斯塔夫苛刻严谨，对客人提供着一流的服务，给很多观众留下了深刻的印象。在酒店服务行业，燕尾服主要为客人出入的正式着装，代表着客人的地位。但是在高星级酒店，大堂经理或一部分一线服务员工，也会身着燕尾服式的酒店制服，这不仅代表着酒店的体面，也是属于酒店的一种文化。

犹如著名的里茨酒店创始人恺撒·里茨（奢华酒店之父）的经典名言：“酒店是绅士和淑女的应许之地。在丽思卡尔顿，没有客人、没有员工，只有绅士和淑女，服务与被服务者皆是。”在高星级酒店，酒店服务人员就是为绅士和淑女服务的绅士和淑女，在这样的服务环境中，客人们更能感受到酒店的高贵服务，这也正是里茨酒店集团成为世界知名奢侈品牌的成功奥秘。

第四节　餐饮服务礼仪

餐饮营业场所中的礼仪文化，不仅体现餐厅经营管理能力及员工的素质水平，同时也是国家、地区或民族文化的美好传承。例如，法式推车服务展现出法式餐饮文化的无可挑剔，以及服务人员优雅的技艺操作；俄式银盘服务透露着银质餐具的璀璨精致，也有服务人员独有的俄式风情。礼仪文化既存在于主宾或共餐者间的互敬互爱，也应表现在服务者与被服务者之间的举手抬眉。

一、基本的餐饮服务礼仪

餐饮服务礼仪主要指餐厅员工在对客人进行服务的过程中的基本礼仪要求，根据礼仪的基本原则，运用在不同餐饮服务岗位，提出了相应的礼仪细则。

（一）领台员的服务礼仪

餐厅领台服务人员包括门卫礼仪服务人员和引领服务人员。

营业前领台服务人员要了解本店的经营概况和当天预约的客人情况，做好仪容、仪表准备，营业时间内需站在餐厅门口迎宾处，便于环顾四周位置，等待迎接客人。客人到来时要热情相迎，主动问候。在引领客人时，应问清是否有预约及预约人数，然后根据客人的身份、年龄等将客人引到合适的座位，引领过程中，注意体态规范，走位合理，步幅适度，并预祝用餐愉快。宾客就餐完毕离开时，要礼貌欢送，致告别语，并目送宾客离开。

（二）值台员的服务礼仪

值台人员是根据餐厅区域划分进行餐台服务的餐厅员工，其服务礼仪主要包括开菜、点菜、斟酒、派菜、分菜等就餐过程中的服务礼仪。

（1）客人被引到餐桌前，要主动问好，并给客人拉椅入座。

（2）客人落座后，应选择合理的站位，按次序为客人铺口布，铺口布动作应轻巧熟练，方便客人就餐。如递香巾，需双手捏住香巾或用不锈钢夹夹起香巾递送给客人。

（3）向客人推荐菜品时，应使用规范的手势，尊重客人的饮食习惯，适度介绍酒水。客人如点酒饮茶水，应放在客人的右侧，在征得客人确认后打开酒水瓶盖，斟倒酒水不宜倒得太满、太快，拉开易拉罐或啤酒盖时，不要将罐口或瓶口冲向客人，如果倒茶，茶杯把手转向客人右手方向。

（4）点菜时，值台服务人员要站在主宾的左侧，躬身并用双手将菜单递上，请客人点菜。菜单一般先递给主宾、女宾或者长者。点好的菜名应准确迅速地记在菜单上，再与客人进行确认，询问客人有无忌口的食品，有些西式菜品还应征求客人对生、熟程度的要求，然后一式两份，一份送给厨台值班，一份送给账台买单。

（5）厨房出菜后，应及时上菜。传菜时应使用托盘，托盘应干净完好，端送平稳，行走轻盈，步速适当，遇客礼让。上菜时，不允许大拇指按住盘边或插入盘内，上好菜后，服务员退后一步，站稳后报上菜名。上菜时讲究艺术，服务员要根据菜的不同颜色摆成协调的图案，凡是花式冷盘及整鸡、鸭、鱼的头部要朝向主宾。

（6）客人用餐过程中及时关注客人需求，撤换餐具要先征得客人同意。撤换时一定要小心，如果菜汤不慎洒在同性客人的身上，可亲自为其揩净，如洒在异性客人身上，则只可递上毛巾，并表示歉意，再做后续处理。

（7）客人结账后，要提示客人携带随行物品，引领客人至餐厅门口，并表示致谢和欢送。

（三）收银员的服务礼仪

收银服务礼仪主要包括收款、买单、转账时的礼仪。有的餐厅收银岗位与值台岗位合一。

客人要求买单时，当把客人用餐的细目送到收款台后，收银员要准确、迅速地打出账款清单，由值台服务员用托盘或账单夹等将账单送到客人面前。值台服务员应站到负责买单的客人的右后侧，待客人拿出钱款或信用卡后，再走近将托盘送回账台，并把找回的余款送到买单客人面前。如客人还有发票或停车票等其他要求，根据餐厅政策及时回复。

二、中外餐饮服务礼仪的差异

由于中外餐饮文化的差异而带来的就餐服务过程中的不同礼仪要求，是餐厅员工培训过程中的重要内容。

（一）餐前与餐后服务礼仪差异

餐前与餐后服务礼仪差异主要表现在问候礼仪的区别，不同国家的问候方式也略有不同。中国自古倡导“尊老爱幼”，但面对外宾，不宜过于热情，如无特殊情况，不搀扶老者，也不与儿童过于亲近。在各项服务中，中国以年龄、辈分、身份来为尊者优先提供服务，而外国则讲究“女士优先”，因此需优先为女性提供服务。

（二）餐中服务礼仪差异

1. 点菜方式的礼仪差异

中国采用合餐方式，由主人或副主人来确定菜单，而外国采用分餐方式，每人确定自己的菜点，因此，中餐服务中主要与主人进行菜单沟通，而西餐服务中需与每位客人进行一一确认，并记录服务顺序，以便于能准确上菜，避免服务出错。

2. 上菜流程的礼仪差异

由于用餐方式的不同，中餐服务一般依照“冷菜—热菜—汤羹—主食—水果”等服务流程上菜，根据进餐情况来调整桌面的菜品摆放，客人餐具始终不变，而西餐服务一方面需兼顾客人用餐进度，尽量保证用餐者的用餐节奏一致，下一道菜品提供之前通过询问是否可以撤盘，确认客人是否完成前一道菜品后再提供，另一方面还需根据每道菜点提供相应的餐具服务。

3. 结账方式的礼仪差异

同样由于用餐方式的不同，中餐一般由主人买单即可，而西餐可能涉及 AA 支付，因此，需打印出每位客人准确的餐单并一一结账，如果有小费，也是各人消费各自给付。

◎ 拓展阅读

怎么正确称呼服务员

餐厅服务员，在我们国家，最早都习惯直呼“服务员”，现在在不同地区会有不同的叫法，如“美女或靓仔”“同志”“伙计”“小姐妹或小姑娘”等俗语。在英语中，服务员称为“waiter（男）或 waitress（女）”；在西班牙语中，也有阴性和阳性词汇之分，即 camarero（男）和 camarera（女）。但即便有专门的词语，在英语口语表达中，礼貌的表达应该是用 Mr.（先生）或 Miss（小姐），或者用“hello+ 招手”等方式代替。

首先，“waiter”“waitress”是对职业的描述，我们不能把一种职业名称当成称呼语，这点和称呼老师一样，我们避免直接用“teacher”来称呼某老师，也是用 Mr.（先生）或 Mrs./Miss（女士 / 小姐）+last name（姓）来表达。

其次，西方人认为“All men are created equal（人生而平等）”。如果称呼“服务员”，会令其有受鄙视的感觉，他们可能会不满为其提供服务，严重的可能会产生冲突。

不同国家对于职业的态度，必然会影响人际交往关系，即便在同一个国家，随着时代的变迁与发展，无论是对职业的称呼，还是礼仪的表达方式，同样会存在一定差异。只有秉承换位思考、包容理解的态度，尊重彼此，便永不失礼。

无论在何处，与何人，做何事，礼仪无处不在。在跨文化的交际活动中，我们在保持原有的传统礼仪基础上去适应和接受西方的礼仪，既要反对“全盘西化”，又要反对

“抱残守缺”。我们借鉴西方礼仪，不仅是要借鉴其形式，更应当理解其内在思想，只有这样，才能建立起自己的自信和优越感。认清中西方餐饮礼仪文化的差异本质，将二者合理有效地融合，方能建立适合当代社会的礼仪文化体系，达成和谐文明社会的美好理想。

本章小结

- 餐饮礼仪，又称为“就餐礼仪”“餐桌礼仪”，是指在餐饮活动过程中主宾之间、顾客与服务员之间的各项礼仪要求。
- 餐饮环境礼仪文化包括了在中餐厅、西餐厅、宴会厅、自助餐厅、鸡尾酒会等各类餐厅礼仪文化，不同环境中的桌席礼仪、座次礼仪、用餐礼仪各有特点。
- 赴宴服装遵从TPO原则，男士与女士需根据自身情况量体裁衣，选择合适的服装。
- 餐厅服务礼仪也是重要的礼仪文化之一，不同餐厅岗位的员工服务礼仪细则不同。由于中外餐食、餐器文化的差异，中外餐饮服务礼仪文化也有所不同。

复习思考

1. 为什么会产生中外餐饮礼仪文化冲突？可结合自身经历或新闻报道进行说明。
2. 假设有50人用餐，请根据中餐厅或西餐厅的礼仪规则，绘制桌席分布图。
3. 请以某国家为例，假设自己受邀参加当地的一个聚餐活动，你会做好哪些礼仪准备？
4. 假如你要接待外国友人，请问你会从哪些方面做好礼仪准备？可能会在哪些方面与对方有文化冲突？

第五章

中外餐企文化

本章导读

企业文化是指在企业管理中长期形成的全体员工共同的价值观念、理想信念、道德规范和行为准则的总称，其内涵包括了企业的精神文化、制度文化、行为文化和物质文化。与餐饮菜品文化、餐饮器具文化、餐饮礼仪文化等其他文化属性不同，餐饮企业文化表现为组织的精神价值，其对餐饮企业的可持续发展有着重要作用。学习国内外知名餐饮企业的企业文化，有利于企业文化的传承与创新。餐厅指南文化是企业经营和顾客消费的风向标，尤以米其林文化为代表，其评定标准体系对餐饮企业质量管理具有积极影响。

学习目标

知识目标：

- 了解餐饮企业文化的概念及重要意义。
- 了解餐饮企业文化的特点和内涵。
- 理解中外餐饮企业文化的差异。

技能目标：

- 能概括国内外知名餐饮企业的企业文化，并进行一定的比较。
- 能简单描述《米其林餐厅指南》的发展历史及主要标识符号的含义。
- 能简单描述我国餐厅指南的发展历史及主流指南的运作模式。

第五章拓展资源

第一节　餐企文化概述

企业文化属于管理学研究范畴，可以简单表达为企业运作过程中所具有的生存发展能力与效果的总和，它包括行业特色、品牌特色、管理模式水平、用人与创新机制、价值观念、员工团队作风、市场形象与社会影响等要素。与餐饮菜品文化、餐饮器具文化、餐饮礼仪文化等其他文化属性相比，餐饮企业文化表现得更为复杂。

一、企业文化概述

企业文化是指在企业管理中长期形成的全体员工共同的价值观念、理想信念、道德规范和行为准则的总称。企业文化是一种观念形态，是一定社会经济条件下的产物，其受到民族传统、经济发展和社会制度的制约和影响。企业文化是以企业管理者哲学和企业精神为核心，凝聚企业员工归属感、积极性和创造性的人本管理理论。同时，它又是一种受社会文化影响和制约，以企业规章制度和物质现象为载体的文化。

（一）企业文化的特点

1. 集体性

企业文化是一个企业的性格，是企业全体员工自上而下共同遵守的组织精神，是依靠共同的思想、观念、意识和行为准则而形成的，它不靠某些人形成或者控制。也正因为这一特点，企业文化的形成并不容易。

2. 精神性

企业文化是指导企业发展的生产经营意识、质量效益意识、目标发展意识、道德关系意识等汇集而成的一种群体精神，它属于上层建筑、精神文化和思想观念的范畴，会渗透到企业运营的所有环节，既影响企业员工的行为方式，也引导企业经营的管理模式。

3. 动态性

企业文化的建设，会随着时代的发展、企业的变革及领导者的努力而发生变化，从而使其更符合企业发展的需要。好的企业文化能推动企业步入正轨，反之，则会令企业逆道而行，难以生存。

（二）企业文化的内涵

企业文化有狭义和广义之分。狭义的企业文化是指以企业价值观为核心的企业意识形态，广义的企业文化是指企业物质文化、行为文化、制度文化和精神文化的总和。本节从广义的角度来具体阐述企业文化的内涵。

1. 企业的精神文化

企业的精神文化以企业精神为核心，是用以指导企业开展生产经营活动的各种行为规范、群体意识和价值观念。企业精神是企业广大员工在长期生产经营活动中逐步形成的，并经过企业家有意识地概括、总结提炼而确立的思想成果和精神力量。它是企业优良传统的结晶，是维系企业生存发展的精神支柱。企业的精神文化是由企业的传统、经历、文化和企业领导人的管理哲学共同孕育的，集中体现了一个企业独特的、鲜明的经营思想和个性风格，反映着企业的信念和追求。它也是企业群体意识的集中体现。

2. 企业的制度文化

企业的制度文化是由企业的法律形态、组织形态和管理形态构成的外显文化。制度文化把企业文化中的物质文化和精神文化有机地结合成一个整体。企业制度文化一般包括企业法规、企业的经营制度和企业的管理制度。企业法规和企业经营制度制约着企业文化发展的总趋势，同时也促使不同企业的企业文化朝着个性化的方向发展。企业内部的管理制度和经营观念制约和影响企业文化个性，企业制度与企业经营观念相互影响、相互促进。

3. 企业的行为文化

企业的行为文化是指企业员工在生产经营、学习娱乐中产生的活动文化。它包括企业经营、教育宣传、人际关系活动和文娱体育活动中产生的文化现象，它是企业经营作风、精神风貌、人际关系的动态体现，也是企业精神、企业价值观的折射。从人员结构上分，企业行为包括企业家行为、企业模范人物的行为和企业员工的行为等。企业的经营决策方式和决策行为主要来自企业家，企业员工的群体行为决定企业整体精神风貌和企业文明程度。

4. 企业的物质文化

物质文化是企业文化的外部表现形式。企业的物质文化是以物质为载体，由企业员工创造的产品和各种物质设施等构成的器物文化，是一种以物质形态为主要研究对象的表层企业文化。企业生产的产品和提供的服务是企业生产经营的成果，它们是企业物质文化的首要内容。餐饮企业的企业物质文化的主要内容包括餐厅的环境、餐具、品牌logo（标识）、菜单及员工着装等。

二、餐饮企业创建企业文化的重要作用

餐饮企业属于劳动密集型行业，员工流动性强，因而企业文化的创建不易，但又极为重要。

（一）导向功能

企业文化用共同的价值观念、理想信念、企业精神和质量效益意识等将全体员工引导到企业发展目标、经营战略、计划任务上来，其本身就具有强烈的导向作用。餐饮企业的工作普遍比较辛苦，无论是一线员工，还是管理人员，除了薪酬上的激励因素外，企业对员工的态度，会让员工产生一定的共鸣，因此餐饮企业往往会将企业员工关系纳入企业文化架构中。

（二）凝聚功能

企业文化以广大员工共同的价值观念、价值取向、奋斗目标为前提。它形成全体员工共同的精神状态、理想信念，能够使企业员工产生一种强烈的归属感、命运共同感和集体荣誉感，从而使他们把自己的前途、地位甚至家庭关系和企业的发展紧密联系在一起，这是企业文化的重要意义。餐饮企业的员工例会制度就是典型做法，不仅可以提高工作效率，还可以实现共同的奋斗目标。

（三）约束功能

企业文化不仅有正向激励的作用，还有反向管理的作用。企业文化中有对员工行为进行规范和修正的要求，员工必须根据企业规章制度去控制自己的行为，为客人提供主动、热情、周到、细致的服务。餐饮企业是直接对客服务的行业，且在集中用餐时段具有较强的劳动强度，而工作的反复枯燥性会加大员工的疲倦感，因此必须通过企业文化中的制约功能来保证服务的高效性和高质性。

第二节 知名餐企文化

中外知名餐饮企业的企业文化都是在其创立之初，直到现在为止经历的漫长发展过程中积累形成的精神文化。在这一发展过程中逐渐形成了企业独特的经营管理经验，以及逐渐被广大人民群众所熟知的品牌内容。它不仅是企业内部的品牌价值，也是值得行业甚至更多组织学习的精神领袖。这些价值观和精神文化的内涵都源于企业发展本身，同时也具有一定的文化地域性，它还是在特定的历史条件下社会环境的客观影射。中外餐饮企业中的佼佼者众多，既有百年老店，也不乏突起的新秀。向品牌餐饮企业学习其企业文化的精髓，有利于优秀餐饮企业文化的传承与创新。

一、麦当劳

麦当劳公司（McDonald’s，后简称“麦当劳”）是全球零售食品服务业龙头企业，餐厅（见图 5-1）主要售卖汉堡包、薯条、炸鸡、汽水、冰品、沙拉等快餐食品。

（一）麦当劳的发展

1955 年来自美国芝加哥的雷·克罗克在伊利诺伊州的德斯普兰斯创立了第一家麦当劳餐厅。截至 2019 年底，全球有超过 38000 家麦当劳餐厅，每天为 100 多个国家和地区的超过 6900 多万的顾客提供食品与服务。麦当劳在 BrandZ 全球最具价值品牌排行榜中连续 13 年排前 10 位，2020 年，麦当劳在该榜单中排第 9 位，是榜单前十强中唯一的餐饮服务企业，品牌价值超过 12093 亿美元。

图 5-1 麦当劳

1990 年 10 月 8 日，麦当劳正式进入中国内地市场，注册名称为“金拱门（中国）有限公司”，其在位于广东省深圳市罗湖区东门商业步行街开设了中国内地第一家麦当劳餐厅（现麦当劳深圳光华餐厅）。麦当劳致力于为每一位中国顾客提供美味、安心、高品质的美食，并且持续进行菜单创新。目前，中国内地已成为麦当劳全球第二大市场、全球发展最快的市场，以及美国以外全球最大的特许经营市场。截至 2020 年 2 月，中国内地有超过 3500 家麦当劳餐厅，每年服务顾客超过10亿人次，员工人数超过18万。

（二）麦当劳的企业文化

1961年以来，金色“M”logo已经历了6个不同版本的更新，体现了麦当劳经营理念的时代发展印迹。如今，无英文名称、无底色衬托的纯黄金拱门，标志着麦当劳迈向不设限的全新时代（见图5-2）。

图5-2 麦当劳logo变化

目前，麦当劳遍布全球六大洲，在很多国家和地区代表着一种美式生活方式。由于是首间和最大的跨国快餐连锁企业，麦当劳常被指责影响公众健康，如高热量导致肥胖，以及缺乏足够均衡营养等。很多人抨击麦当劳为垃圾食品，在以本国饮食文化为荣的法国，很多人甚至敌视麦当劳，视它为美国生活方式的入侵。但是，麦当劳一直坚持“因为热爱，尽善而行”的经营理念：热爱美味，专注食材安全新鲜；热爱服务，激励人才快乐成长；热爱地球，全力支持绿色环保。麦当劳在中国始终贯彻“三先”企业文化。

（1）以客为先：在麦当劳所做的所有决策都要从激烈的竞争中赢得每一位顾客，而不是基于我们的能力或行业束缚。

（2）共赢为先：麦当劳是一个彼此成就的团队，团队中的每一个人都必须自我驱动成为高绩效的员工。我们相信对彼此坦诚是互相尊重和信任的基石。

（3）敢为人先：我们的战略行动聚集在大胆变革并创造更多的影响力方面，同时我们能巧妙地区分哪些是必胜的战斗，而哪些则可以更好地改进。

麦当劳的企业文化构成中始终将企业经营与顾客、员工和市场紧密相连，唯有令顾客满意、员工成长、市场融合，方能使企业发展经久不衰。

二、星巴克

星巴克咖啡公司（Starbucks，后简称“星巴克”）是专业咖啡烘焙商和零售商，同时也搭配售卖蛋糕、甜点、三明治、帕尼尼及酸奶等休闲食品。

（一）星巴克的发展

1971 年，星巴克在美国西雅图派克市场成立第一家店，开始经营咖啡豆业务。1982 年，霍华德·舒尔茨先生（见图 5-3）加入星巴克，担任市场和零售营运总监。1987 年，舒尔茨先生收购星巴克，并开出了第一家销售滴滤咖啡和浓缩咖啡饮料的门店。1992 年，星巴克在纽约纳斯达克成功上市，从此进入了一个新的发展阶段。目前，在全球 82 个市场，星巴克拥有超过 32000 家门店。2019 年，星巴克在 BrandZ 全球最具价值品牌排行榜中排第 24 位，在食品（快餐）行业中仅次于麦当劳。

图 5-3　霍华德·舒尔茨

星巴克于 1999 年 1 月在北京中国国际贸易中心开设了中国内地第一家门店。目前，中国已成为星巴克发展速度最快、最大的海外市场，在中国内地 180 多个城市已开设了超过 4400 家门店，拥有 58000 多名星巴克伙伴。

（二）星巴克的企业文化

从 1971 年创建以来，星巴克美人鱼 logo 历经 4 次变化，底色从棕色到绿色为主，再到纯绿色，而 logo 上的文字也不断减少，直至完全无文字，这代表着星巴克经营定位不断变化，绿色双尾美人鱼已深入人心。

图 5-4　星巴克 logo 变化

自 1999 年进入中国以来，星巴克致力于发展成为一家与众不同的公司，以“激发及孕育人文精神——每人，每杯，每个社区”为企业使命。即在传承经典咖啡文化的同时，关爱伙伴，为顾客提供介于家和办公室之外的“第三空间”体验，并为所在社区的繁荣做出贡献。

星巴克的价值观是以星巴克的伙伴、咖啡和顾客为核心的。星巴克始终努力践行着以下价值观。

（1）营造一种温暖而有归属感的文化，欣然接纳和欢迎每一个人。

（2）积极行动，勇于挑战现状，打破陈规，以创新方式实现公司与伙伴的共同成长。

（3）在每个连接彼此的当下，星巴克专注投入，开诚相见，互尊互敬。

（4）对于每件事，星巴克都竭尽所能，做到最好，敢于担当。

支撑星巴克从不起眼的咖啡零售店发展成咖啡行业巨头的重要因素便是公司的企业文化，而其核心包括：

第一，创建体验式文化氛围。打破传统的餐饮行业经营思维，将环境作为企业经营的主打产品，使人们拥有介于家与办公室的“第三空间”生活，而不仅仅消费咖啡。

第二，打造伙伴式员工关系。以自我价值的实现为文化导向。星巴克一直秉持对待员工如同伙伴的态度，引导员工自我价值实现，这不仅令员工更为忠诚，也让顾客感受到企业亲密的员工关系。

第三，引领创新式的产品理念。首先星巴克在原材料的品质上严格把关，如今星巴克在全球都建立起专门为星巴克提供咖啡豆的供应基地，以保证咖啡的品质。与此同时，星巴克在产品品类和搭配等方面，不断探索本土需求，力求完美。

三、全聚德

“全聚德”是我国首个服务类“中国驰名商标”，是中华著名老字号。作为北京首都旅游集团旗下的餐饮模块，中国全聚德集团拥有“全聚德”“仿膳”“丰泽园”“四川饭店”等一批著名中华老字号餐饮品牌，菜肴集各大菜系之所长，以烤鸭为龙头，涵盖川、鲁、宫廷和京味等多个口味，取材讲究，烹饪技艺独特。

（一）全聚德的发展

“全聚德”创建于1864年，秉承周恩来总理提出的“全而无缺，聚而不散，仁德至上”的核心价值观，用诚信和品质在传承和发展中华老字号的路上负重前行。1993年，中国北京全聚德集团成立。2003年、2004年历经两次重组后成立了中国全聚德股份有限公司。2007年，中国全聚德集团（后简称“全聚德”）在深交所挂牌上市，成为首家A股上市的餐饮老字号企业。截至2019年初，全聚德在国内几十个城市拥有门店100余家，在日本、加拿大、澳大利亚、法国等地拥有多家特许门店，位列“2020中国品牌500强”第204位。全聚德不仅经营生意，还在传播中华美食文化、促进中外友谊、交流与合作中，起到纽带和桥梁的作用，全聚德已接待了200多个国家的元首与政要。自

2017年始，全聚德确定了“老字号精品化、品牌系列化”的发展战略，全面推进“提质、复制、孵化盒管理升级”的行动策略，加快转型发展、提质增效。

（二）全聚德的企业文化

全聚德以烤鸭为核心产品，历经150余年历史，作为中华老字号企业，其企业文化具有一定的独特性。

第一，传承中华饮食文化。“全聚德挂炉烤鸭技艺”出自宫廷，经过7代烤鸭师的坚守与传承，恪守“鸭要好，人要能，话要甜”的9字生意经，铸就了“全聚德”百年金字招牌，传承宫廷挂炉烤鸭技艺150余年，2008年被列入国家级非物质文化遗产。全聚德在2004年即投资兴建了北京第一家餐饮企业展馆——全聚德展览馆，充分发挥了弘扬中华饮食文化、传播匠心精神及进行爱国主义教育的积极作用。

第二，弘扬中华民族品牌。全聚德不仅坚持传统菜品风格，同时也注重在菜品中推陈出新。作为民族品牌和传统商业文化的代表，不断打造多元化品牌，既彰显国宴魅力，同时也满足不同市场需求，并积极探索中餐海外发展经验。

第三，积极回馈社会支持。全聚德始终支持国家和社区发展，积极承担企业社会责任，在公益教育、社会援助、志愿服务和文化传播等方面广泛开展公益活动，复兴和深化公益传统，为社会和谐发展贡献力量。

全聚德是我国一批老字号餐饮品牌企业的代表，他们肩负着民族发展和文化传承的重任，在企业文化的创建过程中留下了很深的历史烙印和民族特色。

四、海底捞

海底捞的全称为“四川海底捞餐饮股份有限公司”，是一家以经营川味火锅为主、融汇各地火锅特色为一体的直营餐饮品牌火锅店。

（一）海底捞的发展

海底捞成立于1994年，2011年5月27日“海底捞”商标被商标局认定为“中国驰名商标”。2018年9月19日海底捞在港交所上市。截至2020年6月30日，海底捞在全球开设了935家直营餐厅，其中868家位于中国内地的164个城市，67家位于中国香港、中国澳门、中国台湾及海外（包括新加坡、韩国、日本、美国、加拿大、英国、越南、马来西亚、印度尼西亚及澳大利亚等地）。《2020年全球最具价值品牌500强报告》中，海底捞排第441位。2020年6月，海底捞位列“2019年中国餐饮企业百强”第

3位。历经20多年的发展，海底捞已经成长为国际知名的餐饮企业。

（二）海底捞的企业文化

海底捞一直坚持的品牌理念就是通过精心挑选的产品和创新的服务，创造欢乐火锅时光，向世界各国美食爱好者传递健康火锅饮食文化。作为业务涉及全球的大型连锁餐饮企业，海底捞秉承诚信经营的理念，以提升食品质量的稳定性和安全性为前提条件，为广大消费者提供更贴心的服务，更健康、更安全、更营养和更放心的食品。

海底捞始终秉承“服务至上、顾客至上”的理念，以创新为核心，改变传统的标准化、单一化的服务，提倡个性化的特色服务，将用心服务作为基本理念，致力于为顾客提供“贴心、温心、舒心”的服务；在管理上，倡导双手改变命运的价值观，为员工创建公平、公正的工作环境，实施人性化和亲情化的管理模式，提升员工价值。

海底捞的企业文化与创始人张勇密不可分，白手起家的创业经历使他在企业用人标准上，也更强调人的品质：诚信、创新、谦虚、勤奋、激情、与人为善、责任感。海底捞倡导的价值观“一个中心”（双手改变命运）和“两个基本点”（以顾客为中心，以“勤奋者”为本），也充分体现了员工自强自立的精神，以及时刻响应顾客需求的服务理念。

基于这一价值观而形成的企业文化内涵，海底捞用48个字阐述：

倡导平等，充分授权；学习进取，持续创新；自我批判，三思而行；

诚实守信，敢于负责；与人为善，知恩图报；充满激情，团队合作。

2017年，海底捞logo进行了重新设计，将“HaiDiLaoHotPot”精简为“Hi”，且汉字也删去了“火锅”二字，迎合了海底捞国际化、多元化发展的需要。“Hi”既是国内外通用的问候方式，同时也与“嗨”谐音，意寓“就餐兴致很高”，强调餐桌社交氛围，而“Hi”中的“i”设计为一个红辣椒的形状，更显生动灵巧，品牌中的文字符号开始淡化“火锅”。品牌logo的改变表达出海底捞未来发展的定位和方向（见图5-5）。

图5-5　海底捞logo

五、知名餐饮企业的企业文化发展策略

不管是享誉国内外的餐饮企业，还是历经百年的老字号品牌，知名餐饮企业的企业文化既体现了企业个体的价值增长，也是餐饮行业发展中的璀璨明珠，甚至是国家民族文化的象征符号，他们引领着行业发展走向新的时代。因此，这些企业的企业文化发展脉络要紧跟企业发展方向。

（一）建立长期发展战略

知名餐饮企业经历了长期的发展历史，逐步确定了企业的经营理念和市场定位，而企业文化在这一过程中也会产生变化，但同时也指引了企业持续成长。这一动态过程要求企业秉持长远发展理念，做好长期发展规划，并以其为目标，制定与企业未来发展相匹配的企业文化体系，以确保企业战略发展的需要。

（二）完善品牌识别系统

企业文化的内涵中除了精神价值的导向外，还包括建立一套完整规范的品牌识别系统，通过企业 logo 的设计及运用，加强消费者对品牌的认知，传递企业的品牌价值。从众多知名餐饮企业品牌识别视觉系统的设计来看，品牌的主色、图标及风格应尽可能保持稳定，以维护顾客的品牌忠诚；在符号元素上宜少不宜多，以易于记忆；在内容上不宜界定过于狭窄，便于未来多元化发展不受限制。

（三）坚持客户满意导向

营造企业文化的最终目的是推动企业发展，而其基石就是有稳步增长的客户群体。因此，知名餐饮企业的企业文化应重视客户体验，唯有客户感知并理解方能带来满意及忠诚。企业文化中应有明确的针对产品和服务品质的企业态度，包括对食材安全、生产规范的承诺，以及对餐饮服务的积极回应。

（四）重视员工职业成长

没有员工成长空间的企业，不可能有发展的沃土，对餐饮行业而言，尤为重要。因此，几乎每一个知名餐饮企业的企业文化，都会将员工与企业发展紧密联系在一起。使用“伙伴”等亲密称呼，拉近员工关系，在企业文化中强调对员工职业成长的态度，凝聚团队力量，营造快乐工作、合作共赢的友好氛围，这是企业文化发展努力追求的目标。

（五）建立创新激励机制

企业要有敢为人先的精神，通过敏锐的市场观察并进行快速反应，在企业运营中积极推动创新改革。随着人口流动的频繁，以及人类对味觉的无限追求，人们对餐饮产品充满想象和挑剔，知名餐饮企业首当其冲，肩负起传统饮食文化传承和创新的重任。在国际化发展的道路上，应做好海外中餐经营的调研，展现中国餐饮开放包容但独具魅力的姿态。

第三节　餐企指南文化

餐饮消费往往会口口相传，容易受到他人经验影响。以《米其林指南》为代表的一批的美食指南，对餐厅质量等级标准的建设起到了推动作用，形成了独特的餐企经营和餐饮消费文化，在网络评论导向的消费时代，一些国内外餐厅指南体系逐步获得认可。

一、餐厅指南的发展

尽管不同国家有自己的餐厅舆论导向，比如美国的Zagat、日本的Tabelog，但这些基本都属于大众点评模式，比较来看，《米其林指南》（*Le Guide Michelin*）的权威性和国际影响是有目共睹的。

《米其林指南》是法国知名轮胎制造商米其林公司所出版的美食及旅游指南书籍，400页的篇幅介绍了1400处铁路和公路旁的旅馆、饭店、汽车维修点、火车站、零配件维修供应商店，以及维修组装拆卸图示、DIY维修等丰富内容（见图5-6）。其中《绿色指南》（*Le Guide Vert*）提供法国、欧洲乃至世界其他国家的风景、文化、历史、饮食、住宿和交通方面的信息，着重介绍各旅游胜地的相关数据和信息；《红色指南》（*Le Guide Rouge*）则主要评鉴餐厅等级，发展至今已被称为美食界的“圣经”。

图5-6 《米其林指南》

(一)《米其林指南》的发展

1900年，著名的米其林轮胎公司为了促进米其林轮胎的销售，同时也是为公司的客户提供一项增值服务，米其林两位创办人安德烈·米其林和艾德华·米其林将地图、加油站、旅馆、汽车维修厂等有助于汽车旅行的信息集结起来，形成一些实用咨询，比如关于车辆保养的建议、行车路线推荐，以及酒店、餐馆的地址等，从而出版成随身携带的《米其林指南》手册，免费在修车厂和轮胎经销店发放。免费提供一直持续到了1920年，米其林兄弟偶然间注意到他们费心制作的《米其林指南》被维修厂员工当作工作台的桌脚垫来用，因而意识到免费提供的书籍反而会被人视为没有价值的东西，所以决定从当年开始取消免费提供，改为售卖。

2005年，米其林走出欧洲并出版了美国指南。2007年，米其林推出日文与英文版的《米其林指南　东京》，日本成为世界第22个、亚洲第一个纳入《米其林指南》评选的国家。2008年底《米其林指南　香港澳门2009》推出，香港和澳门是继东京之后纳入评选的另外两个亚洲城市，并成为《米其林指南》进入中国内地市场的敲门砖。2016年，《米其林指南　上海》正式发布，共有18家中外餐厅成功摘得一星，4家中餐厅及3家西餐厅被授予二星餐厅荣誉，唐阁成为中国内地首家米其林三星中餐厅。

(二)《米其林指南》的评定标准

1. 评星历史

1926年《米其林指南》开始将评价优良的旅馆以星号标示，“米其林星级餐厅”的称号也由此开始。米其林首次评选出46家杰出餐厅并授一星（very good cooking）。

1936年评选开始出现两星（excellent cooking）和最高荣耀的三星（exceptional cuisine，worth the journey），并首度对三星等级提出详细说明：只有“菜肴、配酒、服务和舒适都达完美境界”的餐厅，才有资格列为三星。这一年全法国仅有23家餐厅列名米其林三星。

2004年11月，我国内地首家米其林三星餐厅在上海开张，这家名为“SENS&BUND”的法国餐厅位于外滩18号6楼，按国外米其林三星餐厅的价格定位，来这里进餐，人均消费为3000 ~ 4000元人民币。

2008年12月出版的《米其林指南　香港澳门2009》中香港四季酒店内的粤菜餐厅龙景轩和澳门普京酒店的嘉雷拉法国餐厅夺得三星，另外香港还有7家获二星评级，14家获一星评级。

2. 评级标准

《米其林指南》的美食标准有以下的要求：服务的专业性、菜肴的品质、用餐环境、酒菜搭配的建议、餐厅所使用的原材料的素质、烹饪时采用的技术、不同味道是否很好地融合、烹饪的一致性和创新性、是否物有所值，以及装修的品位、餐具的质量、侍者的态度和服务的姿态等，以顶级的水准来反映餐饮文明的高度。

米其林的评级标准包括单项评级标准和总体评级标准。

（1）单项评级标准。

《米其林指南》对于餐厅的介绍，除了各种主要代表性符号，还有简单的基本信息，如地址、电话、基本消费、当地招牌菜等，其更采用多重评分系统来评鉴餐厅，让餐厅有不同的层次和等级，具体如下（见图 5-7）。

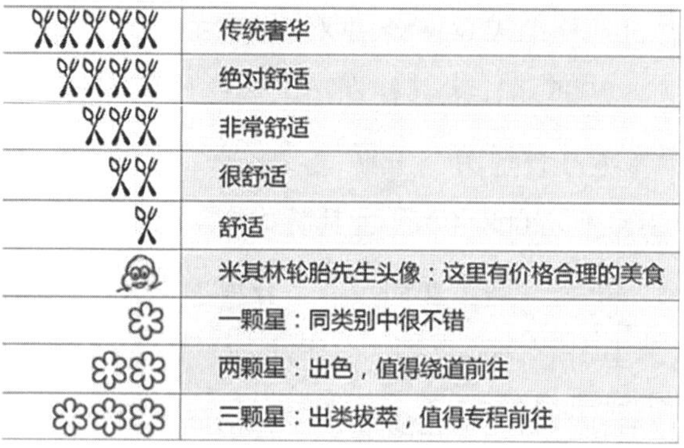

	传统奢华
	绝对舒适
	非常舒适
	很舒适
	舒适
	米其林轮胎先生头像：这里有价格合理的美食
	一颗星：同类别中很不错
	两颗星：出色，值得绕道前往
	三颗星：出类拔萃，值得专程前往

图 5-7 《米其林指南》餐厅评鉴符号

叉匙：1931 年，开始使用叉匙来进行餐厅评级。根据餐厅的表现，给予 1 到 5 个叉匙符号。5 个叉匙代表传统奢华（luxury in the traditional style），4 个叉匙代表绝对舒适（top class comfort），3 个叉匙代表非常舒适（very comfortable），2 个叉匙代表很舒适（comfortable），1 个叉匙代表舒适（quite comfortable）。如果这家餐厅的环境特别令人感到愉悦休闲，前面的叉匙标志就会用红色来替代一般的黑色。

人头标志：人头意指米其林推荐的地道“人气小馆”（Bib Gourmand）。Bib 是轮胎人的名字 Bibendum 的缩写，说明此店提供不错的食物和适当的价格。

“两个铜板”的标志，称为 2 硬币，有此标志的餐厅表示提供低于 18 欧元的简单餐饮。

（2）总体评级标准。

《米其林指南》中最重要的标准就是“米其林星星”，星星与单项评定标准中的叉匙没有一定的关联性，但星星的重要性远高于叉匙，其星级评定分为三级。

一颗星的餐厅表示“值得去造访的好餐厅”，是同类饮食风格中特别优秀的餐厅。

两颗星的餐厅表示“一流的厨艺，提供极佳的食物和美酒搭配，值得绕道前往”。

三颗星的餐厅表示“完美而登峰造极的厨艺，值得专程前往，可以享用手艺超绝的美食、精选的上佳佐餐酒、零缺点的服务和极雅致的用餐环境，但是要花一大笔钱”。

第一颗星的颁给标准是以餐厅食物的品质来决定，第二颗星和第三颗星则视餐厅服务的品质、装潢、餐桌摆设、餐具的好坏、上菜的顺序，以及酒窖的大小和品质来决定，处于这个级别的餐厅至少拥有 4 副以上刀叉的标志。

星星除了颁给餐厅，也颁给厨师，香港四季酒店的中菜行政主厨陈恩德是有史以来首位三星级华人港厨。获得一星的主厨只要维持既有的水平，这颗星通常可以一直保留，但是二星或三星主厨只要被发现一点疏忽就会被降等级。评上星级的餐厅除了荣耀之外，也是商业利益的象征，一颗星可以带来 20% 至 25% 的营业额增加，更有权威的评鉴制度对其评鉴。获得一到两颗星的餐厅或厨师每年要接受 15 次的重复评鉴，对三颗星餐厅的评鉴次数更多。仅有叉匙标志的餐厅，一年半到两年才会再评一次，因此三颗星不但象征“绝对完美的食物”，更指“不会犯任何错误的餐厅或厨师”。所以，评上星级，尤其是三星餐厅，对一家餐馆和主厨来说是无限风光荣耀又可带来滚滚财源的事。当然，如果撤星和减星对于主厨和餐馆来说，也不亚于一场灾难，甚至已有主厨因少一颗星而自杀的新闻。

◎ 影音传递

《三星大厨》

《三星大厨》（*The Chef/Comme Un Chef*）是 2012 年上映的法国影视作品。该作品讲述了德高望重的亚历山大（让·雷诺饰）多年来一直是米其林餐厅的三星主厨，但是近来他的境遇却屡现危机。在法国料理界“分子料理”风靡之际，传统料理日渐衰落，亚历山大所坚持的传统料理很有可能会在即将到来的星级评审中落败。正当亚历山大焦头烂额之时，一名名不见经传的小厨师杰克（米歇尔·杨恩饰）出现了。杰克是亚历山大食谱的忠实追随者，却因对料理的狂热固执屡次失业，只好在养老院找了份油漆工的工作。一个偶然的机会，亚历山大让杰克到他的餐厅实习，杰克与生俱来的料理天分和另辟蹊径的烹调创意令亚历山大大为赏识，很快成为其左右手。星级评审越来越近，两位传统烹饪大师的合作终于在挑剔的“分子料理”派面前力挽狂澜，他们也收获了家庭的认可和回归。

作品以非常诙谐幽默的方式，讲述了一个三星大厨的励志故事，而观众从中除了能对法餐有一定了解外，也能体会到米其林评级制度的严苛，它给主厨带来的巨大压力。

（三）米其林的评审体系

自创始至今，《米其林指南》一直遵循5项承诺：匿名造访、独立客观、精挑细选、每年更新、标准一致。每年，《米其林指南》都会向全球100万读者重申这5项承诺，这也正是《米其林指南》的核心价值所在。指南中对于酒店和餐厅提供的不同设施及服务都用一些国际化的符号加以表示，简单美观。《米其林指南》每年三月的第一个星期三出版。如今，《米其林指南》每年在全球能销售超过50万册，已经成为法国传统文化及世界餐饮文化不可或缺的一环。《米其林指南》以其独特的评级方式、严谨的评审程序和权威性著称，成为目前销售量最大、收录最齐全的欧洲乃至全球的餐馆年鉴。

二、我国餐厅指南的发展

任何行业从不乏各类评选，其中既有官方的等级评定，也有民间组织的评选活动，既有美食大咖的精选推荐，也有大众顾客的网络推选。我国的餐厅指南发展也历经了不同的历史阶段。

（一）全国酒家酒店星级等级评定委员会:《酒家酒店分等定级规定》（1992年）

与国外以民间组织进行的餐饮指南发展道路不同，我国的餐厅评级早期还是以官方发布的行业管理信息为主，最有代表性的就是由全国酒家酒店星级等级评定委员会制定的国家标准《酒家酒店分等定级规定》（后简称《规定》）。《规定》是中国饮食服务行业的第一个国家标准，1992年制定（GB/T 13391—1992），1995年试点，2000年修订后发布（GB/T 13391—2000），2009年再次修订（GB/T 13391—2009《餐饮企业的等级划分和评定》）。该项国家标准比较具体地规定了各等级企业设备设施条件和应提供的服务项目要求，规定了企业要编写的质量文件，并采用或参照ISO9000的管理要求，从而使饮食服务业划分等级工作与国际服务标准接轨。《规定》从酒家和酒店的物质因素、管理因素、技术因素、服务因素、安全卫生环境因素等进行评价，将酒家分为国家特级（5钻）、一级（4钻）、二级（3钻）、三级（2钻）和四级（1钻）等。

（二）《美食与美酒》杂志：BEST50中国最佳餐厅指南（2006年）

另一个被行业认可的餐厅评选活动是由中粮《美食与美酒》杂志推出的BEST50中国最佳餐厅评选活动，该活动自2006年首度推出，已连续举办十多届，并一度成为业内最有影响力、最具权威的年度盛事，受到业内外人士的一致赞誉，得到了强烈的社会反响。每年的评选工作都历经几个月，由业内在美食与美酒方面相当有建树的生活家，包括美食家蔡澜先生、食评家沈宏非先生等餐饮界大咖组成重量级评委团，从菜品、酒水、环境、服务和性价比等多维角度，最终选出年度50个获奖餐厅。餐厅评选的具体方法也不断改进，从最早期通过综合广大热心读者的选票及达人顾问团的意见，至2015年开始采用“神秘食客团（占60%）、专家评审团（占30%）和大众投票（占10%）”的方法，评选要求更具挑战。因此，该活动自创立以来，就一直受到国内最优秀的餐饮企业和高端消费者的持续关注，日渐成为中国餐饮潮流的风向标和品味人士就餐的终极指南。

《美食与美酒》作为中国最权威的美食餐饮杂志，依托多年打造的名牌评比活动——BEST50中国最佳餐厅评选，推出多年集大成而得的《美食与美酒：2012中国精选餐厅指南》，囊括中国主流重点城市的300家优质餐厅，按照地区和星级排列餐厅，每家餐厅给予500字介绍，并提供人均消费、特色餐品、餐厅类型、电话地址等丰富信息。凭借杂志的社会行业影响力、多年精于餐饮行业的专业性，以及对全国餐饮发展、流行趋势的全面掌握，《美食与美酒：2012中国精选餐厅指南》成为中国美食爱好者们选择信赖的餐厅红宝书。

◎ 知识链接

全球最佳50餐厅榜单 vs《米其林指南》

在餐饮界，除了米其林，最受关注的评选应该就是餐饮界奥斯卡——“全球最佳50餐厅榜单”（The World's 50 Best Restaurants）。该榜单是由英国《餐厅》杂志主办的美食评鉴，从2002年开办以来就成了和米其林评鉴分庭抗礼的美食奖项。

全球最佳50餐厅和米其林最大的区别在于，米其林自诞生以来，一直保持着自己的评价原则：星星数只和食物本身相关，而全球最佳50餐厅的评选没有基准，大家的投票都来自对餐厅的直接认知，支持有好感的餐厅，更加注重餐厅本身的魅力。

2019年的榜单评审委员由全世界1040名餐饮界具有影响力的人组成，包括美食作家（33%）、厨师和餐厅经营者（34%），以及经验丰富的美食家（33%）。每人有10张选票，根据自己过去18个月内到访餐厅的用餐体验来列出最佳餐厅，其中至少有4张票必须投给不属于自己国家的餐厅，而且不可以投给自己经营或任职的餐厅。创立于2012年Ultraviolet餐厅（位于上海）虽然从2018年的24位掉到了48位，但它依旧是中国内地唯一上榜餐厅，餐厅一直保持着浓郁的神秘色彩，仅从曝光的餐厅环境来看就令人跃跃欲试。

（三）大众点评网：黑珍珠指南

2018 年 1 月 16 日，大众点评正式发布“2018 大众点评黑珍珠餐厅指南”（后简称“黑珍珠”）。作为中国甚至是全世界第一个本地生活服务第三方评价平台，大众点评网在成立 15 年后着力打造一个具有中国饮食文化特色的餐厅评价体系，提出中国美食标准。以“黑珍珠”命名，是取义“珍珠从贝母中需经过痛苦的过程而孕育出来，并绽放光彩，然后需要不断地维护，才能使其不失去光泽”。

榜单评审标准涵盖烹饪水平、餐厅水准及传承创新等 3 个维度，与米其林评审的严苛近似，黑珍珠也不是由餐饮从业者自荐自评，而是邀请美食研究者、大众点评资深用户代表等组成评审委员会，匿名造访入围餐厅，并引入独立第三方机构——普华永道中天会计师事务所对评审阶段工作执行商定程序，神秘与权威指数直逼《米其林指南》。

2018 年榜单覆盖北京、上海、广州、南京、成都、重庆等 22 座中国内地城市，以及东京、巴黎、纽约、曼谷、新加坡 5 座海外城市，330 家餐厅上榜，包括 28家“一生必吃一次”的黑珍珠三钻餐厅、85 家“纪念日必吃”的黑珍珠二钻餐厅和 217 家“好友聚会必吃”的黑珍珠一钻餐厅，完美对应米其林的三星评级系统。其中上榜的 56 家上海餐厅有 15 家同时出现在《米其林指南　上海 2018》中。

但是，与其他美食榜单最大的不同之处是黑珍珠关注餐饮文化的“传承创新”，如根据古书制作菜谱、每天记录食材来源的杭州餐厅“龙井草堂”，坚持传统粤菜文化传承并勇于创新的广州白天鹅宾馆玉堂春暖餐厅，提供庄园式体验的台州餐厅江南荣庄等中国风浓郁的餐厅都是极好的例证。当然，与黑珍珠不同的是，米其林更关注菜品，所以已经具备非常完善的评价体系的《米其林指南》上会出现一些环境简陋而美味的餐厅，比如来自新加坡的两个小贩摊档油鸡饭与大华肉胜面，而在黑珍珠的首版中看不到这样的餐厅。

◎ **信息快递**

“2020 黑珍珠餐厅指南”发布：浙江 23 家餐厅入选

“2020 黑珍珠餐厅指南”于 2020 年 1 月 9 日在澳门正式发布，来自全球 27 座城市共 309 家餐厅从入围餐厅中脱颖而出，其中“一生必吃一次”的三钻餐厅 16 家、“纪念日必吃”

的二钻餐厅 78 家、好友“聚会必吃”的一钻餐厅 215 家。

此次指南中浙江有 23 家餐厅上榜。杭州 15 家、宁波 5 家、台州 3 家，其中三钻餐厅 2 家、二钻餐厅 7 家、一钻餐厅 14 家。在菜系上，浙江上榜的 23 家黑珍珠餐厅中，有 20 家都是中餐，主要以浙江本地的菜系为主，包括 8 家杭帮菜餐厅、4 家台州菜餐厅、3 家宁波菜餐厅。

客单价方面，浙江入选“2020 黑珍珠餐厅指南”的餐厅人均消费价格为人民币 579 元。其中客单价最高的为日料餐厅“曼殊怀石料理”，人均 1997 元，最低的为台州一钻餐厅“老扁酒家”，人均 152 元。据美团点评数据统计，以黑珍珠餐厅为代表的中国精致餐饮门店数量在过去 3 年迎来高速增长，全国人均消费 800 元以上的门店数量由 286 家提升至 548 家，越来越多的消费者愿意为了美食“极致体验”付费。

（资料来源：杭州网）

纵观国内外各类餐厅指南，《米其林指南》这本美食行业“圣经”以“欧洲血统”和“精英口味”为标准，对高级餐厅进行了重新定义，塑造了餐厅指南文化的经典，但也依然无法避免接受餐饮文化发展的变革。从 2006 年米其林走出欧洲推出纽约指南，继而涉足亚洲市场，其在影响辐射全球的同时，也因本土不服加之评选保密等备受质疑。因此各类本土餐厅指南顺势而生，从而呈现餐厅指南文化百花齐放的态势。作为餐饮企业，应关注不同指南的评选标准，了解行业动态和市场方向，将每位顾客都想象成评选食探，营造活色生香的企业文化，方是餐饮企业发展的制胜之道。

本章小结

- 企业文化是指在企业管理中长期形成的全体员工共同的价值观念、理想信念、道德规范和行为准则的总称，其具有集体性、精神性和动态性，在内涵上包括了精神文化、制度文化、行为文化和物质文化等多个层次。
- 餐饮企业的企业文化对企业发展具有导向作用、激励作用及约束作用。
- 餐饮企业的发展，离不开企业文化的推动，而好的企业文化，也是餐饮企业能持续生存并跨国发展的基础。
- 《米其林指南》对法国乃至欧洲餐饮文化的发展有着不可磨灭的作用，餐饮企业的质量考评标准受到政府、行业和市场的监管，而更重要的是来自消费者的评价。在网络经济发展的今天，关注顾客评论、捕捉顾客需求，是企业经营的重要指南，也是企业文化的内核基石。

复习思考

1. 为什么餐饮企业中的企业文化创建具有重要意义？

2. 请对本章中列举的几个知名企业的企业文化进行比较，并说明哪些企业文化的核心精神是值得餐饮企业学习的。

3. 全聚德与海底捞分别属于不同的餐饮企业类型，请分析两者的企业成长差异对企业文化创建的影响。

4. 在网络经济的今天，请根据本章对中外餐饮指南发展的历史和现状的介绍，指出我国餐饮指南未来的发展方向。

第二篇

比较融合篇

第六章

餐饮文化比较

本章导读

由于历史渊源、风俗习惯、生存环境、宗教信仰等，中外文化之间的差异远不止地理空间产生的距离，表现在餐饮文化上，不同国家的认知也有区别。无论是主食还是小吃，汤品还是调料，抑或是吃饭过程中的一句“干杯”，都有不一样的故事。本章选择了“油条”“面条”“烧烤”“汤品”“调味”“干杯”六个餐饮元素进行中外文化比较，以帮助读者了解饮食文化的历史迁徙和现代餐饮的创新发展，从而力求中西贯通、彼此包容。

学习目标

知识目标：

- 了解油条、面条、烧烤、汤品、调味及祝酒语等餐饮文化的发展起源。
- 了解油条、面条、烧烤、汤品、调味及祝酒语等餐饮文化在不同国家的表现形式。
- 理解油条、面条、烧烤、汤品、调味及祝酒语等餐饮文化在跨文化交际中的正确意义。

技能目标：

- 能列举一些具有国际餐饮文化符号特征的食物或食俗。
- 能列举同一类别属性的食物在不同国家的名称。
- 能用简单外语描述常见食物的名称。

第六章拓展资源

第一节　中外油条文化

油条（deep-fried dough sticks）是我国传统的中式面食。它是一种形长条、内中空的油炸食品，口感松脆有韧劲，是我国的国民早餐之一。如今，油条在中国人的餐桌上，绝非单一面孔，于饕客而言，油条是一块“万能砖”，可休闲、可正式，可单吃、可入菜，甚至裹馅、入馅。

一、油条的起源和发展

（一）油条的典故

清末民初徐珂《清稗类钞》（商务印书馆 1916 年出版）中记载：“油炸桧长可一尺，捶面使薄，以两条绞之为一，如绳，以油炸之。其初则肖人形，上二手，下二足……盖宋人恶秦桧之误国，故象形似诛之也。”古籍描述的是在南宋年间，宰相秦桧与其夫人王氏把精忠报国的岳飞害死在杭州的风波亭，老百姓个个义愤填膺，有个卖早餐的老板顿生灵感，将面团捏成秦桧和王氏的样子，然后背对背粘在一起，并且用切面刀中间一切后，再丢入油锅一起炸，以解愤恨，并取名为“油炸桧”。后为了简化，也不捏成人像，就直接捏成长条。“油炸烩”后来又叫“油炸鬼”，之后再称为“油条”。

（二）现代油条的发展

油条搭配豆浆、豆腐脑及烧饼等，是经典的中式早餐套餐。如今，油条不仅和其他食物组合成新式早餐，如粢饭团和煎饼馃子等，现代餐饮还将油条进行了各种创新，有的烹制成菜，如菠萝油条虾，有的和其他小吃进行结合，如广式点心中和肠粉一起的炸两等。

油条不仅价廉可饱腹，还可解乡愁。汪曾祺曾在《四方食事》中描述了他自己发明的肉酿油条，这种带馅油条，勾起了他对家乡的满满思念。

油条还推动着中国餐饮业的发展。我国著名的餐饮品牌——永和大王，其主打产品就包括非矾油条和现磨豆浆，其对食品安全的零容忍，帮助创始人李玉麟从“油条西施”成长为“永和大王”。

二、不同地区的油条文化

清咸丰年间张林西著《琐事闲录》，曾将各地对油条的称呼做了梳理："油炸条面类如寒具，南北各省均食此点心，或呼果子，或呼为油胚，豫省又呼为麻糖，为油馍，即都中之油炸鬼也。"[①] 由此可见，油条自南宋后，在大江南北均得以传播。

油条在各地区叫法不一，东北和华北很多地区称为"馃子"；安徽的一些地区称"油果子"；广州及周边地区称"油炸鬼"；潮汕地区等地称"油炸果"；浙江地区有"天罗筋"的称法。叫法不同，吃法也不尽相同。

油条起源于杭州。如今在杭州依然有一类休闲小吃"葱包桧"（见图 6-1），是用薄饼卷油条和葱段，在平底锅上压扁并烤制而成。食用时涂抹上甜面酱或辣椒酱。

图 6-1　葱包桧

在上海，油条和大饼、豆浆、粢饭团并称上海传统早餐的"四大天王"或"四大金刚"。上海人用油条和糯米制成粢饭。

在广东、香港流行用肠粉卷着油条制成炸两，淋上酱油食用，可随意再加上辣椒酱或甜酱，也有直接拌粥作早餐的吃法。粤菜有砵仔焗鱼肠，以瓦砵把油条和鸡蛋及鱼肠焗熟食用。

在河南，人们喜欢以新炸好的油条配合胡辣汤或豆腐脑等作为早餐。

在天津流行用煎饼卷油条制成煎饼馃子。

在台湾，油条通常夹入烧饼或切段裹入饭团里，或搭配杏仁茶、豆浆当早餐吃，有时亦会加入粥里作为配料。

三、西班牙油条 churro

油条是中国传统美食，但是在国外也有类似油条的食物，最典型的就是 churro（见图 6-2）。

churro 在中国俗称为吉事果、喜事果、拉丁果，是一种源于西班牙的条状面食，具有上百年的历史，其亦在拉丁美洲、法国、葡萄牙、美国及加勒比海等多个以拉美裔

图 6-2　churro

① 转引自王唯州．油条名称辨 [J]. 寻根，2021（05）：103-107.

人口为主的岛屿盛行。西班牙油条与中国的油条类似，两者都是当地早餐时经常会食用的食品。西班牙油条的制作技术可能是从中国经葡萄牙传入的。churro 不仅红遍西班牙，也开始走向世界，中国消费者对于这种美食也是十分好奇。

和中国的人工炸法不同，churro 是采用机器做成圆环形，然后一段段切开后，加入不同的馅料做成，一般是巧克力酱或白糖等。但古巴的 churro 会塞进水果馅料；巴西的 churro 爱加入巧克力酱；阿根廷、秘鲁和智利的 churro 则加进由甜奶煮成的 doce de leite 酱汁；乌拉圭的 churro 会加入融化的芝士……尽管馅料各有差异，但整体上还是以甜酱为主，可见拉美人偏爱甜食。除了当作早餐食品外，churro 还是搭配咖啡的午间休闲食品。

四、油条的世界面孔

（一）肯德基安心油条

肯德基（Kentucky Fried Chicken，肯塔基州炸鸡，简称 KFC），是美国跨国连锁餐厅之一，也是世界第二大速食及最大炸鸡连锁企业，1952 年由创始人哈兰·山德士（Harland Sanders）创建，主要出售炸鸡、汉堡、薯条、蛋挞、汽水等高热量快餐食品。中国肯德基隶属于百胜中国控股有限公司。1987 年 11 月 12 日，中国第一家肯德基在北京前门开业，进入 2000 年以后，肯德基在中国呈倍速增长。2004 年 1 月 16 日中国肯德基第 1000 家餐厅在北京开业；2005 年 10 月 11 日，中国肯德基第 1500 家餐厅暨全国第二家、上海第一家汽车穿梭餐厅在上海开业；2007 年 11 月 8 日，中国肯德基第 2000 家餐厅在成都开业；2010 年 6 月 1 日，中国肯德基第 3000 家餐厅在上海开业；2012 年 9 月 25 日，随着大连肯德基星海餐厅的开业，肯德基在中国餐厅总数达到了 4000 家。截至 2017 年底，肯德基在全国的员工超过 29 万人，门店已达 5000 多家。这样的发展速度应归功于肯德基本土化的营销策略。

早在 2002 年，肯德基就开始打造本土化概念，粥、老北京鸡肉卷、新奥尔良烤翅等产品迎合了拒绝油炸食品的顾客需求。2008 年 1 月，肯德基开售经典中式早餐“安心油条”，以不添加明矾为特点，与皮蛋瘦肉粥、香菇鸡肉粥等一起组成肯德基中式早餐系列，将本土化推向极致，广受消费者关注。肯德基对中国文化、中国市场乃至中国消费者心理进行了深入了解。油条是中国极具亲和力的国民早餐，饱含家国情怀，但却在现代饮食理念中备受争议，肯德基抓准了切入时机，从油条入手，重塑“安心”形象，实现本土融合。

（二）国际艺术展中的油条作品

2009年中国青年美术家协会雕塑艺委会副主任、新锐雕塑家谭旭曾以作品《法国油条》（见图6–3）获得了许钦松艺术奖金奖，之后推出了一系列与油条有关的作品，如《有cream的油条》《胖油条》等，并相继在丹麦、比利时、意大利、芬兰、英国、希腊、西班牙等10多个国家进行巡展。除了作品的表现形式和艺术手法外，《法国油条》这个作品最主要的创新就是将中国元素的油条装在了法国餐包袋里，并涂上了西式奶油。雕塑采用玻璃钢为材料，以油条为主体，将中西文化完美融合在一起。

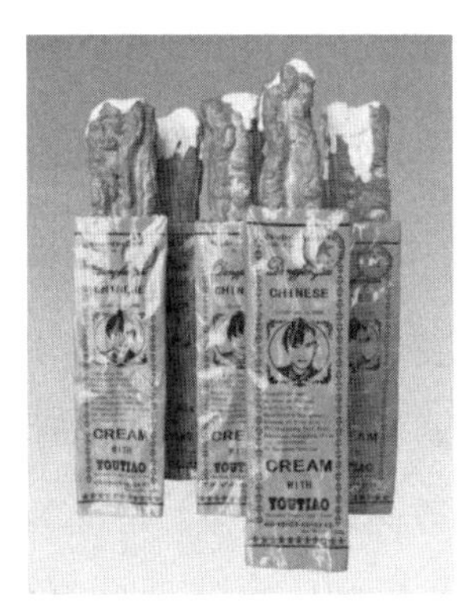

图6–3 《法国油条》

（三）中韩外交中的油条

2017年12月14日，韩国总统文在寅和夫人在下榻的北京钓鱼台国宾馆附近的永和豆浆餐厅享用了传统的中式早餐——油条、豆浆，还体验了手机扫码支付。韩国总统没有选择国宾馆的自助餐早餐，而是通过体验中国老百姓的大众早餐，感受中国的文化和现代中国的发展。此次早餐就餐场所的选择，可能主要是就近原则，而品种的选择再次证明油条在中国饮食文化中的地位。

尽管油条依然是现代健康饮食理念中备受争议的食物——多油、高脂、致癌，但油条的文化价值不可否认。油条作为一种传统的中式食物，已然在国际舞台绽放光彩。现代餐饮应重新审视并赋予油条传承中国文化的新使命。

第二节　中外面条文化

在属于仰韶文化时期（距今7000多年前）的河南陕县关东庙底沟新石器时代遗址中，发现了红烧土上留有麦类的痕迹，证明早在新石器晚期，先民就已进入麦食时代。当小麦制粉在两汉时期有了长足进步后，后世的馒头、饼、面条、包子、饺子等面食的初期形态竞相出现，面粉的发酵技术也随之发明。而在不胜枚举的面食中，面条可算是中外皆有、四季皆宜的大众美食。历经了数千年的发展，面条已不再只是饱腹之物，更饱含了丰富的饮食情感。

一、我国面条的起源

“饼”在中国古代漫长的历史上一直被用作麦面类食品的总称。1900多年前的东汉，崔寔（音：shí）在《四民月令》中记载了“水溲饼”“煮饼”，这是迄今为止关于面条的最早的文字记录。当时，由于劳动工具和生活条件的限制，人们把面粉和水制作的面团或面饼经水煮、烙或蒸后统称为“饼”。水煮的叫“水溲饼”，蒸的叫“煮饼”，油炸的叫“油饼”。如今，将未发酵的小麦面或杂粮饼烙熟或蒸熟后，再烩汤吃，在黄土高原地区的民间饮食中仍然可见。

面条到魏晋南北朝时期，已基本成型。北魏贾思勰的《齐民要术》中所载的“水引饼”已与现代的面条非常相近，是将筷子粗的面条压成韭叶状。当时没有先进的工具，主要靠人力揉搓，所以比较宽大，通过拉伸手法，形成又细又长的面条。

至唐代，面条的品种较以前更为丰富，出现了所谓“冷淘”的过水凉面和“须面”。在《唐会要·光禄寺》中载有宫廷中到冬月要造“汤饼”，夏月“冷淘”。“冷淘”就是将面条煮熟后过冷水再吃，与现今北方人的“过水面”相同。唐代的敦煌文献中还记有“须面”，当时敦煌的一户人家将“须面”用作了婚俗中的聘礼。“须面”即今天所说的挂面。

“面条”这个称谓一直到了宋代才真正出现。这一时期的面条品种发展更为迅速，宋代孟元老的《东京梦华录》、吴自牧的《梦粱录》和周密的《武林旧事》等资料中记载的品种就有三四十种之多。

元代，在《饮膳正要》中载有“挂面”“春盘面”“山药面”“羊皮面”“秀秃麻面”等20余种面条品目；明代又出现了技艺高超的“抻面”。清代，据传在乾隆年间出现的“伊府面”，是世界上最早的速食面。

如今，以擀、抻、切、削、揪、压、搓、拨、捻、剔、溜等制法，加以蒸、煮、炒、煎、炸、烩、卤、拌、烙、烤、干捞等烹饪方式，而演变成各地的风味面条，如北京的打卤面、上海的阳春面、山西的刀削面、陕西的臊子面、四川的担担面、湖北的热干面、福建的八宝面、广东的虾蓉面、贵州的太师面、甘肃的清汤牛肉面、河南的烩面等，品类极为丰富。

◎ 知识链接

Biáng Biáng 面

Biáng biáng 面是陕西关中地区的汉族传统面食，因其面形较宽，也称裤带面。Biáng 字在电脑字库中并不存在，是一种口语化的象声字，简体笔画 42 画，繁体笔画 56 画，可谓笔画最多的汉字（见图 6–4）。

Biáng 字据说为一贫困潦倒的无名秀才所造。一日秀才赶往咸阳，路过一家面馆时，饥肠辘辘，听见里面“biáng—biáng—”之声不绝，不觉踱将进去，只见色香俱全的裤带宽面条，煞是馋人。秀才要了一碗，吃得酣畅淋漓，到结账时一摸兜，囊中早已空空如洗，无以付账，只好求店家以书代之。按照店家所言“biáng biáng 面”的字音，秀才触景生情，感怀伤时，略加思索，笔走龙蛇，一边写一边歌道：“一点飞上天，黄河两边弯；八字大张口，言字往里走，左一扭，右一扭；西一长，东一长，中间加个马大王；心字底，月字旁，留个勾搭挂麻糖；推了车车走咸阳。”一个字，写尽了山川地理、世态炎凉。从此，“biáng biáng 面”名遍关中（见图 6–5）。

图 6–4　biáng 字

图 6–5　biáng biáng 面

还有一说“biáng”字始于秦始皇。传说秦始皇有一日吃厌了山珍海味，加之当时内忧外患，毫无食欲，急坏了皇宫上下。一太监急中生智到街上买了碗平民小吃回来，不料秦始皇一时饕餮下咽，胃口大开，吃毕惊赞：“这是何物，竟比山珍海味还味美上口。”宦官答：“biáng biáng 面。”始皇觉得既然已成为“御用”食物，再也不能令平民如此轻易吃到，就御赐一个字形复杂的名，有意让平民难以写出此字。

民间种种传说和附会，已无从考证，但可以肯定的是 biáng 字为文化造字，千年流传，留存着当地人的文化记忆。

二、面条的传播

（一）面条传播路径的猜测

关于面条的传播，一直是学术界争论的焦点。是中国、意大利，抑或中亚？

传说意大利通心面的渊源是马可·波罗将中国面条传入欧洲。但 20 世纪 90 年代美国华裔学者张光直先生考证，并非如此。据相关研究，热那亚国家档案馆的资料提供了一些证据，这份资料集合了13世纪热那亚的许多重要文献，其中一份1244年医生的处方提到了意大利面，医生建议消化不良的患者尽量少吃意大利面，这说明意大利面早在马可·波罗从中国返回欧洲的30年前就已经存在。更早的记载出现在1154年阿拉伯学者的地理书中，该书描述意大利西西里岛托拉比亚的段落中，有一个奇怪的食物名字——伊特利亚，这就是意大利面。这些记载都远远早于马可·波罗游记的出版时间——1271年。

根据中世纪不同文献资料的记载，827年，阿拉伯帝国的神秘大军侵入了西西里岛，并且统治了约200年的时间，在这段时间中留下了丰富的美食遗产文化。西西里人从阿拉伯人那里学到了捕捉沙丁鱼和长期保存食物的方法，还有一种食物，就是干面条。这里之所以出产面条，一方面得益于西西里岛干燥的气候，便于将面条进行晒干，另外西西里岛种植小麦，因而有着得天独厚的条件。由此可见，或许是阿拉伯人将面条文化带入了意大利。

而早在唐朝，中国街道已遍布阿拉伯商人，这些商人经常要穿越沙漠来运输商品，在运输过程中需要一些像干面条这样可以长期存放的食物。可见，面条可能正是沿着丝绸之路从中国向世界传播的。

（二）考古中的中国面条历史

进一步确定中国是面条起源地地位的是2002年青海喇家遗址的发现。一个陶器当中的所盛之物引起了考古学家的关注，经过与80多种不同植物进行对比，最终确认食物成分是小米（粟）及糜子（黍），其中以粟为主要成分。这是世界上第一碗面条，面条长50厘米，直径约0.3厘米，粗细均匀，由谷子、黍子混合的生面粉做成，历史已有4000年。由于当时一场地震把一个村庄埋在了地下，红陶碗倒扣住了面条，使得面条色泽依然保持鲜黄。考古学家把相关的检测报告发表在了2005年10月出版的英国*Nature*（第437卷第967-968页）上。由于*Nature*的权威性和媒体的报道，关于面条起源于中国得到了一定认可。齐家文化是黄河文明的一个重要组成部分。喇家遗址虽然位于中国的西部，但它是典型的黄河文化。喇家遗址考古发现的面条实物，以确凿的证据证明中国是面条的起源地，而中国面条的起源应该更早。喇家遗址的面条发现，也反映了中华文明对于世界的某种特殊贡献。

三、外国名面

中国面条文化从南米北面，慢慢发展到南北交融，即便在南方也处处可见各类面条，如广州的云吞面、杭州的片儿川、上海的阳春面等。除了国内的融合，中国的面条文化也与外来饮食文化进行了多种形式的交流，通过日本的佛僧和在丝绸之路做贸易的商人传到日本和西域等地。如今，不同的国家也有其代表性的面条美食。

（一）日本乌冬面

日本历来并不广种小麦，其受中国和西方的影响而形成，乌冬面便是因唐朝面食传入而形成。乌冬面（日语：うどん，英语：udon，在日文汉字中写为：饂饨），是最具日本特色的面食之一，与日本的荞麦面、绿茶面并称日本三大面条，是日本料理店不可或缺的主角，堪称日本的“国面”。其以小麦为原料制造，在粗细和长度方面有特别的规定。乌冬面的口感介于切面和米粉之间，口感偏软，再配上精心调制的汤料，冬天加入热汤，夏天则放凉食用。最经典的日本乌冬面做法，离不了牛肉和高汤，面条滑软，酱汤浓郁。去日本，一定不要错过香川县的牛肉乌冬面。当然，日本豚骨拉面等其他面食也都是当地值得一尝的美味。

（二）韩国冷面

韩国冷面（韩语：냉면）的官方名称为朝鲜冷面，是朝鲜民族传统美食之一。据李氏朝鲜王朝后期的世食风俗记史料《东国世食记》记载：冷面发源于19世纪中叶朝鲜王朝的平壤和咸兴地区。因此，冷面分平壤冷面和咸兴冷面。平壤冷面是为加汤食用的“水冷面”，是荞麦面或小麦面加土豆淀粉制成，荞麦成分高，所以更筋道；咸兴冷面是用辣椒酱做调料的“拌冷面”，其地瓜粉和土豆淀粉含量比较高，烹制中喜加入海鲜。除了冷面，火鸡面、炸酱面和拉面都是韩国餐桌上的主要面食。

（三）新加坡叻沙面

说到新加坡美食，不得不提的就是叻沙面（马来语：laksa）。叻沙面又称喇沙，是在马来西亚和新加坡存在的峇峇文化（即华人混合）的地道食品，也是最具盛名的娘惹（华人与马来人的女性后裔）美食。叻沙面的材料包括虾米、虾膏、蒜蓉、干葱、辣椒、香茅、南姜及椰汁，将这些材料熬煮多时，用作面条的汤底。叻沙面是充分融合了马来菜与中国菜特点的烹调美味。

（四）马来炒面

马来炒面是马来西亚槟城州首府乔治市的特色美食，看起来非常像中国的炒面。这道美食用的是鸡肉，或者牛肉，搭配虾仁、蔬菜、鸡蛋一起炒制而成，是马来人非常喜爱的家常面食，在新加坡和马来西亚等地的餐馆随处可见。马来炒面有两种，一种为素炒，另一种则加各种海鲜和肉类，味道为甜辣或咸辣。

（五）意大利面

意大利面（意大利语：pasta）是西餐中最接近中国人饮食习惯的面点。作为意大利面的法定原料，杜兰小麦是最硬质的小麦品种，具有高密度、高蛋白质、高筋度等特点。正宗的原料是意大利面具有上好口感的重要条件，除此之外，拌意大利面的酱也是比较重要的。意大利面的基本酱料可分为红酱和白酱，红酱是用番茄为底的酱汁，最为常见；白酱则是以无盐奶油为主制成的酱汁，主要用于焗面、千层面及海鲜类的意大利面。此外，还有以罗勒、松籽粒、橄榄油等制成的青酱，其口味较为特殊与浓郁，以及以墨鱼汁制成的黑酱，其主要用于墨鱼等海鲜意大利面。

四、中外面俗

在漫长的历史演化过程中，面条成为一种有丰富文化内涵的食物，被用来寄托思念，表达敬意、祝福，体现长寿、恩爱、丰收等，从而分为喜面、寿面、试刀面、情长面、讨七家面、婚嫁面、上梁面、接三面等种类，也形成了“原汤化原食”等食俗。面食丰富的文化寓意，体现出中华民族对生活的美好愿望，也是内敛的中国人特殊和深沉的情感表达方式。

在中国面俗中，最典型的习惯就是生日寿面。最早关于长寿面的文字记载出自《唐书列传玄宗皇后王氏》，当时记载为“生日汤饼”。所以从唐代起就有了过生日吃面条的习俗，因为面条很长，故而寓意“长命”，面条很细瘦（谐音“寿”），寓意“长寿”。另有典故，传说在汉武帝时期，君臣议完朝政，开始议论长寿者的面相，有些人说脸长可以长寿，有些人说人中（上唇上方正中的凹痕）长可以长寿，而有的人说耳垂长可以长寿。这个君臣议论传到民间，老百姓把“脸”长听成了“面”长，面长则寿长，老百姓为求吉祥长寿，渐渐形成了在生日这一天吃面的风俗。

除了长寿面，中国还有很多面俗文化，比如说宽心面、隔年面、做寿面、发脚面，这些面条皆与人生喜事联系在一起。

在日本、泰国和韩国等亚洲国家，也有着一些相似的习俗。比如，在日本，农历七月初七要吃素面，象征着好运连连；在泰国，欢庆的日子吃面条象征着喜事不绝；在韩国，新婚夫妇要吃面条，以期能够白头偕老、地久天长。

无论身处世界何地，面条以其形状、语音，蕴含着人们的美好的祝愿，也成为餐桌上独具文化的一道主食。

第三节　中外烧烤文化

烧烤作为一种最原始的烹饪方式，不仅是人类饮食文明的开始，在现代百花齐放的餐饮世界中，也以其独特的魅力，融合着各国文化。

一、中国烧烤发展历史

我国最早关于烧烤的描述起源于伏羲的神话故事。伏羲是中国最早的有文献记载的创世神，他是一个拥有智慧且体恤百姓的帝王。他教会百姓用瓜制瓢取水、晒麻编网捕鱼等生存技能，从而获得更多食材。但是，随着食材的丰富，新的问题也出现了。杀死的兽肉很难保存，时间长了细菌滋生，百姓食后极易生病。为此，伏羲取来天火教百姓把食物烧熟，这种处理食物的方法，彻底改变了人类的生存方式，推动社会向文明世界迈进。为了纪念他，百姓们把伏羲尊称为“庖牺”。“庖”意为“厨师”，“牺”指的是古代做祭品用的纯色牲畜。

（一）考古中的烧烤发展

考古学家曾在马家浜文化遗址中发现了专门用来制作烤肉的器具，可见早在6000多年前，烧烤就已经存在。

据山东、河南、河北、山西、陕西、甘肃、宁夏和江苏等地的历年考古报告，这些地区曾分别出土过汉晋北朝时期与烤肉串相关的图像、器具和实物。其中，汉晋画像石（砖）、陶器彩绘和北朝墓室壁画中的烤肉串图像（见图6–6、图6–7），对当时烤肉串制作场面与献食活动的表现，细致而又逼真。它既可与同时期相关文献记载互证，又弥补了文献记载过于简单的缺憾，是直观了解这一时期烤肉串全面情况难得的形象史料。

图 6–6　山东临沂内五里堡村出土的东汉晚画像石

图 6–7　山东诸城凉台东汉孙琮墓的庖厨图画像石

1969 年，西安境内出土了一尊“上林方炉”，经考证，为西汉皇家御用烧烤的炉子（见图 6–8）。此物与现代烤炉颇有相似之处，方炉分为上下两层，上层为长槽形炉身，底部有条形镂孔，下层为浅盘式四足底座，用来承接炉内漏下的炭灰。

图 6–8　上林方炉图

（二）文字中的烧烤发展

最早在商周，就有与烧烤有关的文字——“炙”。《说文解字》中有记：“炙，炮肉也。从肉，在火上。”“炙”完全符合汉字象形的特点，上面是肉块，下面是火。在汉字的演变过程中，还可以看到字体左如旺火烤肉，右似木枝串肉，完全展现了烧烤的烹制和食用方式（见图 6–9）。

图 6–9　“炙”的象形字书画

《诗经·瓠叶》有云：“有兔斯首，炮之燔之。君子有酒，酌言献之。”该句描述的是贵族们以烤兔肉助兴饮酒的场面。后《西京杂记》也有记载汉高祖刘邦即位以后，常以烧烤鹿肝、牛肚下酒。北魏贾思勰的《齐民要术》中，专门列有《炙法》篇，记载了多达 21 种烤肉的方法。在《隋书》里，就有官员针对不同材料烤出的肉提出一定见解。唐代昝殷撰写的《食医心鉴》

记载了能够治疗痔疮及其并发症的野猪肉炙、鳗鳜鱼炙等4个烧烤类食疗食谱。宋代《梦粱录》里记载了10余种烧烤食品。南宋豪放派词人辛弃疾的《破阵子》里“八百里分麾下炙，五十弦翻塞外声”描述的就是烤牛肉。明朝《明宫史·饮食好尚》中记载：“凡遇雪，则暖室赏梅，吃炙羊肉。”这时烤肉已不只是果腹充饥，而是与赏梅观雪同为雅事。

随着调料和食材的不断丰富，烧烤历经不同朝代的发展，从百姓解决生肉滋病问题，发展为文人雅士、王公贵族的美味佳肴。如今，烧烤已然成为社交明星，是大众会餐甚至官方活动中的青睐之选。

二、不同国家烧烤文化

烧烤历经几千年的发展，在世界各国大放光彩，甚至已成为部分国家和地区的代表美食。

（一）中国

中式烧烤的选料十分广泛，几乎所有的荤素原料均可选用。中式烧烤主要以木炭为燃料，用暗火进行串烤或炙烤成菜（见图6-10）。在味型上，中式烧烤往往会根据人们的不同口味和喜好而有所变化，比如调成孜然味、麻辣味、五香味、孜然麻辣味等味型。在中国，烧烤最为知名的就是新疆烤羊肉串，这是极具民族特色的风味小吃。

图6-10　中式烧烤

（二）韩国

韩式烧烤的选料以各种猪肉制品为主。韩式烧烤主要在铁盘上进行烤制，用烤具进行翻烤（见图6-11）。韩式烧烤的味型主要由腌制原料的汁水和原料烤好后蘸食的汁水来决定。当然，不同的原料配用不同的腌汁和蘸汁后，会形成不同的风味特色。用生菜包裹着烤肉和酱料，能感觉到明显的韩式甜香口味。

图6-11　韩式烧烤

（三）日本

传统的日式烧烤的肉类以牛肉与鸡肉为主，包括牛的内脏。除了直接将肉片放置在网架上烧烤外，将肉块串起来的烤肉串也是日本常见的烧烤。在肉类的处理上虽然也是以事前的腌渍调味为主，但是又比韩式的调味来得清淡，目的是让人能品味出新鲜肉质的自然美味。甚至有些上等的鲜肉，只需要用盐调味即可，也就是所谓的“盐烤”。日式烤肉多为燃火烤或者炭烤，基本为网状或者铸铁板条，肉类会接触到明火或者炭火，这种形状决定了日式烧烤对肉的级别要求较高。

图 6-12　日式烧烤

（四）巴西

巴西烤肉主要有烤牛肉、鸡腿、猪肉和香肠，也会有一些水果，如菠萝、梨和苹果。巴西烤肉的制法是把这些原料腌制后分别串在一个长约 1 米带凹槽的扁平铁棍上，然后放在炭火上慢慢烧烤。巴西烤肉是巴西的国宴，深受南美各国喜爱。经过 500 多年的演变及历代巴西名厨的传承演化，现代巴西烤肉更加精益求精。

图 6-13　巴西烤肉

（五）土耳其

土耳其烤肉全称“döner kebap”，意思是“油煎、烧、烤”。其独有的旋转烤肉，就是把肉类叠在烤肉架上，通过旋转烤架，利用片炉均匀烤肉，原理类似北京烤鸭，等最外一层的肉被烤得焦脆，就被切下来作为肉馅料。随着土耳其移民遍布各国，如今，“döner kebap”在欧洲越来越普及。

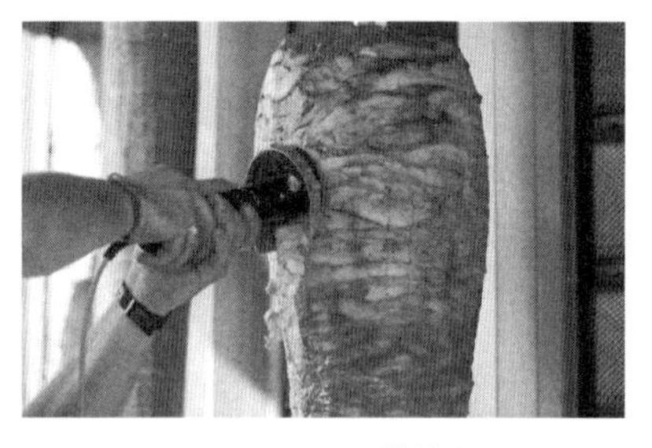

图 6-14　土耳其烤肉

各国烧烤皆各具特色，除了食材、配菜和调料选择各有倾向外，主要是火源、烤法和烤具的差异，有的喜好原汁原味，烤熟后再添加调料，有的则在烤前进行腌制，以使其入味。事实上，各国烧烤食用方法也各不相同，韩国烤肉作为餐中主食，会搭配 10 多碟的小菜；巴西烤肉一般是搭配自助，牛仔打扮的服务员将烤制成熟的肉拿到顾客身边，供顾客选择，顾客一边享受自助餐和烤肉，一边欣赏热情的巴西表演和桑巴音乐；

中国的烤羊肉串一般单独食用，相对来说更有滋味；土耳其烤肉可直接蘸取调料食用，也会夹取蔬菜包在饼当中。无论何种烧烤，尽管备受健康饮食观念的质疑，但“无肉不欢”的乐趣尽在其中。

北京友谊宾馆编写的《国际菜谱》和日本著名学者中山时子先生主编的《中国食文化事典》(即《中国饮食文化》)等书中，用相当篇幅列举了24个国家(地区、民族)的烤肉串，对主料、辅料、调料的选择，以及料形和调味时间等方面进行了比较(见表6-1)。

表6-1 各国/地区/民族烤肉用料与调味方式一览表

序号	国家/地区/民族	主料	辅料	调料	料形	调味
1	叙利亚	羊肉	青椒等	洋葱、酸奶、淀粉、胡椒、丁香、桂皮等	块	加热前
2	埃及	羊肉		洋葱、橄榄油、柠檬汁、盐、胡椒粉	块	加热前
3	土耳其	羊肉	番茄等	洋葱、橄榄油、柠檬汁、盐、黑胡椒等	块	加热前
4	哈萨克	羊肉	番茄等	洋葱、盐、胡椒粉、植物油	片卷	加热前
		羊肉	羊尾油	洋葱、盐、胡椒粉	块	加热前
5	阿拉伯	羊肝		洋葱、盐、胡椒粉	丸子	加热前
6	阿富汗	羊肉			块	加热前
7	印度	羊肉		洋葱、盐、胡椒粉、香芹、酸奶、姜等	块	加热前
		羊肉	杏仁末	藏红花、洋葱、香菜籽末、柠檬汁等	丸子	加热前
8	尼泊尔	羊肉		洋葱、咖喱粉、辣椒粉、茴香粉等	丸子	加热前
9	印尼	羊肉		酱油、果汁、盐、黑胡椒、甜辣酱油	块	加热前
		鸡肉		大蒜、盐、白胡椒、酱油、橙汁	块	加热前、中

续 表

序号	国家 / 地区 / 民族	主料	辅料	调料	料形	调味
10	泰国	牛肉		葱、酱油、糖、咖喱粉、香菜籽	块	加热前、后
		鸡肉		蒜、酱油、胡椒粉、柠檬汁、椰汁	块	加热前、后
11	柬埔寨、老挝	羊肉		甜酱油、辣椒粉、柠檬汁、椰汁	块	加热中
12	越南	猪里脊		盐、糖、蒜、雪利酒、鱼酱油、猪油	丸子	加热前
13	日本	牛肉		葱、酱油、糖	片卷	加热中
		猪肝			块	加热中
14	格鲁吉亚	羊肉			块	加热前
15	高加索 / 中亚	羊肉			丸子	加热前
16	巴基斯坦	羊肉			块	加热前
17	孟加拉	羊肉			块	加热前
18	马来西亚	羊肉			块	加热前后
19	俄罗斯	羊肉		洋葱、盐、胡椒粉、生菜油	块	加热前
20	罗马尼亚	羊肉			块	加热前
21	南斯拉夫	羊肉			块	加热前
		猪通脊		洋葱、盐、胡椒粉、生菜油	块	加热前
22	德国	羊肉	肥膘	盐、胡椒粉、柠檬汁、香叶、生菜油	块	加热前
23	法国	羊肉	羊腰子	盐、蒜、百里香、胡椒、白酒等	块	加热前
		羊肉		盐、分葱、枯茗、辣椒、桂皮等	丸子	加热前
24	拉丁美洲	牛心		红葡萄酒醋、智利红辣椒、枯茗、盐等	块	加热前

三、BBQ 文化

BBQ 是 barbeque 这个单词的缩写，意指“野外烧烤”。据说 barbeque 的演变，是从加勒比海开始的。当时法国人到达加勒比海后，会把整只宰好的羊从胡须到屁股（de la barbe au cul）放在烤架上烤熟再进食，这个食物就简称 barbe-cul（法文 cul 字末尾的“l”不发声），由于 cue 和英文字母 Q 同音，barbeque 这个单词就简化成了 BBQ。

如今，BBQ 是大众热衷的户外休闲方式。有的经营场所直接以 BBQ 作为主营产品，为家庭或朋友聚餐提供场地，还有的则将 BBQ 作为卖点，作为其主打产品的附加值，如景区或活动基地开设烧烤区，既可增加活动内容，又可解决就餐问题。由于烧烤可人人参与，互动性强，越来越受到各类社交活动的欢迎。

第四节　中外汤羹文化

唱戏的腔，厨师的汤，中国古语曰：“宁可食无肉，不可食无汤”，可见汤在中华饮食文化中的重要地位。法国著名厨师路易斯·古易也说过“汤是餐桌上的第一佳肴”，对于法国人而言，餐桌上菜肴再多，如果没有汤，犹如餐桌上没有女主人。根据美国《食谱大全》（*Complete Book of Cookery*）一书中的记载，美国每年要喝掉 300 多亿碗汤，其中鸡面汤是美国人最喜爱的罐头汤。从古至今，汤羹文化在餐饮文化中始终占据着举足轻重的地位。

一、汤的起源

汤的历史悠久，从远古时代起，人们就知道食用汤菜。考古学家所发掘的文物表明，近东地区是世界上最早做汤的地方，约在公元前 8000 到 7000 年间，他们就会将所栽培出来的谷物放在粗陶器皿中煮制成汤而饮。经历史学家考证，我国在 2700 多年前的食谱中就已经记载了十几道汤菜，其中有一道一直沿用至今，那就是“鸽蛋汤”，食谱中把它称之为“银海挂金月”。国外历史学家在考古研究中也有发现，人类曾制作一种蔬菜庇肉浓汤，装在皮水袋中，喝前投入烫石子加热，这种奇特的喝法在美洲印第安人中曾长期存在。相关文献还记载着在古希腊奥林匹克运动会上，参赛者都需带一头山羊或小牛到宙斯神庙祭坛上祭告，然后按照传统仪式宰杀，再放在一口大锅中煮，煮熟的肉与非参赛者一起分而食之，但汤却留下来给运动员，以增强体力，说明在当时大家已知汤的营养最为丰富。

我国早期文献记载中多见“羹”，罕见“汤”。《中国古代衣食住行》一书中指出，羹是“以肉加五味煮成的肉汁”，羹字从羔从美，羔是小羊，美是大羊，可知最初的羹主要是用肉做的。《史记》卷三《殷本纪》中记载了商汤时期著名的政治家和思想家，也是中华厨祖的伊尹在见商汤时准备的见面礼就是一份鹄羹。而汤在古时意为“热水、沸水”，后来指“中药汤剂”，如《孟子》曰：“冬日则饮汤（热水），夏日则饮水（凉水）。”《“羹”“汤”辨考》等文献对羹、汤两字意义的历史变迁进行了研究，认为从元代起，“汤”才开始指代菜汤，明清以前多指熬煮的浓汁食物，清代文献中才正式出现汤类菜肴，“汤”逐渐取代“羹”成为餐桌主菜。

关于“汤”的英文“soup”一词的来源有两种说法：一种说法是喝汤时要发出咕嘟咕嘟的声音，品汤时则发出“丝丝”的声音，“soup”是从拟声角度而进行的造词。另一种说法是“soup”一词可能起源于德文“sop”，即一种浇有肉汤或浓汤的面包。在中世纪，有种面包硬如盘子，可以用来盛汤，这种面包当时被称为“soup”，随着历史的推进，面包和汤的关系逐渐变得模糊。到了14世纪，人们改称汤为“soup”，而不再指代面包。英语中的“supper（晚餐）”一词则来自“sup（啜饮）”，意思是“请坐下喝一碗汤”。在美国，喊一声“soup is coming（汤来了）”，就意味着家人可坐下来用餐了。

二、汤的作用

俗话说：“饭前先喝汤，胜过良药方。”汤文化渗透着中华民族“医食同源”“食医合一”的饮食理念，即通过饮食达到医疗保健的目的。

（一）医疗作用

汤源自中医药理的食疗良方“药汤”。中医认为汤能健脾开胃、利咽润喉、温中散寒、补益强身，除了术后医生一般建议食用流质食物外，汤在防治疾病、病后康复及健体等诸多方面都发挥着重要作用。

（二）美容作用

在我国民间流传有各种各样的“食疗汤”，尤其是在广东地区，汤的美容养生作用被发挥到了极致，通过调理气血等起到美颜养肤的作用。

（三）保健作用

干燥寒冷的气候使人们热爱酸辣口味及热汤等食物，以利驱寒。以洛阳为例，洛阳地处半干旱半湿润地区，属温带季风气候，在洛阳曾以“喝汤了没”作为见面问候语，把吃饭称为喝汤。岭南地区则地气湿热，长久居住热毒、湿气侵身，因此粤人笃信汤有清热去火之效，故饮食中不可无汤。

除了对人体的直接作用外，汤还可以凸现宴席的风格，突出地方的饮食文化。席面的档次常常与配汤种类、档次和多少有关，如沈阳酸菜白肉火锅宴、洛阳水席、安徽绩溪一品锅、台北潘燕九茶宴等中国著名汤席。各少数民族也有民族特色的汤席，如丽江纳西族的三叠水席、拉萨藏族的竹叶火锅等。

汤还可以表达真情，比如香港、广东等地的家庭女性往往重视煲汤，用汤来表达对家人的温馨情感。

最后，汤文化可以凝聚文人情思，演绎掌故传闻。世界各国都有关于汤的故事或典故，中国尤甚，比如闭门羹、药炉之思等。

三、喝汤的顺序

在西餐的就餐顺序中，汤一般紧跟头盘，是整个进餐顺序中的第二道菜。在我国则有南北差异，南方一般在餐前上汤，而北方一般将汤作为最后一道送客之菜。近年来，广东的煲汤和饮汤文化日益得到了国内外广大美食家和营养学家的认可及推崇，无论是百姓餐桌，还是高星酒店，开始逐步接受餐前喝汤的习惯。

餐前喝汤首先能润滑食道，使食物顺利下咽，防止干硬食物刺激消化道黏膜，帮助食物的消化吸收。其次在餐前先喝汤，能快速产生饱腹感受，有助控制食物的摄入量，从而达到减肥的目的。有研究表明，在餐前喝一碗汤，可以让人少吸收 100 ~ 190 千卡的热能。因此，对于希望控制体重，或患有糖尿病、胃食道逆流的患者，建议餐前喝汤。不过患有慢性萎缩性胃炎、胃溃疡的人群，胃酸分泌较少，如果餐前汤水摄入过多，就会稀释胃液浓度，进一步影响食物的消化，引起胃部不适，从而加重病情，因此这类人群适合餐后喝汤的进食方式。

除了不同人群喝汤顺序不同外，不同的汤也有不同的进餐顺序要求。按口味分，有咸鲜汤类、酸辣汤类、甜汤类（如水果汤、银耳莲子羹）和无味汤类（如米汤）。一般在正餐中，食用咸鲜汤或酸辣汤，以刺激味蕾，而甜汤一般放在餐后作为甜品缓和口感，无味汤可与其他菜品共用，也可单独食用。从口感上分，西餐有清汤、浓汤和奶汤等。清汤一般放在餐前，而奶汤一般在沙拉后。

总体来说，科学饮汤并不是简单地改变就餐顺序，还要尽可能少喝高脂肪浓汤，慢喝过热的汤，不吃汤泡饭等，而饮汤的顺序更多地还是结合个人饮食习惯和身体特征来确定。

四、外国名汤

（一）韩国大酱汤

韩国大酱汤（韩语：된장찌개）源自朝鲜半岛，是韩国特色料理（见图 6–15）。韩国大酱汤有热汤、凉汤两种。酱是韩国人最爱的调味料，大酱则是由黄豆经过特殊工艺加工而成，脂肪含量少，热量低，易有饱腹感。另外其主要原料黄豆中含有的异戊醛是一种天然的植物激素，除了能预防乳腺癌外，还能降低与激素相关的各种肿瘤的发病率。大酱汤的原料除了大酱外，还包括肉类、蘑菇、豆腐、土豆、洋葱、青椒等。

图 6–15　大酱汤

（二）日本味噌汤

味噌汤（日语：みそしる）是日本的“国汤”（见图 6–16）。味噌汤是以鲷鱼、红白萝卜、味噌等材料制作而成的一道日本料理。味噌，又称面豉酱，是以黄豆为主原料，加入盐及不同的种麹发酵而成。在日本，味噌是最受欢迎的调味料，它既可以做成汤品，又能与肉类烹煮成菜，还能做成火锅的汤底。由于味噌含有丰富的蛋白质、氨基酸和食物纤维，常食对健康有利，天气转凉时喝味噌汤还可暖身醒胃。

图 6–16　味噌汤

（三）泰国冬阴功汤

冬阴功汤（泰语：Tom Tum 或 Tom Yam）也叫东炎汤。“冬阴”是酸辣的意思，“功”是虾的意思，所以冬阴功汤也

图 6–17　冬阴功汤

就是酸辣虾汤，是泰国富有特色的酸辣口味汤品，也是泰国的国汤。在其他东南亚国家，如马来西亚、新加坡、印尼等也很受欢迎。冬阴功汤主要食材有柠檬叶、香茅、虾及咖喱酱等，口味酸辣香甜，五味俱全。

（四）俄罗斯罗宋汤

罗宋汤（俄语：Борщ，波兰语：barszcz）是发源于乌克兰的一种浓菜汤（见图 6-18）。罗宋汤大多以甜菜为主料，常加入土豆、胡萝卜、卷心菜、洋葱、牛肉块、奶油等熬煮。“罗宋”这一名称据说是来自“Russian soup”的中文音译。罗宋汤是从俄式红菜汤演变而来，俄式红菜汤辣中带酸，酸甚于甜。后来受原料采办及本地口味的影响，渐渐地形成了独具特色的酸中带甜、甜中飘香、肥而不腻、鲜滑爽口的罗宋汤。

图 6-18　罗宋汤

（五）法国洋葱汤

法国洋葱汤（法语：soupe à l’oignon）是法国经典菜品（见图 6-19），其历史可以追溯至 18 世纪，据说是由法国国王路易十五创制，其原料为牛肉、白洋葱、胡萝卜和芹菜等。白洋葱经过久煮，糖分释出且煮成焦糖，最后在汤里放入法棍面包和芝士进行烤制，奶酪的香味不仅可以有效缓解洋葱的辛辣口感，减少对肠胃的刺激，还可以促进丰富的蛋白质和钙的吸收。

图 6-19　洋葱汤

除了以上汤品外，各国的名汤还包括意大利蔬菜浓汤、法国奶油蘑菇汤、西班牙冷菜汤、中国佛跳墙等。各国汤文化在餐饮文化圈中源远流长，鱼、肉、家禽、蔬菜、水果、豆制品、海产品等都可以用来做汤的主料或配料，制法讲究，从而成为各国经典菜品。

五、喝汤礼仪

尽管中外汤品原料各异、烹制不同，但都注重饮汤礼仪。归纳起来，基本包括以下几点。

（1）喝汤时脸不可直对汤碗，不能将碗端起直接牛饮。

（2）喝汤时不要过猛搅拌热汤和用嘴将热汤吹凉。

（3）喝汤时应先浅尝测试汤温，以不超过汤匙八分满为原则，一般一口一勺，不要将汤滴落桌面。

（4）喝汤不要出声，也尽量不发出汤匙摩擦盘子的声音。但是在日本，喝面汤时须发出声音，且声音越大，则越表示对厨师厨艺的赞赏。

（5）汤将见底，可将汤盘用左手拇指和食指托起，向桌心，即向外倾斜，以便取汤。

（6）西餐进餐过程中，喝完汤后汤匙应搁在汤盘或汤杯的碟子上，而汤匙柄应放在右手边，汤匙正面（即凹陷部分）朝上，在正式宴会上，受过训练的侍者如看到，即理解客人提示可以收汤碗了。

（7）喝完汤，不能把汤匙含在嘴里的。

中国饮食文化的核心精神是“五味调和”，而“五味调和”的核心精神集中体现在汤文化中。《尚书·说命下》曰：“若作和羹，尔惟盐梅”，意思是要做好羹汤，关键是调和好盐咸、梅酸二味。一道上好的汤品，需要控制好火候、时间、调料、菜品搭配，以及上餐顺序，制汤、饮汤时无不追求达到“中和”的最佳状态，汤文化中的“中和”理念与中国文化的精髓相通，体现了中国哲学的最高境界。

第五节　中外调味文化

人们在品鉴菜肴时，通常会从“色”“香”“味”等几个方面来进行评价。“味”是菜品质量最重要的指标之一。由于人类对生命延续的渴望和口味偏好的追求，形成了品种繁多、滋味万千的调味文化。作为人类的共性，不同民族对美味有着共同的向往，但也因为地域、物产及科技文化等差异，人类的这种追求表现又不尽相同，以至于人们对味觉的理论认识也不完全一样。比如，日本认为味觉应分为咸、酸、甜、苦、辣；印度则分为甜、酸、咸、苦、辣、淡、涩和不正常味等 8 种；欧美则主张分为甜、酸、咸、苦、金属味和碱味等 6 种；德国人则认为只有甜、酸、咸、苦 4 种基本味；我们国家则分为咸、酸、甜、辣、苦、鲜和涩 7 种。

一、我国调味文化的起源与发展

有人曾用五官的感受来描述不同国家的餐饮特点，其中法国菜重嗅觉（香味），日本菜重视觉（形色），而中国菜重味觉（味道）。我们的先民很早就已经对“五味”及其变化规律有了一定认识，并在距今3000多年以前有了初步的理论形态。“五味调和”是中国饮食的核心精神，与儒家“和而不同”息息相关，在古典美学中属于和谐的最高境界。

一方水土养一方人，不同的地域孕育着不同的调味文化。我国北方地区口味偏重，调味品使用数量多于南方地区，尤其是黑龙江地区，平均每道菜品使用近8种调味品。天津、黑龙江含盐菜品最多，福建则喜欢使用酱油来保留菜品原有的味道；安徽、上海和福建地区超过一半的菜品使用白糖或冰糖；湖北、广东菜品使用较多的胡椒；四川、云南和湖南居民则偏爱辣椒，四川、湖南的辣椒酱已风靡全国；苦味的陈皮是广东特色；味精和鲜汤作为提鲜的调味品在各地区菜品中均有广泛应用；陕西使用花椒比例最高；广东使用较多的豆腐乳；山东居民喜爱甜面酱。各地区菜品中调味品的使用情况充分体现了各地区的饮食特色。

导致不同地域风味各异的原因，其本身就和地域有关。

我国北方地处暖温带，冬季寒冷干燥，夏季温和多雨，气温年较差大，在物流不通畅的过去，新鲜蔬菜难以过冬，北方人从秋季便开始囤收大量蔬菜，并腌制起来，慢慢“享用”至来年春天，这样一来，北方大多数人养成了吃咸的习惯。

人说苏州菜甜，但与无锡菜相比，苏州菜则只能算是淡。无锡菜喜放很多糖，连包子肉馅也不例外。除此以外，广东、浙江、云南等地居民也大多爱吃甜食，这主要是因为南方多雨，光热条件好，盛产甘蔗，比起北方来，蔬菜更是一年几茬，南方人被糖类“包围”，自然也就养成了吃甜的习惯。

喜辣的食俗多与气候潮湿的地理环境有关。四川地处盆地，潮湿多雾，一年四季少见太阳，导致人的身体表面湿度与空气饱和湿度相当，难以排出汗液，易感到烦闷、不安，易患风湿寒邪、脾胃虚弱等病症。经常吃辣可以驱寒祛湿、养脾健胃，对当地人健康极为有利。另外，东北地区吃辣也与寒冷的气候有关，吃辣可以驱寒。

黄土高原、云贵高原及其周边地区的水土中含有大量的钙，食物中钙的含量也相应较多，易在体内引起钙质淀积，形成结石。经过长期的实践，这一带如山西地区的劳动人民发现，多吃酸性食物有利于减少结石，久而久之，他们也就渐渐养成了爱吃酸的习惯。

我国的调味料在历经了从单味调味料（包括酱油、食醋、酱、辣椒、八角等天然香辛料）到高浓度及高效调味品（包括超鲜味精、阿斯巴甜、甜蜜素、木糖、甜叶菊、酵母抽提物，以及食用香精、香料等），再到复合调味料（如加锌、加钙、加碘的复合营养盐和铁强化酱油等）的历史变革后，已建立了一个调味帝国。

◎ 拓展知识

独具特色的调味品博物馆

近年来，随着工业旅游和产业文化博物馆的兴起，一大批优秀的调味品企业先后开拓了各具特色的工业旅游线路，龙头企业更是以建立产业博物馆的形式与消费者进行沟通与互动（见表6–2）。这些产业博物馆依托企业先进的生产线和技术，并融入各自的企业文化，不仅缩短了企业和消费者之间的距离，而且成为展示企业文化的重要平台。

表6–2　我国调味品博物馆分类表

分类	主要博物馆及所在城市
酱油	厨邦酱油文化博物馆（广东中山）
醋	东湖醋园（山西太原）、玉和醋文化博物馆（湖南长沙）、中国醋文化博物馆（山西清徐）、中国醋文化博物馆（江苏镇江）、醋博物馆（四川阆中）
盐	河北海盐博物馆（河北黄骅）、河东盐业博物馆（山西运城）、盐业历史博物馆（四川自贡）、中国盐业博物馆（浙江岱山）、中国海盐博物馆（江苏盐城）
酱	古龙酱文化园（福建厦门）、中国酱文化博物馆（浙江绍兴）、中国酱文化博览园（四川江油）
其他	太太乐鲜味博物馆（上海）
综合	调味品博物馆（山东乐陵杨安镇）

这些博物馆多数都是由调味品龙头企业或知名产地政府建设，通过图片、实物展示、场景模拟等方式全面展示了中国悠久的调味文化历史。这些博物馆集文化遗产保护、科普教育、工业旅游等功能于一体，充分展现了我国调味文化的传承和发展。

调料不仅可对食物赋味、防腐杀菌、矫除腥臊异味，还能增添食物香味、改变菜点色泽，甚至可起到食疗作用，在烹饪中起到点睛之笔。

二、调味料的分类

目前，国内外的调味料已达千余种，其分类方式很多。

从是否经过加工看，有自然长成的天然调味料，如香菜等，也有人工调味料。

从制造工艺看，有酿造类的酱油、干晒类的花椒、腌泡类的雪菜，还有水产类的紫菜等。

从技术工艺看，有历史悠久的天然调味料，如盐、糖、八角、花椒、桂皮、香叶等，也有人工复合调味品，如味精、鸡精、鸡粉等。

从材料属性看，有动植物，也有矿物。

从新鲜状态看，有新鲜的，也有干品或半干品。

从食料形态看，有液状、油状、稀糊状、粒状、酱状和膏状等。

烹调应用则一般按味别分类，一般包括咸、甜、酸、辣、苦、香、鲜等；在这些分类下，还可以进行细分，如香味就可以分为辛香、甜香、薄荷香、果香等（见表 6–3）。

表 6–3　中国主要调味料基本分类表

味别	调味料
咸味	盐、酱、豉、咸菜、泡菜等
甜味	蜜、白砂糖、冰糖、枣、糖精等
酸味	醋、梅、柠檬、番茄等
苦味	苦瓜、啤酒、咖啡、可可等
辛香味	辣椒、花椒、胡椒、桂皮、姜葱蒜、香菜等
鲜味	酱油、味精、鱼贝类等
涩味	茶叶等

（资料来源：赵荣光．中华饮食文化 [M]. 北京：中华书局，2012:132-157.）

从中外餐饮圈来分，酱油、醋是亚洲国家餐桌上的国民调味料，而西方国家则主要使用盐和柠檬。西餐的烹制基本保持本味，同时也会使用芝士、黄油、果酱、红酒、豆蔻粉、咖喱、丁香粉、迷迭香叶、罗勒叶、甜紫苏叶、薄荷及蛋黄酱等来调和食物的味道。

三、外国饮食中的主要调味料

（一）韩国

与中国调料使用基本一致，韩国调料多使用辣椒酱、辣椒粉、酱油等调味料，比如韩国的泡菜、石锅饭等都使用辣椒粉或辣椒酱。另外生姜、蒜（泥）、洋葱也都常用于韩国料理的烹饪。

（二）日本

因为同属于东亚文化带，日本所使用调料与中国也差不多，味噌、酱油、醋、糖、甜料酒、清酒等常用。在日本料理中，较为常用的还有芥末。芥末微苦，辛辣芳香，对口舌有强烈刺激，味道十分独特。最地道的日本芥末其实是由山葵根制成的山葵酱，但由于山葵根价格昂贵，且山葵酱保存困难，所以现在大部分日本料理店会用黄芥末或辣根酱代替。

（三）泰国

泰国菜喜欢用各种各样的配料，如蒜头、朝天椒、酸柑、鱼露、虾酱、姜黄、椰汁、椰子及其他热带国家的植物等进行调味。冬阴功汤就是典型代表，它用香茅和柠檬叶等调配出独特的泰式酸辣味，深入人心。

（四）印度

印度是咖喱的鼻祖。地道的印度咖喱是以丁香、小茴香子、胡荽子、芥末子、黄姜粉和辣椒等香料调配而成。由于用料重，加上不以椰浆来减轻辣味，所以正宗的印度咖喱辣度强烈兼浓郁。用洋葱熬制的各色咖喱炒烩菜品或浸泡的肉食，充满印度风味。

（五）法国

法国菜中除了盐等基本调味料，还有各种奇特的香料和酱汁，比如鼠尾草、迷迭香、百里香、月桂、莳萝、薄荷等。其中百里香常与奶酪和酒一起作为调料，叶片可结合各式肉类和鱼贝类料理。薄荷则多用于糕点、甜品的佐料，或用作点缀装饰。另外，葡萄酒在很多法式菜品中常见。

比较来说，亚洲国家的菜品滋味更为丰富，而西方菜肴烹饪较为简单，更注重体现菜品本味。

四、世界调料文化

调料的发展不断丰富着食物的味道，让人们不再满足于饱腹的基本需求。调料文化的交流更见证着人间百态和历史变迁。

（一）调料文化与生存——油盐酱醋

俗语云：“开门七件事，柴米油盐酱醋茶。”而以此七件事入诗，最早见于元人杂剧《刘行首》二折：“教你当家不当家，及至当家乱如麻；早起开门七件事，柴米油盐酱醋茶。”字里行间把当家为“七件事”操劳的辛苦，淋漓尽致地表现出来。将七事用七字高度概括百姓生活，不仅体现了汉语的独特魅力，更见其对百姓生活的重要意义，而这七件事中“油盐酱醋”占了四席，基本四味意义深远，故文学作品中也常用“酸甜苦辣”来描绘人生百态。

（二）调料文化与交流——胡椒与番茄

随着社会的变迁和文化的交流，很多食材在不同时期进入中国，除了土豆、菠菜和西瓜等蔬果外，也包括了一些可作调料的食材，最典型的就是胡椒与番茄。

“胡”是旧时中原地区对西域人的称呼，在五胡十六国时代，建立后赵的石勒因为是羯族人，所以汉人就把他们称为胡人。据说汉朝时期，张骞出使西域时将一些食材带回汉地，这些食材也都被冠上“胡”字，被称为“胡瓜”“胡豆”“胡萝卜”等。由于“胡”被认为是一种轻蔑的称呼，国家下令禁用“胡”字，于是“胡瓜”就更名为“黄瓜”，“胡桃”更名为“核桃”，但“胡椒”“胡萝卜”的名称得以留存。

番茄也并非我国原产植物，其最早仅生长于南美洲的安第斯山地带。16世纪，番茄被殖民者由墨西哥传播到西班牙和葡萄牙，再传到意大利，在1575年相继传到英国和中欧各国后进入菲律宾，至明朝来到中国。因我国古代称外国为“番国”，所以也就把这些外来之物，冠上“番”字，如“番茄”“番薯”等。

在经济与社会迅速发展的今天，人与人之间的交流变得异常便捷，地域边界已不再是中西方交流的障碍。在这样的背景下，外国调料跨越国界，开始与中国餐饮文化发生碰撞，继而交融。中国餐桌上出现了番茄酱和胡椒粉，越来越多的人喜欢在食物中加入沙拉酱，中国的各种调料也走向西方，给西方饮食带来不一样的碰撞。

第六节　中外干杯文化

人类为什么会发明干杯？因为在喝酒的过程当中，人们看到了酒色，闻到了酒香，尝到了酒味，唯独耳朵没有得到什么享受。传说中一个叫阿布的古希腊人提议，通过酒杯之间的碰撞，让听觉也一饱耳福。这个有趣的提议开启了干杯文化的历史。

一、干杯的起源和发展

（一）中国干杯文化的起源

中国碰杯之俗的民间说法源于古代的明争暗斗。据说是在春秋战国时期，各国为表互相信赖，结盟宣誓之时，必共饮酒以示诚心，两方举杯相撞，将各自杯中的酒溅入盟国杯中，防止对方下毒之举，后来形成了一种表示诚意的动作。碰杯时要右手端起伸臂高举，表明没有身藏暗器。类似说法，在古罗马也有。

也有一说是在江南一带，风流才子与佳人对饮时，才子举杯相敬后先饮为敬，表示对佳人的尊敬以讨其欢心。无论是在战场还是情场，干杯成了古人根深蒂固的酒文化。

干杯最初由皇帝赐酒，下臣们不得不喝，发展到今天，演变成饮酒时的豪情壮志。

在中国的不同朝代，表达干杯的用语不同。中国唐朝称为“饮胜”，“胜”避讳“圣”，指代酒。宋、元、明三代时称之“千岁”。而“干杯”一词，可能自清代后期才逐渐流行。

（二）外国干杯文化的起源

西方的碰杯说法不同。一说是古代西方的教徒们相信教堂钟声有驱魔除恶的功能，当时的酒杯形似教堂的钟，相撞发出的声音也似钟声，于是，教徒们相信两个酒杯相撞之音可以使妖魔鬼怪远离。因此，他们在饮酒时会双方碰杯，以求吉利。时间一久，便形成了一种酒宴上的礼俗。

另有一说是来自立陶宛人和拉脱维亚人关于饮酒碰杯之俗的传说，与逞能摆阔的风气有关。据说这两个国家的贵族以酒器高贵为豪，讲究豪饮，以酒量大于人为荣，所以，端起酒杯碰一下，以示自己能饮，内含挑战之意。碰杯后一饮而尽，是表示自己海量，大致意思就是“我先干，你随意”，对方看了自然也会一口喝光，有应战和不甘示弱之意，与我国斗酒颇为相似。他们在碰杯干杯之后，还将昂贵的酒杯丢进壁炉，付之一炬，以示阔绰。这种赛饮摆阔之风直至10世纪仍在贵族中流行，而这些做法流传到民间，平民百姓自然不舍将酒杯丢入火炉，便以碰杯的方式彰显绅士风度，此俗在民间也就广为流传。

表达干杯一词的英语单词“toast”，起源于16世纪的爱尔兰，原意是“烤面包”。当时的爱尔兰酒徒习惯把一片烤面包放入一杯威士忌酒或啤酒中，以改善酒味及去除酒的不纯性。因此，说“toast”就意味着“请喝好酒”。直到18世纪，该词才有“干杯”的含义，表达的是祝贺颂辞。

无论是调和酒的品质、防毒结盟、驱魔除恶，还是逞能摆阔，碰杯久而久之在全世界的酒宴中达成共识，在各种正式或非正式的餐饮场合中，用这一肢体语言来表达友好敬重和热情好客。干杯之礼无处不在。

但是也有一些国家，认为喝酒碰杯是带有攻击性的行为，比如匈牙利。据说，在1849年匈牙利独立战争时期，奥地利人曾处决了13名匈牙利起义军（阿拉德十三烈士），并用碰杯的方式庆祝，这一极具挑衅性的行为使得匈牙利人民发誓在150年内不碰杯。虽然在1999年时限已满，但匈牙利人民还是延续了这一习惯。所以在匈牙利只给自己斟酒，千万别拿自己的酒杯去跟他人的碰杯。

二、干杯的外语表达

“干杯”不仅是一个碰杯动作，还是重要的交际语。在各种宴席活动中，除了“你好”“谢谢”“再见”等最基本的问候语外，“干杯”也是一个通用词汇，可以轻松解决语言障碍和地域差异，与国际友人快速建立友好关系。

法语“santé”（sahn-tay）；

意大利语“cin cin”（chin chin）；

西班牙语“salud”（sa-lud）；

葡萄牙语“saúde”（saw-OO-de）；

日语“乾杯”（かんぱい）（kan pai）；

韩语“건배”（gun bae）；

德语“prost”（proost）；

英语“cheers”。

这些敬酒语除了单纯地配合碰杯营造氛围外，还有祝福的含义，比如西班牙语中“salud”就有表达“祝您健康”之意。这个词除了在敬酒时使用，当有人打喷嚏时，周边人都会友善地送上一句“salud”，令人倍感温暖。

不同语种表达碰杯的词语发音有的完全不同，有的则很相近，如日语和韩语中的“干杯”发音和汉语非常相似。另外在法国、意大利、西班牙和英格兰等地，还有“亲亲”一说（法语 tchin tchin, 意大利语 cin cin, 西班牙语和英语是 chin chin），这个有趣的说法据说还与中国有关。鸦片战争后，西方国家的商人和水手频繁往来中国，中国人吃饭喝酒时喜欢互相说“请”，于是他们便学习了这一说法，并带回了欧洲。

当然，还有一些国家在碰杯时并不会配上任何语言，碰杯即饮。比较而言，“cheers”在全世界使用最为普遍。

三、不同国家的干杯文化

干杯是敬酒文化中的一个重要部分，不同国家的敬酒文化各有千秋。

（一）日本

日本重视礼仪，饮酒时会关注到他人，要给邻座的人倒酒，但不能自己给自己倒酒。干杯时也比较含蓄，比较正式的做法是把杯子举到周围人视线前附和着干杯，用眼神示意干杯。除了啤酒杯外，一般不相互碰杯子，干杯的时候，他们并不会一饮而尽，一般喝一口便放下。一次聚会中是没有多次干杯的，第一杯干杯后，可以自由控制饮酒节奏。

（二）韩国

韩国也是一个级别和辈分划分严格的国家，如果向长辈或比自己级别高的人敬酒，要用杯沿去碰触对方的杯身，低对方一些。在韩国碰杯后得一次性喝完才行，如果杯里还有剩酒是不礼貌的，喝光后才能让对方倒酒。韩国人也不可以自己给自己倒酒，据说这样会让对方运气变差，即使对面坐着的是长辈也应是长辈为自己斟酒，可主动为对方斟酒暗示对方为自己斟酒。同不熟悉的人或长辈喝酒时，还需把头侧向一边，然后双手捧杯喝酒才礼貌。

（三）德国

德国人善饮，尤以喜饮啤酒而闻名于世，甚至由此产生“啤酒冷”（形容人落落大方）和“啤酒尸”（指那些喝得太多躺在路边的人）等专有名词。同饮啤酒与葡萄酒时，宜先饮啤酒，后饮葡萄酒，否则被视为有损健康。在德国，给对方倒酒，要与对方进行眼神交流，要看着对方的眼睛碰杯，否则会视为无礼。德国人敬酒碰杯时，不需要一次喝光。

（四）法国

法国人非常具有绅士风范，女士们永远优先的观念也深深地融入饮酒文化中。他们要先给女士斟酒，假如她们是分开坐的，也要跳过男士，先为女士斟酒。而且，无论在什么场合，他们都不会先给自己倒酒。在法国，喝葡萄酒有一种进行宗教仪式的感觉，所以切记不要快饮，而是缓慢品尝，享受它带给你的快乐。在和别人碰杯时，人们也喜欢透过酒杯去看对方的眼睛，这不是什么不礼貌的行为，而是想试探对方是否已经喝醉。

（五）俄罗斯

俄罗斯人好喝酒，尤其喜好伏特加这样的烈酒。当然，俄罗斯人不劝酒，不能喝无须勉强。俄罗斯人非常善于说祝酒词，比较常见的祝酒词是为了友谊而干杯，为了主人所做的一切而干杯等。餐桌上一人说祝酒词时，其他人应该举杯，并且在聆听完后干杯，一旦碰杯，就不许把酒杯放下，否则会被认为是不吉利的，桌上也不许有空酒杯，如果不能马上拿走，可先放在桌下。在重大的庆祝场合，大家有时会在干杯后把杯子摔碎在地上，以示庆贺。

四、中外干杯文化比较

干杯是喝酒仪式的开始，表示祝贺相聚，同时也是喝酒仪式中的结尾，我们称“门前清”，代表酒宴基本进入尾声。尽管各国都有干杯文化，但中国的干杯劝酒礼俗却往往不被西方人理解。对中西方干杯文化进行比较，有助跨文化交际。

（一）中国干杯文化

中国人饮酒重视的是人，在乎饮酒对象和现场气氛。中国酒文化深受中国尊卑长幼传统伦理文化的影响，因此在饮酒过程中把对饮酒人的尊重摆在最重要的位置上。中餐习惯在开宴之前由主人祝酒、客人致答词，再由主人、主宾或其他任何在场饮酒人率先提议干杯。提议者应起身站立，右手端起酒杯，或者用右手拿起酒杯后，再以左手托扶其杯底，面含笑意，目视他人，尤其是祝福的对象，口颂祝颂之词，如祝对方身体健康、节日快乐、工作顺利、事业成功及双方合作成功等。在致辞时，全场人员要停止一切活动，聆听讲话，并响应致词人的祝酒。

敬酒次序一般要从主人开始，待主人敬完，其他人才能开始敬酒，如果乱了次序则要受罚。敬酒一定是从最尊贵的客人开始，敬酒时酒杯要满，代表着对被敬酒人的尊重。晚辈对长辈、下级对上级要主动敬酒，而且讲究的是先干为敬，敬酒时酒杯也要比对方低一点，以示敬意。

他人提议干杯后，接受敬酒者要手拿酒杯起身站立。干杯前，可以象征性地和对方碰一下酒杯，当相距较远时，用酒杯杯底轻碰桌面，代替碰杯。然后将酒杯举到眼睛的高度，说完“干杯”后，将酒一饮而尽或喝适量。之后手拿酒杯与提议者进行对视。在中餐里，如主人亲自向自己敬酒干杯后，应当回敬主人，与其再干一杯。回敬时，应右手持杯，左手托底，与对方一同将酒饮下。

酒令是酒席上的一种助兴游戏，指席间推举一人为令官，余者听令轮流说诗词、联语或其他的游戏，违令者罚饮，称“行令饮酒”。行酒令的方式可谓五花八门，文人雅士与平民百姓行酒令的方式不尽相同。文人雅士常用对诗或对对联、猜字或猜谜等，一般百姓则用一些既简单又不需做任何准备的行令方式，如划拳等。行酒令可以营造热闹的喝酒气氛，但有时可能会失控，从而成为一种不健康也影响他人的做法。

（二）西方干杯文化

对于西方人来说，饮酒重视的是酒，在乎饮酒的品种和质量，重在享受酒的美味。西方人饮用葡萄酒的礼仪，反映出对酒的尊重。品鉴葡萄酒时观其色、闻其香、品其味，调动各种感官享受美酒。在品饮顺序上，讲究先喝白葡萄酒后喝红葡萄酒，先品较淡的酒再品浓郁的酒，先饮年份短的酒再饮年份较长的酒，按照味觉规律的变化，逐渐深入地享受酒中风味的变化。而对葡萄酒器的选择上，也是围绕着如何让品饮者充分享受葡萄酒的要求来选择的。让香气汇聚杯口的郁金香型高脚杯、让酒体充分舒展开的醒酒器，以及为掌握葡萄酒温度而专门设计的品饮用温度计，无不体现出西方人对酒的尊重，他们的饮酒礼仪、饮酒文化都是为更好地欣赏美味而制定的。

当然，西方也有自己的一套敬酒礼仪。敬酒一般选择在主菜吃完、甜品未上之间。敬酒时将杯子高举齐眼，并注视对方，且最少要喝一口酒，以示敬意，但不一定喝光，更不会劝酒。酒宴中同样也会提议祝酒，如为某人干杯，但不能越过身边的人而和其他人祝酒干杯。

总之，不同国家的干杯文化存在很大的差异。每个国家的干杯文化在不同历史阶段、不同地域都有其鲜明的特色，而这些干杯文化和方式的形成与这个国家的某些思想观念、规章制度、历史事件、情感态度和社会风气等息息相关。各个国家的干杯文化存有差异，甚至会有相悖的地方，大家需要持包容的态度去看待，充分尊重文化差异，入乡随俗。

本章小结

● 纵观人类历史长河，人类运用智慧改变世界，并向不同地区迁移分布，构建的文化体系既有通融之处，又有独特魅力。

● 传统的餐饮文化在现代文明的推动下，呈现崭新面貌，而中西方文化的交融，涌现出更多具有国际面孔的食物和食俗。

● 不同国家餐饮文化之间的差异体现在食物名称、形状、颜色、生产方式和烹饪手法等方面，且与国家的历史人文环境息息相关。

复习思考

1. 本章进行比较的六大餐饮文化，选取的依据是什么？

2. 除了本章列举的餐饮文化差异外，试着列举其他具有比较价值的餐饮文化，并说明理由。

3. 通过本章学习，你认为中外餐饮文化还可以从哪些方面进行比较？这些比较对跨文化交际有什么帮助？

4. 从相对较小的属性着手，选择一种你感兴趣的餐饮文化，尝试进行中外比较。

第七章

语言学习与餐饮文化

本章导读

语言是人类进行沟通交流的工具，是人类社会最基本的信息载体。餐饮文化的传播与语言的发展紧密相关。与餐饮文化相关的语言从表现形式来看，包括餐饮书面语言和餐饮口头语言；从使用场合来看，包括日常生活餐饮语言和经营场所服务语言等。根据联合国发布的《2005 年世界主要语种、分布与应用力调查》，世界主要语言包括英语、汉语、德语、法语、俄语、西班牙语、日语、阿拉伯语、韩国语（朝鲜语）、葡萄牙语等。鉴于意大利对西餐的重要贡献，本章在十大语言的基础上，增加了意大利语，通过对 11 种语言的探索与比较，提升跨文化餐饮交际能力，发现世界各国奇妙的餐饮文化。

学习目标

知识目标：

- 了解不同语言的发展起源和现状。
- 学习不同语言的字母构成和发音规则。
- 了解不同语言代表国家的餐饮文化。

技能目标：

- 能简单说明各语言特征。
- 能基本正确朗读各语言字母表。
- 能基本正确拼读常用餐饮用语。

第七章拓展资源

第一节　英语与餐饮文化

英语（English）语系属于西日耳曼语，在中世纪早期的英国最早被使用，并因其广阔的殖民地而成为世界上使用面积最广的语言。英语已经发展了1400多年。在全世界英语为母语者数量位居世界第三，仅次于汉语和西班牙语，是近60个主权国家的官方语言或官方语言之一。19世纪中叶，英语开始在中国的传播。20世纪80年代，为更好地适应改革开放，越来越多的中国人开始学习英语，绝大多数学校选择英语作为主要或唯一的外语必修课。

一、英语的起源和发展

（一）英语的起源

英语的起源可以追溯至5世纪中叶，居住在西北欧的3个日耳曼部族——盎格鲁（Angles）、撒克逊（Saxons）和朱提（Jutes）陆续分批入侵大不列颠诸岛。他们使用的语言属于印欧语系西日耳曼语族。伴随着一系列的民族迁移和征服，由他们共同形成了统一的英吉利民族（English），语言也逐渐融合为一种新的语言——盎格鲁－撒克逊语（Anglo-Saxon）。大约到6世纪盎格鲁－撒克逊时代，传教士们为了把当地语言记录成文字而开始引入拉丁字母，并将其作为拼写系统。他们面临的问题是当时的英语共有超过40种不同的音，与拉丁字母无法一一对应，于是他们用增加字母、在字母上加变音符号、两个字母连写等方法来对应不同的发音，之后慢慢形成了古英语用26个拉丁字母和“&”符号来拼写，并伴有一些拼写规则的文字系统。

（二）英语的发展与演变

1. 古英语（449—1100）

有记载的英语语言起始于449年，当时包括盎格鲁人、撒克逊人和一些德国部落入侵大不列颠，他们把原来的居民凯尔特人赶到不列颠的北部和西部角落。凯尔特人的领袖带领部队勇敢作战，英勇抗击入侵者，之后在不列颠岛上的盎格鲁人、撒克逊人和一些德国部落使用各自的英语。尽管85%的古英语词汇现在已经不再使用，但一些常用词汇如child、foot、house、man、sun等还是保留了下来。和现代英语相比，古英语中的外来词很少，但派生词缀较多，而且还有较多描述性的复合词，如“音乐”是

earsport，著名的英雄史诗《贝奥武夫》（*Beowulf*）对此有详尽描述。

至 787 年，来自丹麦及斯堪的纳维亚地区的北欧海盗陆续进入英国。在之后的 300 年里，他们袭击、侵占了大部分的英格兰，对英语语言的影响也十分深远，包括带来了代词 they、their、them 等，[g] 和 [k] 的发音，以及 husband、window 等词。古英语无论从发音还是拼写上都与现代英语大相径庭。

2. 中世纪英语（1100—1500）

1066 年的诺曼底事件在英语语言发展史上是一个标志性的转折点。威廉带领军队从法国诺曼底省出发，穿过英吉利海峡，计划统治英国，并在伦敦成立法国法庭。之后的近 300 年里，法语一直是英国的官方语言，成为统治阶级用语，而平民百姓说的英语被认为是低等语言。到 1300 年左右，法语的使用开始减少。到 14 世纪末期，英语又重新成为官方语言。英国小说家杰弗雷·乔叟写于 14 世纪末期的《坎特伯雷故事集》（*Canterbury Tales*）反映了政治、经济、社会等方面的变化对英语语言的影响。在这一时期，法国人给英语带来了近 10000 的外来词，深深影响了英国人的社会和生活。英语语言还借用了较多法语中的派生词缀，如 -able、-ess，当然也有一些拉丁语直接进入英语，且多用于书面语。由于贸易的发展，还有少量的荷兰语在这一时期融入英语中。中世纪英语的语音变化较少，但句法上已经形成了固定的词序，并且扩展了情态动词和助词结构，很多不规则动词的过去式和过去分词也趋向规则化。

3. 现代英语（1500 至今）

1476 年，威廉·卡克斯顿在英国开始引进印刷机的使用，标志着中世纪英语转入现代英语阶段。由于读物数量的增多，范围扩大，词汇拼写开始趋向稳定和规范，由此读音和拼写之间的差距扩大。另外，随着探险、殖民及贸易等各方面走向世界化，超过 50 种语言的外来词涌入英语，如阿拉伯语、法语、德语、荷兰语、俄语、希伯来语、西班牙语、汉语、意大利语等，现代英语受到很大冲击。

为体现英语语言的威望，文艺复兴时期有更多的拉丁语和希腊语中的词汇加入英语，如 congratulate、democracy、education 等来自拉丁语，catastrophe、encyclopedia、thermometer 等来自希腊语。一些现代希腊语、拉丁语中的科技用语如 aspirin、vaccinate 也被当作英语使用。这些外来语在词汇结构、拼写、发音等方面保留了其原有的特点。

19 世纪至 20 世纪，英国和美国在文化、经济、军事、政治及科学等方面在世界上的领先地位使得英语成为一种国际语言。如今，许多国际场合都使用英语做为沟通工具。

（三）使用英语的国家和地区

目前，以英语作为母语的国家有英国、美国、澳大利亚、巴哈马、爱尔兰、巴巴多斯、圭亚那、牙买加、新西兰、圣基茨和尼维斯、特立尼达和多巴哥等，人口约有5亿。

英语作为通用语言的则包括加拿大、多米尼克、圣卢西亚、圣文森特和格林纳丁斯、密克罗尼西亚联邦、利比里亚和南非等国家和地区，这部分英语使用人口约有10亿。

除此以外，将英语作为官方语言的国家则遍布各大洲，且数量逐渐增加，包括斐济、加纳、冈比亚、印度、基里巴斯、莱索托、肯尼亚、纳米比亚、尼日利亚、马耳他、马绍尔群岛、巴基斯坦、巴布亚新几内亚、菲律宾、所罗门群岛、萨摩亚、塞拉利昂、斯威士兰、博茨瓦纳、坦桑尼亚、赞比亚和津巴布韦等。

二、英语字母的构成及发音

（一）英语字母的构成

英语一开始以拉丁字母作为拼写系统，之后慢慢形成了古英语用26个拉丁字母和“&”来拼写，并伴有一些拼写规则的文字系统。现代的英文字母完全借用了这些拉丁字母。这26个字母为：A、B、C、D、E、F、G、H、I、J、K、L、M、N、O、P、Q、R、S、T、U、V、W、X、Y、Z。

（二）英语字母的发音

英语字母发音表如图7-1所示。

印刷体		手写体		读音	印刷体		手写体		读音
大写	小写	大写	小写		大写	小写	大写	小写	
A	a	A	a	/ei/	N	n	N	n	/en/
B	b	B	b	/bi:/	O	o	O	o	/əu/
C	c	C	c	/si:/	P	p	P	p	/pi:/
D	d	D	d	/di:/	Q	q	Q	q	/kju:/
E	e	E	e	/i:/	R	r	R	r	/ɑ:/
F	f	F	f	/ef/	S	s	S	s	/es/
G	g	G	g	/dʒi:/	T	t	T	t	/ti:/
H	h	H	h	/eitʃ/	U	u	U	u	/ju:/
I	i	I	i	/ai/	V	v	V	v	/vi:/
J	j	J	j	/dʒei/	W	w	W	w	/ˈdʌblju:/
K	k	K	k	/kei/	X	x	X	x	/eks/
L	l	L	l	/el/	Y	y	Y	y	/wai/
M	m	M	m	/em/	Z	z	Z	z	/zed/

图 7–1　英语的字母发音表

从 26 个字母的发音来看，基本都包含一个元音音素。

[ei] 音：A、H、J、K；

[i:] 音：B、C、D、E、G、P、T、V；

[e] 音：F、L、M、N、S、X、Z；

[ai] 音：I、Y；

[iu] 音：U、Q、W；

[əu] 音：O；

[ɑ:] 音：R。

三、英语拼读规则

英语是表音文字，字母是英语书写的基本单位，音素是英语发音的基本单位。根据词汇中的字母组成，掌握正确的音素构成，便能准确进行拼读。

（一）字母

英语字母包括 5 个元音字母和 21 个辅音字母。除了单独字母外，在词汇构成中，还包括字组。字母分类表如表 7–1 所示。

表 7–1　字母分类表

元音字母	a e i/y o u
元音字组	ar er ir or ur; are ere ire ore ure; ai/ay aire al au/aw ie; oa oar/oor oi/oy oo ou/ow our; ui
辅音字母	b c d f g h j k l m n p q r s t v w- x
辅音字组	ch -ck -dge dr- -ds gh gu- kn- -mn -ng ph qu- sh -tch th tr- ts- wh- wr-

（二）音素

音素是根据语音的自然属性划分出来的最小语音单位，标写音素的符号就是音标。英语中共包含 48 个音素（见表 7–2），其中元音音素 20 个（单元音元素为 12 个，双元音元素 8 个），辅音音素 28 个（清辅音和浊辅音分别为 10 个，其余辅音为 8 个）。

表 7–2　英语 48 音素

<table>
<tr><td rowspan="2">单元音</td><td>短元音</td><td>[i] [ə] [ɔ] [u] [ʌ] [e] [æ]</td></tr>
<tr><td>长元音</td><td>[i:] [ə:] [ɔ:] [u:] [ɑ:]</td></tr>
<tr><td colspan="2">双元音</td><td>[ei] [ai] [ɔi] [au] [əu] [iə] [ɛə] [uə]</td></tr>
<tr><td rowspan="2">清浊成对的辅音</td><td>清辅音</td><td>[p] [t] [k] [f] [θ] [s] [ts] [tr] [ʃ] [tʃ]</td></tr>
<tr><td>浊辅音</td><td>[b] [d] [g] [v] [ð] [z] [dz] [dr] [ʒ] [dʒ]</td></tr>
<tr><td colspan="2">其他辅音</td><td>[h] [m] [u] [ŋ] [l] [r] [j] [w]</td></tr>
</table>

字母和音素的差异在于，一个字母包含一个或多个音素，最典型的如字母 x 包含的音素有 [e]、[k]、[s]。另外，在不同的词汇中，同一个字母的发音和音素也可能不同，如“lake”中的“a”，其字母发音和在词汇中的音素是一致的，都是 [ei]，但“bat”中的“a”，其字母发音则和在词汇中的音素是不同的。

（三）音节

音节指的是以元音为主体构成的发音单位，可以是元音音素，也可以是辅音音素和元音音素的组合。英语词汇中只有一个音节的词叫单音节词，如“bed（床）”；包含两个音节叫双音节词，如“ta-ble（桌子）”；两个音节以上的词叫多音节词，如“po-ta-to（马铃薯）”。

音节的划分一般遵循以下规则。

（1）两个元音音素之间有一个辅音音素时，辅音音素归后一音节，如“stu-dent（学生）”。

（2）两个元音音素之间有两个辅音音素时，一个辅音音素归前一音节，一个归后一音节，如“in-side（里面）”。

（3）两个元音音素之间有 3 个及以上辅音音素时，第一个辅音音素归前一音节，后两个组合归后一音节。如“in-stead、suc-cess-ful、tran-sport、in-clude、im-prove、con-gress”。

四、餐厅用语英语

（一）常用餐饮词汇

1. 早餐

麦片粥 cereal　果酱 jelly　火腿 ham
吐司 toast　松饼 muffin　面包 bread
面条 noodle　甜甜圈 donut　香肠 sausage
蛋糕 cake　牛奶 milk　鸡蛋 egg

2. 午餐 / 晚餐

苹果馅饼 apple pie　炸鸡块 chicken nugget　双层奶酪汉堡 double cheeseburger
炸薯条 French fries（美式英语）　炸薯条 potato chips（英式英语）
热狗 hot dog　番茄酱 ketchup　比萨（意大利薄饼）pizza
三明治 sandwich　甜饼干 biscuits　奶油 cream
汉堡 hamburger　冰淇淋圣代 ice-cream sundae
牛排 steak　羊排 lamb chop

3. 禽类

鸡肉 chicken　鸡胸 chicken breast　鸡腿 drumstick
鸡翅 chicken wing　火鸡 turkey

4. 肉类

牛肉 beef　猪肉 pork　鸡肉 chicken
瘦肉 lean meat　火腿 ham　培根 bacon

5. 海鲜

鱼 fish　鳕鱼 cod　黑线鳕 haddock
康吉鳗鱼 conger eel　沙丁鱼 sardine　生蚝 / 牡蛎 oyster
贻贝 mussel　扇贝 scallop　蛤蜊 clam
虾 shrimp / prawn　龙虾 lobster　螃蟹 crab
鱿鱼 squid

6. 水果

桃子 peach　柠檬 lemon　梨子 pear

牛油果 avocado	香瓜 cantaloupe	香蕉 banana
葡萄 grape	李子 plum	杏子 apricot
油桃 nectarine	哈密瓜 honey-dewmelon	橙子 orange
橘子 tangerine	番石榴 guava	

7. 蔬菜

西红柿 tomato	土豆 potato	黄瓜 cucumber
南瓜 pumpkin	玉米 corn	辣椒 pepper
胡萝卜 carrot	洋葱 onion	菠菜 spinach
生菜 romaine lettuce		

8. 饮品

烈酒 liquor	啤酒 beer	葡萄酒 wine
茶 tea	豆奶 soy milk	鸡尾酒 cocktail
果汁 juice	可乐 Cola	水 water
热水 hot water	冷水 cold water	冰块 ice block

9. 餐饮器具

餐桌 table	椅子 chair	餐巾（纸）napkin
糖罐子 sugar jar	糖 sugar	调味酱瓶 sauce bottle
盐 salt	酒杯 wine glass	水杯 water cup
杯（茶、咖啡）cup	盘子，碟子 plate	小碟子 small dish
餐刀 knife	叉子 fork	筷子 chopsticks
牙签 toothpick	汤匙 soup spoon	

10. 英语中的中国美食

饺子 dumpling

白切鸡 the soft-boiled chicken

酱板鸭 spicy salted duck

刀削面 sliced noodles

驴肉火烧 donkey hamburger

北京烤鸭 Beijing Roast Duck

番茄牛肉汤 tomato beef soup

宫保鸡丁 Kung Pao Chicken

红烧牛肉 braised beef

麻辣小龙虾 spicy crayfish

糖葫芦 sugar-coated haws

糖炒板栗 sugar-fried chestnuts

（二）餐厅对话

A: Good morning. Can I help you? 早上好。有什么能为您效劳的吗？

B: I want an American breakfast with fried eggs, sunny side up. 我想要一份美式早餐，要单面煎的鸡蛋。

A: What kind of juice do you prefer, sir? 先生，您想要哪种果汁呢？

B: Grapefruit juice and a cup of strong coffee. 西柚汁和一杯很浓的咖啡。

A: Anything else, sir? 还有什么吗，先生？

B: No, that's all I need. Thanks. 没有了，谢谢。

A: Yes, sir. I'll get them for you right away. Would you please sign this bill first? Thank you, sir. 好的，先生。我立刻去取。麻烦您先签了这张账单。谢谢。

（三）常用词句

你好！ Hello!

谢谢！ Thanks!

不客气。You're welcome.

再见。Bye.

是的。Yes.

不是的。No.

请给我菜单。May I have the menu, please ?

可以抽烟吗？ May I smoke ?

我点的食物还没来。My order hasn't come yet.

这不是我点的食物。This is not what I ordered.

麻烦请结账。Check, please.

可以在这儿付账吗？ Can I pay here ?

我们想要分开算账。We like to pay separately./ We'll go dutch.

账单有一些错误。I think there is a mistake in the bill.

可不可以麻烦再确认一次账单？ Could you check it again ?

可以用这张信用卡付账吗？ Can I pay with this credit card ?

五、英国餐饮文化

英国位于欧洲大陆西侧的大西洋上，北纬 50° ~ 58°，东经 2° 到西经 7°。因受北大西洋洋流（北大西洋暖流）的调节及西风终年的吹拂，夏季凉爽，冬季较寒冷。英国人较喜爱的烹饪方式有烩、烧烤、煎和油炸。对肉类、海鲜、野味的烹调均有独到的方式；他们对牛肉类有特别的偏好，如烧烤牛肉，在食用时不仅附上时令的蔬菜、烤土豆，还会在牛排上加上少许的芥茉酱；在佐料的使用上则喜好奶油及酒类；在香料上则喜好肉寇、肉桂等新鲜香料。

（一）饮食特点

1. 主要食材

英国常见的食材包括牛肉、鸡肉、萝卜、甘蓝、土豆、火腿和香肠。

2. 特色餐食

英国人的饮食习惯可谓独树一帜。早晨起床前要喝一杯较浓的红茶，俗称“被窝茶”。早餐以熏咸肉、烩水果、麦片、咖啡、鸡蛋、面包等为主。传统的英式早餐包含鸡蛋、培根、香肠、蘑菇、烤番茄、茄汁黄豆，有些餐厅还会在此基础上加入血肠、炸薯块。现代英国人并不经常吃传统英式早餐，酒店一般会有提供。英国人的午餐较为简单，有时只吃三明治。晚餐则比较讲究，习惯吃些烤鸭、烤羊腿、牛排等菜肴，以及口味比较甜的点心（见图 7–2）。

图 7–2 英国的早、午、晚餐

英国人在菜肴的烹调上也很有特色，用油较少，清淡，调料很少用酒。调味品如盐、醋、胡椒粉、色拉油、各种酸果等，都放在餐桌上由客人自己选用。烹调方式上以清煮为主，蒸、炸、烩为辅。英国人的饮食理念虽利弊兼有，但利多于弊，比如爱饮茶、饮食清淡，以及清煮的烹调方式等值得借鉴。

图 7-3　英国下午茶

英式菜也是世界公认的名流大菜。它历史悠久、工艺考究，很得世人青睐。英国人在用餐上也是很讲究的。英国家庭一天通常是四餐：早餐、午餐、午茶点（见图 7-3）和晚餐。有极个别地区的人还要在 21 时以后再加一餐。英国人讲究口味清淡，菜肴要求质高量精，花样多变，注意营养成分。他们喜欢吃牛肉、羊肉、蛋类、禽类、甜点、水果等食品。夏天喜欢吃各种水果冻、冰淇淋，冬天喜欢吃各种热布丁。进餐时一般先喝啤酒，还喜欢喝威士忌等烈性酒。

（二）饮食风俗

1. 用餐时间

在英国，一般富裕人家往往每日四餐，即早餐、午餐、午茶点和晚餐。早餐时间多为 7 时至 9 时之间。主要食品是麦片粥、火腿蛋及涂奶油或橘子酱的面包。午餐在 12 时至 13 时之间，通常是冷肉和凉菜（用土豆、黄瓜、西红柿、胡萝卜、莴笋、甜菜头等制作）。午餐时要喝茶，一般不饮酒。午茶点约为 17 时，以喝茶为主，同时辅以糕点。晚餐多在 19 时 30 分，为一天的正餐，往往饮酒。在英格兰，人们多吃生菜。在英国北方，晚餐仅是茶点，只有第四餐的油炸鱼加土豆片才称“晚餐”。一般人家都比较注重一日三餐，即早餐、午餐和午茶点。晚餐只准备一点点冷菜。

2. 正餐构成

英国人很注重正餐（晚餐）。正餐是英国人日常生活重要的组成部分，他们选择较晚的用餐时间，并在用餐时间进行社交活动，促进人们之间的情谊。周日正餐在中午而不在晚上，晚上吃些清淡的菜肴。周日正餐常包括烤牛肉、约克夏郡布丁和两种蔬菜菜肴。

英国正餐分三道菜：第一道是开胃菜，第二道是正菜，第三道是甜点。

开胃菜：汤（soup）、水果（fruits）、鸡肉沙拉（chicken salad）等。

正菜：三文鱼意大利面加蒜香面包（salmon spaghetti with garlic bread）、牛排布丁配蔬菜（steak pudding with vegetables）、咖喱牛肉饭（rice with curry beef）等。

甜点：巧克力蛋糕（chocolate cake）、奶油酥饼（cream pastry）等。

3. 用餐费用

英国伦敦有很多欧洲风味的餐厅，可以满足更多口味需求。唐人街（China Town）里面的餐厅以粤菜和川菜为主，都是改良过的。需要注意的是，在餐馆吃饭都要付10%左右的小费。外出就餐，在顶级餐厅，如米其林餐厅就餐，花销一般为100 ~ 150镑/人，高档餐厅就餐一般为50镑/人，普通餐厅消费则20镑/人。在英国，中式快餐（一荤两素）的标准一般是10镑/人。

4. 就餐礼仪

（1）赴宴时间：邀请他人赴宴最少提前10天发出请帖，收到请柬后要尽快答复能否出席，有变故时应尽早通知主人，解释并道歉。席间不要劝酒，宴会后可多留一会儿，在告辞握别时表示感谢，客人之间告别时可随意，点头示意也行。受到款待之后一定要写信致谢。

（2）问候礼仪：在英国，两人初见，是否握手，谁先伸手，都有讲究，既不会随便的“嘿”一声，更不会拥抱贴脸。握手是使用最多的见面礼节。英国人待人客气礼貌，像“请”“谢谢”“你好”“对不起”一类的用语，是天天不离口的，即使是家人、夫妻、至交之间，也经常使用。

（3）交谈话题：在英国，天气是最好的话题，切忌问收入、婚姻、年龄等涉及个人隐私的内容。切记不可口无遮拦，想说什么就说什么。跟人讲话时切记看着对方的眼睛，不然你会被认为不礼貌。

（4）祝酒：作为主宾参加外国举行的宴请，应了解对方的祝酒习惯，即为何人祝酒、何时祝酒等，以便做必要的准备。碰杯时，主人和主宾先碰，人多可同时举杯示意，不一定碰杯。祝酒时注意不要交叉碰杯。在主人和主宾致辞、祝酒时，应暂停进餐，停止交谈，注意倾听，也不要借此机会抽烟。奏国歌时应肃立。主人和主宾讲完话与贵宾席人员碰杯后，往往到其他各桌敬酒，遇此情况应起立举杯。碰杯时，要目视对方致意。

（5）其他注意事项：就座时，要按照餐椅上的名字对号入座。出于礼貌，应让女士优先就座，不管认识不认识，男士都要为女士拉开椅子。每个席位都摆放有一个餐盘（盘里放着三副刀叉和几把汤匙）、两个酒杯、一块餐巾和一只水杯。主人入座方表示宴会开始，客人才能进食用餐。服务员上菜时，往往是等客人吃完一道后再上另一道菜。菜都是从左侧放进客人的餐盘，每上一道菜，空盘子都得收走。吃这道菜时应等桌上的人都到齐了才动刀叉或汤匙。如果你不愿吃或者说吃不完某道菜，可将餐具摆在一块，收盘子的服务员自然会替你端走。喝汤时要注意用汤匙，最好不要发出响声，若汤还滚烫也不要吹，等自然凉后再喝。宴会结束时，应有礼貌地向主人、主人的朋友及其他与你谈话的人道别。第二天，应找适当机会对主人友好的邀请表示感谢，要给主人留下你吃得满意、过得高兴的印象。

第二节 汉语与餐饮文化

汉语属于汉藏语系汉语族，是中国各民族的族际语言，联合国正式语文和工作语文之一。汉语使用者主要分布于中国，菲律宾、泰国、新加坡、马来西亚、越来、柬埔寨、印度尼西亚、美国、加拿大等地也有使用。汉语是世界上使用人数最多的语言。约6000年前，汉语已有文字，拥有商、周以来悠久、丰富的文献。现代汉民族共同语是以北京语音为标准、以北方话为基础方言、以典范的现代白话文著作为语法规范的普通话。文字采用独特的汉字。

一、汉语的发展

汉语属于汉藏语系。汉藏语系起源尚无定论，一说汉藏原始语言源于中国的北方地区，大约6000年前分化。另一种说法则认为该语系来自当今中国西南部的四川，大约在10000年前就已开始分化。但汉语是从汉藏语系中分化出的语言毋庸置疑。汉语是世界上最古老的语言之一。自商代甲骨文开始，经历了3000多年的演变过程，对中国文化和历史的传承起到了不可估量的作用。

（一）汉字的发展

汉字主要起源于记事的象形性图画。象形字是汉字体系得以形成和发展的基础，经历甲骨文、金文、篆书、隶书、楷书、草书、行书等阶段，目前普遍使用的是楷书。

在汉字产生的早期阶段，象形字的每个字都有自己固定的读音，但是字形本身不是表音的符号，跟拼音文字的字母的性质不同。象形字的读音由其所代表的语素所转嫁。随着字形的演变，汉字的象形特征消失，字形与它所代表的语素在意义上也失去了原有的联系，字形本身既不表音，也不表义，变成了抽象的记号，也就形成了汉字里的独体字，继而再由这些独体字组合成合体字。

（二）语音的发展

对汉语语音发展阶段的划分有两种说法。

第一种分法：我国现代语言学的奠基人之一王力先生，参考历史朝代的更替，把汉语语音史分为先秦音系、汉代音系、魏晋南北朝音系、隋—中唐音系、晚唐音系、宋代音系、元代音系、明清音系及现代音系共 9 个阶段。

第二种分法：对汉语语音历史的研究传统称为“音韵学”，传统音韵学把汉语语音数千年的语音史划分为上古、中古、近代和现代 4 个阶段。

1. 上古（3 世纪以前）

上古汉语指夏朝以前到晋朝的汉语，是现存汉语的祖先。周朝分封八百诸侯，而“五方之民，言语不通，嗜欲不同”[①]。春秋初期见于记载的诸侯国尚有 170 余个，战国时期形成“七雄”，“诸侯力政，不统于王……言语异声，文字异形”[②]。先秦诸子百家在著作中使用被称为“雅言”的共同语——“子所雅言，《诗》、《书》、执礼，皆雅言也”[③]。秦朝建立后，进一步规范文字，以小篆作为正式官方文字。

2. 中古（4 世纪到 12 世纪，12 世纪、13 世纪为过渡阶段）

中古汉语使用于南北朝、隋朝、唐朝和宋朝前期（7 世纪到 10 世纪），可以分为《切韵》（601 年）及《广韵》（10 世纪）。瑞典著名汉学家高本汉把这个阶段称为“古代汉语”。这个阶段，语言学家已能较自信地重构中古汉语的语音系统，表现在以下几个方面：多样的现代方言、韵书及对外语的翻译。这个时期中国社会生活发达，交流交际频繁，尤其是书面语言的应用十分广泛，字书（字典）、辞书（词典）对社会的各个层面的文化影响和文学作品的大量出现，使得汉语的发展、整合十分迅速。

3. 近代（14 世纪到 19 世纪）

近代汉语是古代汉语与现代汉语之间的汉语，以早期白话文献为代表。由于文学作品的影响，尤其是与口语结合十分紧密的白话文小说的出现和普及，动摇了文言文的统治地位，白话文取得了文学语言的地位。这一时期，汉语书面语言的发展十分繁荣。因

① 该句出自《礼记·王制》。
② 该句出自《说文解字序》。
③ 该句出自《论语》。

此，书面语言的模范作用，对语言的规范、整合起到了巨大的推动作用。

4. 现代（20世纪至今）

“普通话”一词在清末就被一些语言学者使用，据考是朱文熊于1906年首次提出。“国语”一词则是鸦片战争以后出现，吴汝纶被认为是最早提到这个名称的学者。1909年，江谦正式提出把官话定名为“国语”。

随着“国语运动”的开展，北京语音成为民族共同语的标准音，使书面语和口语接近并有了统一的规范，形成了言文一致的现代汉语普通话，并取得了共同语的地位。2000年10月31日颁布的《中华人民共和国国家通用语言文字法》确定普通话为国家通用语言。

二、使用汉语的国家和地区

汉语使用者主要分布在中国，新加坡、马来西亚、蒙古、印度尼西亚、越南、缅甸、泰国、老挝、朝鲜、韩国、日本、美国西部各州和夏威夷州等地也有使用。现代汉语（普通话）是世界上使用人数最多的语言，中国大陆一般使用简体汉字，中国港澳台地区和海外华人多使用繁体汉字。

2004年11月21日，全球第一所孔子学院在韩国首尔正式揭牌。孔子学院致力于适应世界各国（地区）人民对汉语学习的需要，增进世界各国（地区）人民对中国语言文化的了解，加强中国与世界各国教育文化交流合作，发展中国与外国的友好关系，促进世界多元文化发展。

根据国家汉办官网发布的公告，截至2020年7月，全球共有541所孔子学院，1170个孔子课堂，孔子学院的分布为亚洲国家135个、非洲国家61个、美洲138个、欧洲187个、大洋洲20个。

三、汉语拼音的字母构成和发音规则

汉语拼音是中华人民共和国官方颁布的汉字注音拉丁化方案，是指用《汉语拼音方案》中规定的字母和拼法拼成一个现代汉语的标准语音，即普通话的语音音节，由原中国文字改革委员会（现国家语言文字工作委员会）汉语拼音方案委员会于1955年至1957年研究制定。该拼音方案主要用于汉语普通话读音的标注，作为汉字的一种普通话音标。1958年2月11日第一届全国人民代表大会第五次会议批准公布该方案。1982

年，成为国际标准 ISO7098（中文罗马字母拼写法）。汉语拼音是一种辅助汉字读音的工具，也是国际普遍承认的现代标准汉语拉丁转写标准。

（一）拼音构成

汉语拼音分为韵母、声母和声调 3 部分。通过对这些拼音字母进行罗马音的解读，可以帮助汉语学习者（特别是外国人）更快掌握拼音拼读方法。

1. 韵母 39 个

韵母是汉语音节的主体，是声母后边的音素。它可以是单独元音、多个元音组合或元音与辅音组合。

（1）单韵母有 9 个。

ɑ：与英语中 [ʌ] 音标发音相似；

o：与英语中 [ɔ] 音标发音相似；

e：与英语中 [ə] 音标发音相似；

–i（前）：在平舌声母后，与英语中 [i] 音标发音相似；

–i（后）：在翘舌声母后，与英语中 [i] 音标发音相似；

u：与英语中 [u] 音标发音相似；

ü：发音比较特殊，与英语中 [ju] 音标的发音相似；

ê：与英语中 [e] 音标发音相似；

ɚ：卷舌元音，在英语中 [ə:] 的基础上舌尖翘起接近硬腭中部。

（2）复韵母有 13 个。

ɑi：与英语中 [aɪ] 发音相似；

ei：与英语中 [əi] 发音相似；

ɑo：与英语中 [au] 发音相似；

ou：与英语中 [əu] 发音相似；

iɑ：与英语中 [ɪɑ:] 发音相似；

ie：与英语中 [iɛ] 发音相似；

uɑ：与英语中 [ʊɑ:] 发音相似；

uɑ：与英语中 [ʊɔ:] 发音相似；

üe：与英语中 [jɛ] 发音相似；

iɑo：与英语中 [ɪɑ:ɒ] 发音相似；

iou（iu）: 与英语中 [iu] 发音相似；

uai：与英语中 [ʊɑːɪ] 发音相似；

uei（ui）: 与英语中 [ui] 发音相似。

（3）前鼻韵母有 9 个。

an：与英语中 [æn] 发音相似；

ian: 与英语中 [ɪæn] 发音相似；

uan: 与英语中 [ʊæn] 发音相似；

üan: 与英语中 [jən+ æn] 发音相似；

uen（un）: 与英语中 [ʊn] 发音相似；

en：与英语中 [ən] 发音相似；

in：与英语中 [in] 发音相似；

un：与英语中 [un] 发音相似；

ün：与英语中 [jən] 发音相似。

（4）后鼻韵母有 8 个。

ang：与英语中 [aŋ] 发音相似；

eng：与英语中 [ɜːŋ] 发音相似；

ing：与英语中 [ɪɜːŋ] 发音相似；

ong：与英语中 [ɔː ŋ] 发音相似；

iang: 与英语中 [ɪaŋ] 发音相似；

uang: 与英语中 [ʊaŋ] 发音相似；

ueng: 与英语中 [ʊɜːŋ] 发音相似；

iong: 与英语中 [ɪɔː ŋ] 发音相似。

2. 声母 23 个

声母是汉字音节开头的辅音，如音节开头没有辅音，则成为零声母。汉语有 21 个辅音声母，2 个零声母。包括 b、p、m、f、d、t、n、l、g、k、h、j、q、x、zh、ch、sh、r、z、c、s、y、w。

其中，b、p、m、f、d、t、n、l、g、k、j、r、z、s 在汉语拼音方案里都有独特读音，但在拼读中的发音基本和英语相似。对母语非汉语的学习者来说，声母习得难点主要如下：

h: 与英语不同，始终发 [h] 音；

q: 与英语中 [tʃ] 发音相似；

x: 与英语中 [ʃ]发音相似；

c：与英语中[ts]发音相似；

zh、ch、sh: 是 z、c、s 的翘舌音。此外还有 r 需要卷舌。这组声母是外国人学习汉语时较为困难的发音，我国部分方言中也只发 z、c、s、l 的音。

3. 声调

《汉语拼音方案》中声调采用的是符号标调，即阴平（ˉ）、阳平（ˊ）、上声（ˇ）、去声（ˋ）和轻声（不标调）的方法。这种方法解决了不同声调汉字的识字辨音问题，如妈 mā（阴平）、麻 má（阳平）、马 mǎ（上声）、骂 mà（去声）、吗 ma（轻声不标调）。

与其他语言不同，拼音声调在计算机键盘输入时无法同步，影响了汉字信息化的发展，其解决方法就是使用“五度标记法”（见图 7–4），采用数字 1、2、3、4、5 组合的“调值”代表声调阴平（ˉ）55，阳平（ˊ）35，上声（ˇ）214，去声（ˋ）51，轻声（不标调）这几个标调符号。

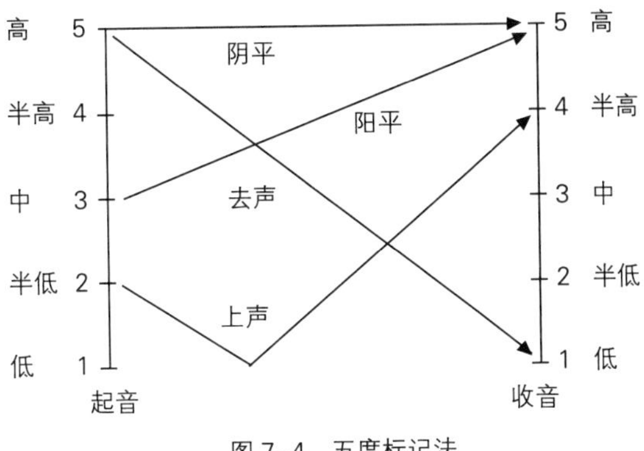

图 7–4 五度标记法

4. 音变

汉语在语流中，语音有时会发生各种临时的变化，这种变化有别于语音经过一段时间而产生的历史变化，被称作“语流音变”。汉语普通话中的语流音变主要有变调、轻声、儿化等。

（1）变调，指在语流中所产生的声调变化现象。常见的有上声变调、“一”和“不”的变调、形容词叠词变调。

（2）轻声，指在一定条件下音节失去其原有声调，读成轻、短的调子。轻声是一种复杂的语音现象，它涉及音强、音长、音高、音质四方面。一般说来，轻声音强较弱，音长较短，音高则由前面音节的声调所决定。其作用在于区别词义和词性。

（3）儿化，指普通话中添加在其他词语后面的“儿”尾词。这里的“儿”在读音上失去其独立性，与前一音节的主要元音连为一体，保持卷舌动作。儿化词主要用以表示轻松温和的语气，形容细小的物理特征，区别词义和词性。

（二）拼读规则

汉语拼音的拼读方式与英语拼读相同，声母在前，韵母在后，声调标在韵母上。在拼读的过程中，声母发音要轻，韵母要响亮，如果中间有介音（i、u、ü 还可做三拼音节中的介母，介于声母、韵母之间，和声母、韵母一起组成音节），则发音要快。汉语拼音拼读全表如图 7–5、图 7–6 所示。

	两拼(声母+复韵母)									两拼(声母+鼻韵母)								
	ai	ei	ui	ao	ou	iu	ie	üe	er	an	en	in	un	ün	ang	eng	ing	ong
	ai	ei		ao	ou				er	an	en							
b	bai	bei		bao			bie			ban	ben	bin			bang	beng	bing	
p	pai	pei		pao	pou		pie			pan	pen	pin			pang	peng	ping	
m	mai	mei		mao	mou	miu	mie			man	men	min			mang	meng	ming	
f		fei			fou					fan	fen				fang	feng		
d	dai	dei	dui	dao	dou	diu	die			dan	den		dun		dang	deng	ding	dong
t	tai		tui	tao	tou		tie			tan			tun		tang	teng	ting	tong
n	nai	nei		nao	nou	niu	nie	nüe		nan	nen	nin	nun		nang	neng	ning	nong
l	lai	lei		lao	lou	liu	lie	lüe		lan		lin	lun		lang	leng	ling	long
g	gai	gei	gui	gao	gou					gan	gen		gun		gang	geng		gong
k	kai	kei	kui	kao	kou					kan	ken		kun		kang	keng		kong
h	hai	hei	hui	hao	hou					han	hen		hun		hang	heng		hong
j						jiu	jie	jue				jin		jun			jing	
q						qiu	qie	que				qin		qun			qing	
x						xiu	xiu	xue				xin		xun			xing	
zh	zhai	zhei	zhui	zhao	zhou					zhan	zhen		zhun		zhang	zheng		zhong
ch	chai		chui	chao	chou					chan	chen		chun		chang	cheng		chong
sh	shai	shei	shui	shao	shou					shan	shen		shun		shang	sheng		
r			rui	rao	rou					ran	ren		run		rang	reng		rong
z	zai	zei	zui	zao	zou					zan	zen		zun		zang	zeng		zong
c	cai		cui	cao	cou					can	cen		cun		cang	ceng		cong
s	sai		sui	sao	sou					san	sen		sun		sang	seng		song
y				yao	you			yue		yan		yin		yun	yang		ying	yong
w	wai	wei								wan	wen				wang	weng		

图 7–5　汉语拼音拼读全表（一）

	两拼(声母+单韵母)						三拼(声母+介音+韵母)										
	a	o	e	i	u	ü	ia	iao	ian	iang	iong	ua	uo	uai	uan	uang	üan
	a	o	e														
b	ba	bo		bi	bu			biao	bian								
p	pa	po		pi	pu			piao	pian								
m	ma	mo	me	mi	mu			miao	mian								
f	fa	fo			fu			fiao									
d	da		de	di	du		dia	diao	dian				duo		duan		
t	ta		te	ti	tu			tiao	tian				tuo		tuan		
n	na		ne	ni	nu	nü		niao	nian	niang			nuo		nuan		
l	la	lo	le	li	lu	lü	lia	liao	lian	liang			luo		luan		
g	ga		ge		gu							gua	guo	guai	guan	guang	
k	ka		ke		ku							kua	kuo	kuai	kuan	kuang	
h	ha		he		hu							hua	huo	huai	huan	huang	
j				ji		ju	jia	jiao	jian	jiang	jiong						juan
q				qi		qu	qia	qiao	qian	qiang	qiong						quan
x				xi		xu	xia	xiao	xian	xiang	xiong						xuan
zh	zha		zhe	zhi	zhu							zhua	zhuo	zhuai	zhuan	zhuang	
ch	cha		che	chi	chu							chua	chuo	chuai	chuan	chuang	
sh	sha		she	shi	shu							shua	shuo	shuai	shuan	shuang	
r			re	ri	ru							rua	ruo		ruan		
z	za		ze	zi	zu								zuo		zuan		
c	ca		ce	ci	cu								cuo		cuan		
s	sa		se	si	su								suo		suan		
y	ya	yo	ye	yi		yu											yuan
w	wa	wo			wu												

图 7–6　汉语拼音拼读全表（二）

五、餐厅用语汉语

（一）词汇

1. 餐厅常用词汇

Chinese food　zhōngcān 中餐

breakfast　zǎofàn / cān 早饭 / 餐

dinner　wǎnfàn / cān 晚饭 / 餐

reserve　yù dìng 预订

order　diǎn cài 点菜

hello　nǐ hǎo 你好

welcome　huānyíngguāng lín 欢迎光临

thank you　xiè xie 谢谢

Yes　shì 是

Okay　hǎo 好

bill　jié zhàng / mǎidān 结账 / 买单

restaurant　cāntīng 餐厅

lunch　wǔfàn / cān 午饭 / 餐

have a meal　chī fàn 吃饭

menu　cài dān 菜单

cheers　gān bēi 干杯

bye　zài jiàn 再见

You're welcome　bú kè qi 不客气

No　bù shì 不是

bathroom　xǐ shǒujiān 洗手间

waiter　fú wù yuán 服务员

2. 早餐 (zǎocān)

egg	鸡蛋 (jī dàn)	bread	面包 (miànbāo)
toast	吐司 (tǔ sī)	butter	黄油 (huángyóu)
jam	果酱 (guǒjiàng)	milk	牛奶 (niú nǎi)
steamed stuffed bun	包子 (bāo zi)	steamed bread	馒头 (mántou)
baked cake	烧饼 (shāobing)	soybean milk	豆浆 (dòujiāng)
fried fritters	油条 (yóutiáo)	wonton	馄饨 (húntun)

3. 午餐 / 晚餐 (wǔcān / wǎncān)

hot pot	火锅 (huǒguō)	noodles	面条 (miàntiáo)
rice	米饭 (mǐ fàn)	dumplings	饺子 (jiǎo zi)
tangyuan	汤圆 (tāngyuán)	acid	酸 (suān)
sweet	甜 (tián)	spicy	辣 (là)
salty	咸 (xián)	ketchup	番茄酱 (fān qié jiàng)

4. 饮品 (yǐn pǐn)

wine	葡萄酒 (pú táo jiǔ)	beer	啤酒 (pí jiǔ)
white wine	白酒 (bái jiǔ)	erguotou	二锅头 (èr guōtóu)
Maotai	茅台 (máo tái)	Wuliangye	五粮液 (wǔ liáng yè)
ice cubes	冰块 (bīngkuài)	coke	可乐 (kě lè)
coffee	咖啡 (kā fēi)	tea	茶 (chá)
green tea	绿茶 (lǜ chá)	black tea	红茶 (hóngchá)
milk tea	奶茶 (nǎi chá)		

5. 肉类 (ròu lèi)

chicken	鸡肉 (jī ròu)	beef	牛肉 (niú ròu)
pork	猪肉 (zhūròu)	chicken breast	鸡胸肉 (jī xiōngròu)
chicken wings	鸡翅 (jī chì)	steak	牛排 (niú pái)

6. 海鲜 (hǎi xiān)

fish	鱼 (yú)	shrimp	虾 (xiā)
crab	螃蟹 (páng xiè)	clams	蛤蜊 (gé lí)

shū cài
7. 蔬菜

English	Pinyin	Chinese	English	Pinyin	Chinese
cabbage	juǎnxīn cài	卷心菜	spinach	bō cài	菠菜
carrot	hú luó bo	胡萝卜	cucumber	huángguā	黄瓜
tomato	fān qié	番茄	potato	tǔ dòu	土豆
lettuce	shēng cài	生菜	asparagus	lú sǔn	芦笋
celery	xī qín	西芹			

shuǐguǒ
8. 水果

English	Pinyin	Chinese	English	Pinyin	Chinese
apple	píngguǒ	苹果	pear	lí	梨
banana	xiāngjiāo	香蕉	watermelon	xī guā	西瓜
peach	táo zi	桃子	orange	jú zi	橘子
plum	lǐ zi	李子	strawberry	cǎoméi	草莓
papaya	mù guā	木瓜			

tiándiǎn
9. 甜点

English	Pinyin	Chinese	English	Pinyin	Chinese
cake	dàngāo	蛋糕	pudding	bù dīng	布丁
mousse	mù sī	慕斯	ice cream	bīng qí lín	冰淇淋
milkshake	nǎi xī	奶昔			

qì jù
10. 器具

English	Pinyin	Chinese	English	Pinyin	Chinese
chopsticks	kuài zi	筷子	spoon	sháo zi	勺子
plates	pán zi	盘子	bowls	wǎn	碗
knife	dāo	刀	fork	chā	叉
dish	dié	碟	napkin	cān jīn	餐巾

hángzhōu tè sè cài
11. 杭州特色菜

Dongpo pork	dōng pō ròu	东坡肉
sugar and vinaigrette pork	táng cù lǐ ji	糖醋里脊
stewed scallion bread	cōngbāo huì	葱包桧
Longjing lobster	lóngjǐng xiā rén	龙井虾仁
fish soup of song sao	sòngsǎo yú gēng	宋嫂鱼羹
West Lake vinegar fish	xī hú cù yú	西湖醋鱼

（二）餐厅对话

fú wù yuán　　　　　　kè rén
W: Waitor 服务员　　　G: Guest 客人

W: Good evening, madam. Nice to meet you. Here's our menu.
nǚ shì wǎnshànghǎo hěngāoxìngnín lái dàowǒ mencāntīng zhè shì wǒ men de càidān
女士，晚上好。很高兴您来到我们餐厅。这是我们的菜单。

wǒ kàn yī xià
G: Let me take a look. 我看一下。

hǎo nín mànmànkàn
W: Okay, take your time. 好，您慢慢看。

xiàn zài kě yǐ diǎn cài le ma
W: May I take your order now？ 现在可以点菜了吗？

shì de wǒ yào yí fèn niú pái
G: Yes, I'd like a steak. 是的，我要一份牛排。

hǎo qǐngshāoděng
W: Yes, just a moment, please. 好，请稍等。

zhèdàocàihěntàng qǐngxiǎoxīn
W: It is very hot. Please take care. 这道菜很烫，请小心。

xièxie
G: Thank you. 谢谢。

bú kè qì
W: You're welcome. 不客气。

fú wù yuán mǎidān
G: Bill, please. 服务员，买单。

yī gòng yuán
W: 100 yuan, please. 一共 100 元。

zàijiàn huānyíngxià cì guāng lín
W: Bye! Welcome back. 再见！欢迎下次光临。

xièxie zàijiàn
G: Thank you. Bye! 谢谢，再见！

六、中国餐饮文化

中华人民共和国简称中国，位于亚洲东部，太平洋西岸。中国是世界上历史最悠久的国家之一，国土面积居世界第三位，目前是世界第二大经济体，共有 14.1 亿人口（2021 年）。中国饮食文化历史悠久、博大精深，在世界上享有很高的声誉。中国人讲究吃，不仅是一日三餐，解渴充饥，它往往蕴含着中国人认识事物、理解事物的哲理。中华民族素来以热情好客著称于世，因此，在接待外国友人时，也热衷于推广中国饮食文化。

（一）中国饮食特点

中国饮食风味多样。从地理分布来说，一直就有“南米北面”的说法；口味上有“南甜北咸东酸西辣”之分，主要是巴蜀、齐鲁、淮扬、粤闽四大风味。此外，自古以来，中国一直遵循按季节调味、配菜的原则，春天味醇浓厚，夏天清淡凉爽，秋天多凉拌冷冻，冬天多炖焖煨。

中餐烹饪，不仅技术精湛，也讲究菜肴美感，注意食物的色、香、味、形、器的协调一致，对菜品命名、品味方式、进餐节奏、娱乐穿插等都有相应要求。中式菜肴的名称一类是采取烹饪手法+原料的实用主义名称，如烤鸭、红烧鱼；另一类则是浪漫主义的命名法，可以说是出神入化、雅俗共赏，诸如“全家福”“将军过桥”“凤尾虾”“叫化鸡”“龙凤呈祥”“遍地黄金”等，或质朴、或奇巧、或谐谑，几乎每个名字都有精彩的故事和说法。

中餐烹饪与医疗保健也有着密切的联系。中国在几千年前就有“医食同源”和“药膳同功”的说法，利用食物原料的药用价值，做成各种美味佳肴，也达到防治某些疾病的效果。这也充分体现了中国传统文化的最高审美理想的中和之美。

（二）中国饮食风俗

1. 节日食俗

（1）春节食俗：农历正月初一是中国家庭团聚期盼丰年的重要节日。在年饭中，小麦产区的北方，节日食物是以饺子为主；水稻产区的南方，则以汤圆、年糕、煎堆、素食为主。

（2）清明节食俗：清明时节，江南一带有吃青团的风俗习惯。青团还是江南一带人用来祭祀祖先必备食品，正因为如此，青团在江南一带的民间食俗中显得格外重要。

（3）端午节食俗：端午节有食咸蛋、饮雄黄酒（避毒与邪）的习俗，俗话说“要吃咸蛋粽，才把寒意送”。端午节预示着炎热的夏天即将来临，动植物生命活动进入鼎盛阶段。

（4）中秋节食俗：传说月饼最初起源于唐朝军队的祝捷食品。唐高祖年间，大将军李靖征讨匈奴得胜，农历八月十五凯旋而归，当时有位经商的吐蕃人向唐朝皇帝献饼祝捷。高祖李渊接过华丽的饼盒，拿出圆饼，笑指空中明月说：“应将胡饼邀蟾蜍。”说完把饼分给群臣一起吃。从此中秋吃月饼的习俗便形成了。

（5）重阳节食俗：据史料记载，古人在重阳节前后几天制作的松糕称作重阳糕，又称花糕、菊糕、五色糕，制无定法，较为随意。

2. 就餐礼仪

（1）入座：跟很多人一起吃饭时，年轻人、晚辈需注意不能随意入座，应请长辈、贵宾先入上席，上席就是对着门口的位置。待上席入座完毕后晚辈再入座，入座时要从椅子左边进入。入座后不要动筷子，更不要弄出什么响声来，也不能起身走动。座席安排时“尚左尊东”，越靠近主席的位置越尊，相同距离的左侧的主客位置尊于右侧。

（2）进餐：进餐时，先请客人中长者动筷子。吃饭喝汤时不要出声音，进餐时不要打嗝，更不要拿筷子敲打和用筷子指人。如果出现打喷嚏等声响时，要说一声“不好意思”“对不起”“请原谅”之类的话，以示歉意。如需给客人或长辈夹菜，最好用公筷。

（3）敬酒：敬酒时，一定要注意敬酒的顺序，一般情况下应以年龄大小、职位高低、宾主身份为序。碰杯的时候，作为晚辈，应该让自己的酒杯低于对方的酒杯，表示对对方的尊敬。

（4）离席：离席时，应向宴请之人表示感谢，并等长辈或贵宾离席后，其他宾客方可离席。

第三节　德语与餐饮文化

德语（Deutsch），在语系上属于印欧语系日耳曼语族西日耳曼语支，其标准形式被称为标准德语，是奥地利、比利时、德国、意大利博尔扎诺自治省、列支敦士登、卢森堡和瑞士的官方语言。使用德语的人数约占世界人口的3%，以使用国家数量来算，是世界排名第六的语言，也是世界大国语言之一。德语同时也是欧盟内使用最广的母语。除英语之外，德语是世界上最常被学习的语言之一，日本医学上的术语采用的也是德语。随着中德关系稳步发展，德国已成为中国在欧洲重要的贸易伙伴，中德文化交流将日益频繁。

一、德语的起源和发展

（一）德语的起源

中世纪初期“德语”这个词才首次出现，其词根来于日耳曼语中的“人民”（thioda，现在为die deutsche Sprache）一词，意思是“一种被老百姓使用的语言”。当时法兰克王国（德国属于东法兰克王国）的高级阶层一般使用拉丁语，也就是后来的法语，德语当时并不是一种统一的语言，它是许多地方方言的总称。

中世纪德国境内诸侯割据，各地交通不便，德语方言发展悬殊，虽试图建立共同语言，但一般只局限于一个地区，且只被一定阶层使用，比如北德的低地德语，曾在汉萨同盟最兴盛的时候，在北海和波罗的海沿海地带作为当地经商的通用语言。

马丁·路德（1483年11月10日—1546年2月18日）将《圣经》翻译成德语，推动了德语的统一。通过宗教改革，路德翻译的《圣经》所使用的德语方言得到了广泛普及，并成为现代标准德语的基础。

（二）德语的发展

1. 日耳曼语（Germanistik，前2000年—650年）

大约公元前2000年，日耳曼语从古印欧语中分化出来。据考析，德语最初由原始日耳曼语西部方言分化而来，大约在公元前3—公元前2世纪脱离原始日耳曼语，形成了独立的新语言。

在这一阶段，发生了第一次辅音音变，语言史上称之为“第一次辅音音变”或“日耳曼语辅音音变”。这次辅音音变使原始日耳曼语与印欧语系的其他语言明显分开来。除辅音变化外，词的重音位置也发生了变化，其他印欧语中的重音可落在词的任何一个音节上，而在日耳曼语中，重音只能落在第一个音节及词根上，重音的变化也使日耳曼语相对于其他印欧语在听觉上显示出明显的差异：日耳曼语显得更有力度，而其他印欧语则更具音乐感。

2. 古高地德语（Althochdeutsch，650—1050年）

基督教作为罗马帝国的国教传入法兰克王国，法兰克王国将拉丁语作为官方语言，这使得拉丁语对德语的影响加大。德语最初使用拉丁字母代替如尼字母（Runisch）拼写，并吸收了大量拉丁语词。在这一阶段，又发生了第二次辅音音变，这一变化语言史上称为“第二次辅音音变”或“高地德语辅音音变”。

这一时期，在北方地势较低的地区居住着另一支较大的日耳曼部落——萨克森族，他们所使用的语言构成后来的低地德语方言（Niederdeutsch）。由于没有参与第二次辅音音变，低地德语与英语更接近，而与高地德语有明显区别。

3. 中高地德语（Mittelhochdeutsch，1050—1350年）

大约自12世纪开始，德国受到法国的骑士文化、上流社会之风的影响，人们逐渐将法国文化视作高雅的象征，法语一时备受推崇。这一时期德语中出现了一些法语词，以及一些一直保留到今天的法语化的德语词，比如das Parfüm（香水）等。

4. 早期近代德语（Frühneuhochdeutsch，1350—1650 年）

1522 年，在维腾堡大学担任神学教授的马丁·路德萌发了根据希腊文原本译出一本德语《圣经》的念头，于是，他将《圣经·新约》译成了德语版，12 年以后又译出了《圣经·旧约》。他第一个将全本《圣经》译成德语，并致力于使其成为广大民众都看得懂的一本书。从此，德语走上了语言统一化和标准化的道路。

虽然这一时期德语在许多文化领域得到较为广泛的使用，但它还未能取代拉丁语作为文化语言的主导地位，特别是在科学、司法、教会及教育界，拉丁语仍然是主要的书面语言。据统计，1518 年德国境内只有 10% 的书籍是用德语书写的，1570 年德语书籍还未超过 30%，甚至到了 1740 年，德国仍有 1/3 的书籍是用拉丁语撰写的，这一状况在学术界尤为突出，直到 1687 年德国大学的讲台上才开始有使用德语授课的课程。

5. 高地德语（Neuhochdeutsch，1650—1900 年）

这段时间德语得到了长足的发展，值得注意的是，由于英国率先完成了资产阶级革命和工业革命，并成为欧洲第一大资本主义强国，德语开始受到英语的影响。因为同属日耳曼语支，这种亲缘关系使得来自英语的影响对德国人来说更容易接受。

6. 现代德语（Gegenwartssprache，1900 年至今）

两次世界大战期间，美英两国对德国短期的占领及战后马歇尔计划的实施，使得英语在德国的影响愈发加大，这种影响一直持续到了今天。而现代德语标准音到 19 世纪才逐渐形成，1880 年康拉德·杜登出版了德语全正体书写字典。1901 年经过小修改后，这部字典成为标准德语的唯一典范。

二、德语的字母构成及发音

（一）德语的字母构成

德语共有 30 个字母，其中 26 个和英语书写相同，剩下 4 个为特殊字母：ä、ö、ü、ß。这些字母中，a、e、i、o、u 和变元音 ä、ö、ü 为元音字母，其余均为辅音字母。

（二）德语的字母发音

德语字母发音表如表 7-3 所示。

表 7–3　德语字母发音表

字母	音标	字母	音标	字母	音标	字母	音标
A a	[a:]	I i	[i:]	Q q	[ku:]	Y y	[ypsilɔn]
B b	[be:]	J j	[jɔt]	R r	[ɛr]	Z z	[tsɛt]
C c	[tse:]	K k	[ka:]	S s	[ɛs]	Ä ä	[ɛ:]
D d	[de:]	L l	[ɛl]	T t	[te:]	Ö ö	[ø:]
E e	[e:]	M m	[ɛm]	U u	[u:]	Ü ü	[y:]
F f	[ɛf]	N n	[ɛn]	V v	[fao]	ß	[‘ɛstsɛt]
G g	[ge:]	O o	[o:]	W w	[ve:]		
H h	[ha:]	P p	[pe:]	X x	[iks]		

三、德语的发音规则

（一）元音发音规则

（1）元音字母重叠时读作长音，如 aal、beet、boot，字母组合 ie 发长音。

（2）元音字母后无辅音或只有一个辅音，该元音字母一般读长音，如 da、gut、tag。

（3）元音字母后有 h 时，h 不发音，该元音字母读长音，如 mehl、kohl、gehen。

（4）元音字母后有两个或两个以上辅音字母时，元音字母一般读作短音。

（5）元音字母 e 在非重读尾音节中轻读，如 liebe、boden、doppel。

（6）元音字母 e 在非重读前缀 be–，ge– 中轻读，如 beginn、belegen、gebieten、gedeck。

（二）变元音发音规则

1. 变元音字母 ä 的读音

（1）ä 读作长音 [ɛ:]，同 äh。

（2）ä 后两个或两个以上辅音读短音。

2. 变元音字母 ö 的读音

（1）ö 读作长音 [ø:]，同 öh。

（2）ö 后两个或两个以上辅音读短音。

3. 变元音字母 ü 的读音

（1）ü 读作长音 [y:]，同üh。

（2）ü 后两个或两个以上辅音读短音。

4. 字母 y 的发音

（1）y 后一个辅音，读作长音 [y:]。

（2）y 后两个或两个以上辅音，读作短音 [y]。

（3）y 在元音前，其读音为 [i]。

（三）辅音发音规则

（1）辅音字母 b、d、g 在音节末尾时读成相应的清辅音 p、t、k。

（2）字母组合 tt、dt、th 读音为 [t]。

（3）两个相同辅音重叠读一个辅音的发音，如 dd、pp、tt。

（4）字母 r 的读音：①后跟元音，发小舌音。②后不跟元音，不发小舌音。③字母组合 -er 在词末，同 -e。

（5）单独一个 s 在元音前读作浊辅音 [z]，在辅音前和词尾时读作清辅音 [s]。

（6）字母组合 ss 和 ß 的读音为 [s]。

（7）字母 z 读作清辅音 [ts]，同字母组合 ts、tz、ds。

（8）字母 x 读音为 [ks]，同字母组合 chs、ks。

（四）字母组合的发音规则

（1）字母组合 pf 读作 [pf]。

（2）字母组合 sch 读作 [ʃ], 字母组合 tsch 读音为 [tʃ]。

（3）字母组合 sp、st 在音节开头时，其中的 s 读音为 [ʃ]。

（4）字母组合 ng 读作 [η]。

（5）字母组合 nk 读作 [η k], 先发 [η], 后发 [k]。

（6）字母组合 ch 的读音，包括以下 4 种情况。

①德语词中 ch 在 a、o、u、au 后面读作 [x]（同 [h]）。

②其余德语词中 ch 发 [ç] 的音 ch。

③英语词中 ch 发 [k]。

④法语词中 ch 发 [ʃ]。

（7）字母组合 tion 读音为 [tsio:n]。

（8）字母组合 ig 在词尾的发音，发音时先发短元音 [i], 随即发 [ç]。

（9）字母组合 qu 读音为 [kv]。

（五）重音规则

（1）德语词的重音一般都在第一个音节上，如 Abend、Bruder、Gehen、Zeigen。

（2）复合词中，一般第一个词带主重音，如 Hochschule、Lehrbuch、Klassenzimmer

（3）外来词的重音一般在最后一个音节上，少数在倒数第二个音节上，如 Student、Akzent、Benzin、Adresse、Produktion。

（4）带有非重读前缀的词的词重音在基本词的重读音节上，如 besuchen、gewinnen。

（5）缩写词中，一般最后一个字母重读。如 USA、BRD、DDR、DGB。

（6）以 –ieren 为词尾的外来词重音一般在 –ier 的音节上，如 studieren、markieren、adoptieren。

四、餐厅用语德语

（一）常用餐饮词汇

1. 肉类

猪肉 das Schweinefleisch　　牛肉 das Rindfleisch

鸡 das Huhn　　火腿 der Schinken

香肠 die Wurst, Würste　　肉丸 der Fleischknödel

2. 水产、海鲜

蟹 die Krebs　　虾，对虾 die Garnele

龙虾 der Hummer　　鲑鱼 die Forelle

鲍鱼 die Abalone　　熏鱼 geräucherter Fisch

3. 蔬菜

洋白菜，卷心菜 die Kohl / Weißkohl　　番茄（西红柿）die Tomate

黄瓜 die Gurke　　辣椒，圆椒 der Paprika

马铃薯（土豆）die Kartoffeln　　胡萝卜 die Möhre / Mohrrübe

芹菜 die Selerie　　西兰花 die Brokoli

洋葱 die Zwiebel

4. 饮品

水 das Wasser　　柠檬汁 die Limonade

苹果汁 der Apfelsaft　　咖啡 der Kaffee

茶 der Tee
花茶 der Blütentee
葡萄酒 der Wein
可乐 das Coke
啤酒 die Cola
红酒 der Rotwein

5. 德语中的中国美食

北京烤鸭 die Peking-Ente

拔丝山药 mit Zuckerguß glasierteYamswurzel

家常豆腐 Sojabohnenkäse als Hausgericht

红烧鲤鱼 der Schmorkarpfen

糖醋鱼 mit Zucker und Essigsaucierter Fisch

酸辣汤 saure und gepfefferte Suppe

木须炒饭 gebratener Reis mitEieinlage

（二）餐厅对话

A: Haben Sie einen Tisch für zwei Personen? 有两人座的位置吗?

B: Ja, hier. Bitte sehr. Was möchten Sie bestellen? 有，这里。请坐。您想要点什么呢?

A: Ich möchte bitte eine Apfelschorle und Spaghetti mit Tomatensoße. 我想要一杯苹果汽水和带番茄酱的意大利面。

B: Und ich hätte gerne einen Salat mit Thunfisch und ein Glas Wasser. 我想要一份金枪鱼沙拉和一杯水。

A: Groß oder klein? 大杯还是小杯?

B: Groß bitte. 大杯，谢谢。

A: Gerne. 没问题。

A: Hier Ihre Spaghetti. Und der Salat. Guten Appetit. 这是你的意面，这是沙拉。请慢用。

B: Danke. 谢谢。

A: Hat es Ihen geschmeckt? 这个尝起来如何?

B: Danke, es war sehr gut! 谢谢，味道非常好!

A: Ich möechte meine Rechnung, bitte. 劳烦，买单。

B: 21.70. 一共 21.70 欧元。

A: Hier sind 24.00 Euro. Das stimmt so. 给，24 欧元，不用找了。

B: Danke schön. Auf wiedersehen. 非常感谢。再见。

A: Auf wiedersehen. 再见。

（三）常用词句

Guten Tag! 你好！ Tschüss! 再见！ Danke! 谢谢！ Entschuldigung! 对不起！

Herr Ober, die Speisekarte bitte. 服务员，请帮我拿一下菜单。

Können Sie uns etwas empfehlen? 您有什么可以推荐的吗？

Gibt es hier ein Tagesmenü? 今天有什么特价餐吗？

Ich möchte ein dunkles Bier / ein Faßbier / ein Flaschenbier / ein deutsches Bier / ein Qingdao-Bier. 我要黑啤 / 生啤 / 熟啤 / 德国啤酒 / 青岛啤酒。

Ich mag Fleisch / Seedelikatessen / Gemüse / nicht stark gewürzt / scharf / nicht scharf.

我想吃肉菜 / 海鲜 / 蔬菜 / 清淡菜 / 辣味菜 / 不辣的菜。

Ich möchte Reis / gebratenes Reis / Jiaozi / gebratenes Jiaozi / Baozi / Nudel / Fleischbeutelchen in Suppe / Pfannkuchen. 我要米饭 / 炒饭 / 饺子 / 煎饺 / 包子 / 面条 / 馄饨 / 饼。

Können Sie ein bisschen Pfeffer / Salz / Sojasoße / Essig / Paprika / Öl mit Paprika / Knoblauch / Senf für mich nehmen? 能给拿点儿胡椒 / 盐 / 酱油 / 醋 / 辣椒根 / 辣椒油 / 大蒜 / 芥末吗？

Herr Ober, ich möchte bezahlen. 您好，买单。

Prost! 干杯！

Wo ist die Toilette? 请问洗手间在哪里？

五、德国餐饮文化

德意志联邦共和国简称德国，位于欧洲中部，东邻波兰、捷克，南接奥地利、瑞士，西接荷兰、比利时、卢森堡、法国，北接丹麦，濒临北海和波罗的海，是欧洲邻国最多的国家。德国以温带气候为主，最高温度在 20 ℃ ~ 30 ℃，最低温度在 1.5 ℃ ~ 10 ℃。德国的北部是海洋性气候，相对于南部较暖和。

（一）饮食特点

1. 主要食材

主要食材包括肉类、鱼类、蔬菜、面包、啤酒。

2. 特色餐食

德国香肠种类繁多，几乎各地区都有自己的代表性香肠，而且尺寸大小、颜色深浅、味道咸淡各有不同。德国香肠有1500多种，有名的有德国碎肉香肠、德国下午茶香肠等。德国人最常见的吃法就是香肠配上德国酸菜和面包。当然也有搭配浓郁的酱汁或者做成炸香肠或者做沙拉。

纽伦堡烤肠是纽伦堡最有名的小吃，与其他煎烤类的香肠相比，其最大的不同在于它的个头，纽伦堡香肠一般只有拇指大小，又细又短。纽伦堡香肠一般盛在锡制餐盘上，搭配着酸菜或土豆沙拉一起吃。除了传统的煎纽伦堡香肠之外，还可以尝尝法兰肯地区的特色菜白色香肠（Saure Zipfel），体味一番纽伦堡香肠的新吃法，用洋葱和醋熬成的高汤煮熟香肠，就着面包一起吃。

马铃薯丸子（Kartoffelbaellchen）是使用碎马铃薯块混合干燥的面包屑、牛奶、蛋黄等制作的丸子状食品，常见于德国南部、奥地利、波兰、捷克、意大利东北部等地的菜肴，很有弹性，是节日经典配菜。

咖喱香肠（Currywurst）是一道地道的德国柏林小吃，在柏林的街上到处可以看到咖喱香肠店。咖喱香肠的做法很简单，将烤热的香肠切成小块，在上面浇上番茄酱、咖喱粉和其他香料混合的酱汁，有时还可以配上薯条和面包。德国人十分喜爱这道小吃，Curry36是柏林最著名、最受欢迎的咖喱香肠店，聚集了众多的当地人和游客。

3. 饮食特点

德国菜以酸、咸口味为主，调味较为浓重。烹饪方法以烤、焖、串烧、烩为主。蓝格的桌布上摆着一筐面包，客人在等待中可以慢慢享用，德国面包很有咬劲，牙齿好的人才能品尝出味道。德式的汤一般比较浓厚，喜欢把原料打碎放在汤里，这与当地天寒地冻的气候有关。

（二）饮食风俗

1. 用餐时间

德国人的饮食习惯和中国差不多，一天吃三餐——早餐、午餐、晚餐。早餐一般在早7时，午餐在13时，晚餐在19时。有的地方午餐和晚餐之间会喝午后咖啡，吃蛋糕。在普通百姓家，其早餐内容一般都大同小异：首先是饮料，包括咖啡、茶、果汁、牛奶等，主食为各种面包，以及与面包相配的奶油、干酪和果酱，外加香肠和火腿。午餐往往是一个由土豆、沙拉、生菜和几块肉组成的拼盘，外加一杯饮料，或者是面条加一杯咖啡。晚餐通常是冷餐，内容很丰盛：一盘肉食的拼盘；鲜嫩可口的蔬菜，如小萝卜、西红柿、黄瓜；新鲜的水果，如葡萄、樱桃。有的家庭主妇还摆出各种风味的干酪，主食是面包。除了一日三餐外，有些德国人习惯在下午四五点钟“加餐”，即喝杯咖啡或茶，吃块蛋糕或几块饼干。

2. 正餐构成

德国大餐的典型菜谱如下。

冷盘：奶油、干酪、鲜鱼或罐头鱼、灌肠制品、火腿、鱼或肉拼盘、煮的或烤的家禽、蒜烤猪里脊、红烧肉、沙拉、稀奶油、酸奶、鸡蛋沙拉、半烹鸡蛋。

第一道菜：肉、鱼、蔬菜、米或豆类等做的浓汤，家禽或野味汤，各种肉、米、通心粉和蔬菜等做的清汤。

第二道菜：煮的或烤的鱼配土豆和蔬菜，焖或烤的牛肉，烤家禽或野禽，肉饼或炸猪排，煎薄猪排、鸡肉饼。

甜食：新鲜水果或罐头水果、煮草莓、果冻、果酸、乳脂果汁冻、加水果汁和甜汁的露酒、布丁、苹果泥、冰淇淋，以及各类点心。

3. 用餐费用

超市里的面包和切片的火腿芝士大概 3 欧元，可以吃两顿；如果是快餐类型（麦当劳、汉堡王等），人均正常在 10 欧元以内；一顿普通的主食加一杯啤酒大概是 12 ~ 18 欧元；晚餐类型（有前菜、主菜、甜点）的，人均在 30 ~ 50 欧元；圣诞聚餐等豪华的场地服务，餐食包含全套的餐前面包、汤、前菜、主食、甜品、酒水，人均大概 60 欧元。

4. 就餐礼仪

（1）赴宴时间：和很多西方国家一样，德国人忌讳数字“13”和“星期五”。去德国人家里拜访，不能早到，免得让主人手忙脚乱，也要注意不要迟到。

（2）问候礼仪：德国人比较注重礼节形式。在社交场合与客人见面时，一般行握手礼。与熟人朋友和亲人相见时，一般行拥抱礼。去别人家做客，德国人往往大费脑筋挑选礼物。美酒、鲜花、巧克力是最常见的选择。在表达感激、庆祝生日时，鲜花也是最保险的礼物之一。即便是关系不那么紧密的朋友，也可以送一束鲜花。另外德国人在所有花卉之中，对矢车菊最为推崇，并且选定其为国花；但是不宜随意以玫瑰或蔷薇送人，前者表示求爱，后者则专用于悼亡。德国人忌讳刀、剪刀、餐刀、餐叉等，因为有“断交”之嫌，所以向德国人互赠礼品时，不宜选择这些。以褐色、白色和黑色的包装纸包装礼品也不被允许。如果德国朋友过生日，不得提前祝贺。

（3）交谈话题：在德国餐桌上有些不适合交谈的话题。第一，不要就金钱主题展开公开对话，德国公司有个人收入保密的规定，德国人也自觉地遵守着这个规定。第二，德国具有性别中立性。也就是说，在这个国家，提及某个人物时，德国人都尽量不会指出其性别。第三，有个“严格受到限制”的话题，那就是第二次世界大战，对德国来说，这是一段不堪回忆的历史，德国人也决定引以为鉴，不再犯错。最后，和德国人谈论有关个人身体和心理状况的话题也不太受欢迎。

（4）祝酒：喝酒之前，人们通常会在碰杯的时候说“Prost”（干杯）或“Zum Wohl”（身体健康）。在一些比较正式的晚宴上，更常见的是举起高脚杯向他人点头示意。主持人会带领大家祝酒。在晚宴上或餐厅里，在所有人的饮料或餐品都上齐之后，你才可以开始进食和饮酒，然后还要记得听从主持人的引领。

（5）其他注意事项：德国人在宴会上和用餐时，注重以右为上的传统和女士优先的原则。德国人举办大型宴会时，一般是在两周前发出请帖，并注明宴会的目的、时间和地点。生日宴会则是在 8 至 10 天前发出请帖。他们用餐讲究餐具的质量和齐备。宴请宾客时，桌上摆满酒杯、盘子等。还应注意的几点是：吃鱼用的刀叉不得用来吃肉或奶酪；若同时饮用啤酒与葡萄酒，宜先饮啤酒，后饮葡萄酒，否则被视为有损健康；食盘中不宜堆积过多的食物；不得用餐巾扇风；忌吃核桃。

第四节　法语与餐饮文化

法语属印欧语系罗曼语族西罗曼语支，是继西班牙语之后，使用者人数最多的罗曼语言之一，全球使用人数超过 1 亿。法语是联合国（UN）及下属国际组织、欧盟（EU）及下属机构、国际奥委会（IOC）、法语国家国际组织（FIO）、世贸组织（WTO）、国际红十字会（IRC）、北约组织（NATO）、国际足联（FIFA）等国际组织的官方语言，它被广泛应用在国际性社交和外交活动中，作用仅次于英语。法语因为其用法的严谨，所以像法律条文这种严谨的重要文件在国际上都是用法语书写，联合国将英语定为第一发言语言，法语为第一书写语言。与英语相比，法语在中国的发展略显滞后，但近年来，得益于中法两国之间良好的外交关系，法语教学在中国得以长足发展。

一、法语的起源和发展

（一）法语的起源

自公元前52年古罗马人征服高卢以后，拉丁语就成为了高卢人的日常交际语言。法语在很大程度上源自民间拉丁语。

法语曾先后经历了高卢—罗马时期（4—8世纪）和罗马时期（9—11世纪）。这两个时期的语言和文化主要继承了拉丁语的传统，单词的形态及发音却发生了很大的变化。签订于842年的《斯特拉斯堡誓言》（Les Serments de Strasbourg）用罗曼语和法兰克语两种语言写成，被认为是用法语写就的最早的一份官方文件。

（二）法语的发展

自11世纪起，法语开始流行于法国和英国的宫廷，用通俗语言创作的文本开始出现，并很快繁荣起来。然而，在学术界，法语一直被禁止使用，拉丁语依然是大学里师生们所使用的唯一的口头和书面语言。

14—15世纪是法国人文主义时代，在意大利文艺复兴运动的影响下，人们对法语进行了革新，使之获得了长足的发展。法语的词汇也极大地得以丰富，法语获得了更多的认可，开始成为一种荣誉语言，其使用范围也逐渐扩大。

在文艺复兴时期，法语几乎征服所有高贵的领域，包括文化界和科学界。颁布于1490年、1510年和1539年的一系列法令及著名的维莱—科特雷敕令，均对当时法语使用的现状给予了认可。著名的大型词典都是在此期间相继问世的，如艾蒂安编著的首部采用法语词目的词典——《法语—拉丁语词典》（1539年）、尼科编著的《法语宝典》（1606年）等。

1635年，黎世留创立了法兰西学院，该学院的主要职责就是编写一部词典、一部语法书、一部修辞学书和一部诗学书，并制定纯正、易懂的语言规则，维护法语的纯洁和规范。到路易十四统治时期，法语的使用范围已扩大至整个欧洲。

自1714年《拉斯塔特条约》（Traité de Rastadt）签订以后，法语就成为了一种重要的国际性外交语言，流行于欧洲所有的宫廷和使馆。与此同时，法兰西学院修订了数千个词汇，摈弃了陈旧过时的拼写形式，确立了现代法语的拼写法。

到了18世纪末，法国大革命爆发，法国进入了一个动荡的时代，封建时代的一些旧词逐渐消失，取而代之的是一些政治、社会和制度领域里的新词。大革命后，用于学校教育的语法书如雨后春笋般地问世，在19世纪，共出版了约2500本语法书，法语迈入鼎盛发展时期。

1882年，涉及义务教育的朱尔·费里法（Leslois de Jules Ferry）颁布，规定在全国范围内普及义务教育，让所有的法国人都学会读、写法语。

自1900年以来，法语不断地接收新技术和外来语言，摒去旧词，形成了现代法语。

二、使用法语的国家和地区

全球有超过1亿人使用法语，法语不仅是法国的官方语言，而且是遍布五大洲40多个国家和地区的官方语言或通用语言。虽然世界上讲法语的人数并不多，但是讲法语的国家却分布广泛，如果按照语言全球分布面积计算，法语仅次于英语。

1. 以法语作为官方语言的国家和地区

（1）欧洲：法国、摩纳哥、瑞士（法语、德语、意大利语、罗曼什语）、比利时（法语、德语、荷兰语）、卢森堡（法语、德语和卢森堡语）。

（2）非洲：刚果（金）、刚果（布）、科特迪瓦、乍得、卢旺达、中非、多哥、几内亚、马里、布基纳法索、喀麦隆、贝宁、尼日尔、布隆迪、塞内加尔、吉布提、马达加斯加、科摩罗、塞舌尔、加蓬（法语、英语）、赤道几内亚（西班牙语、法语、葡萄牙语）。

（3）北美洲：加拿大（魁北克）、海地。

（4）大洋洲：瓦努阿图。

（5）南美洲：法属圭亚那。

2. 通用法语的国家和地区

（1）非洲：突尼斯、摩洛哥、阿尔及利亚、毛里塔尼亚、毛里求斯。

（2）欧洲：安道尔（加泰罗尼亚语、法语、西班牙语）。

（3）其他：留尼汪、马提尼克、瓜德罗普、法属圭亚那、法属波利尼西亚、新喀里多尼亚、瓦利斯和富图纳、圣皮埃尔和密克隆。

三、法语的字母构成及发音

（一）法语字母的构成

法语的字母表包含26个字母，其中元音字母6个，辅音字母20个（见表7–4）。

表 7–4　法语字母表

大写字母	小写字母	字母发音	大写字母	小写字母	字母发音
A	a	[a]	N	n	[ɛn]
B	b	[be]	O	o	[o]
C	c	[ce]	P	p	[pe]
D	d	[de]	Q	q	[ky]
E	e	[ə]	R	r	[ɛr]
F	f	[ɛf]	S	s	[ɛs]
G	g	[ʒe]	T	t	[te]
H	h	[aʃ]	U	u	[y]
I	i	[i]	V	v	[ve]
J	j	[ʒi]	W	w	[dubləve]
K	k	[ka]	X	x	[iks]
L	l	[ɛl]	Y	y	[igrɛk]
M	m	[ɛm]	Z	z	[zɛd]

（二）法语的音素

音素是法语最小的语音单位，相当于英语中的音标。法语共有 36 个音素，包含 16 个元音音素、17 个辅音音素及 3 个半元音，也称半辅音。近年来，前元音 [a] 和后元音 [a] 趋于同化，因此，也可说法语有 35 个音素，含 15 个元音音素（见表 7–5）。

表 7–5　法语音素表

分类		音素
元音 15 个	口腔前元音	[ɑ][ɛ][e][i]
	口腔中元音	[ə][ø][œ][y]
	后元音	[u][o][ɔ]
	鼻化元音	[ã][ɛ̃][œ̃] 和 [ɔ]
辅音 17 个	爆破辅音	[p][b][d][t][g][k]
	鼻辅音	[m][n][ɲ]
	边辅音	[l][r]
	摩擦辅音	[f][v][s][z][ʃ][ʒ]
半元音 3 个	/	[w][j][ɥ]

1. 元音（16 个）

（1）[a]：字母 a、à 发 [a]。

（2）[ɑ]：后元音，发音与 [a] 基本相同，很少用 [ɑ] 音。

（3）[o]：字母 ô、au、eau 发 [o]，o 在词末开音节及 [z] 前发 [o] 音。

（4）[ə]：字母 e 在单音节词末及词首开音节、辅辅 e 辅中发 [ə] 音。

（5）[i]：字母 i、ï、î、y 发 [i] 音。

（6）[u]：字母 ou、où、oû 发 [u] 音。

（7）[y]：字母 u、û 发 [y]。

（8）[e]：字母 é，词尾 -er、ez 及 es 在少数单音节词中发 [e]。

（9）[ɛ]：字母 è、ê 、ei、ai、aî，词末 -et、e 在相同的两个辅音字母前及闭音节中发 [ɛ]。

（10）[ɔ]：字母 o 及 au 在 r 前，一般发 [ɔ]。

（11）[ø]：字母 eu、œu 在词末开音节，[z] 前及少数词中发 [ø] 音。

（12）[œ]：字母 eu、œu 发此音。

（13）[ɑ̃]：字母 an、am、en、em 后面没有元音字母或 m、n 发 [ɑ̃] 音。

（14）[ɔ̃]：字母 on、om 后面没有元音字母或 m、n 发 [ɔ̃] 音。

（15）[ɛ̃]：字母 in、im、ain、aim、yn、ym、ein 后面没有元音字母或 m、n 发 [ɛ̃] 音。

（16）[œ̃]：字母 un、um 在后面没有元音字母或 m、n 的部分词中发 [œ̃] 音。

2. 辅音（17 个）

辅音的发音与英语比较相似。

（1）[b]：字母 b 读浊辅音 [b]。

（2）[p]：在元音前读浊辅音 [p]。

（3）[d]：读浊辅音 [d]。

（4）[t]：字母 t 在元音前读浊辅音 [t]。

（5）[g]：字母 g 在元音字母 a、o、u 及辅音字母前，字母 gu 组合在元音字母 e、i、y 前读浊辅音 [g]。

（6）[k]：字母 c 在元音字母 a、o、u 前，字母 qu 组合，读清辅音 [k]。

（7）[s]：字母 s 不在两个元音字母之间，读清辅音 [s]。

（8）[z]：字母 s 在两个元音字母之间，字母 x 在少数词中，以及字母 z 都读浊辅音 [z]。

（9）[ʃ]：字母 ch 组合读清辅音 [ʃ]。

（10）[ʒ]：字母 j，以及字母 g 在 e、i、y 前读 [ʒ]。

（11）[f]：字母 f、字母 ph 组合都读 [f] 音。

（12）[v]：字母 v，以及 w 在大部分词中读 [v] 音。

（13）[l]：字母 l 读 [l] 音。

（14）[r]：字母 r 读 [r] 音。

（15）[m]：字母 m 读 [m] 音。

（16）[n]：字母 n 读 [n] 音。

（17）[ɲ]：字母 gn 组合在同一音节中读 [ɲ] 音，发音类似短促的 nie。

3. 半辅音（3 个）

（1）[w]：字母 ou 在元音前，w 在少数词中发 [w] 音。

（2）[j]：字母 i 在元音前，y 在词首，发 [j] 音。

（3）[ɥ]：字母 u 在元音前发 [ɥ] 音，发音与英语中 y 发音相似。

4. 字母组合发音

元音字母组合见表 7–6。

表 7–6　元音字母组合

字母组合	发音
ai、ei	[ɛ]
au、eau	[o],au 在 r 前读 [ɔ]
eu	在词末开音节，[z]、[t]、[d]、[ʒ] 前读 [ø]；此外读 [œ]
œu	同 eu
œ	[e]
oi	[wa]
ou	[u]，元音前读 [w]
an、am、en、em	[ɑ̃]
in、im、ain、aim、ein	[ɛ̃]
om、on	[ɔ̃]
un、um	[œ̃]，um 在词尾时读 [ɔm]
ien	[jɛ̃]
oin	[wɛ̃]

辅音字母组合见表 7–7。

表 7–7　辅音字母组合

字母组合	发音
gn	[ɲ]
ph	[f]
qu	[k]
gu	在 e、i 前读 [g]
ch、sh、sch	[ʃ],ch 在辅音前读 [k]

续 表

字母组合	发音
ex-、inex-	在辅音前分别读 [ɛks]、[inɛks]；在元音前分别读 [ɛgz]、[inɛgz]
-il	在元音后读 [j]；在辅音后读 [i]
-ill	在元音后读 [j]；在辅音后或元音前读 [i:j]
-ent	动词变位中不读音

法语和英语、汉语的不同之处在于法语没有双元音，发每个元音时口型都不滑动，尤其要注意发鼻化元音时不能像汉语韵母似的有延续动作。

四、法语的读音规则

法语文字属于表音文字，文字由标音字母组成，根据不同的字母组合，可以直接读出文字的读音。

（一）法语的变音符号

在法语里有几个变音符号，与字母同时使用。它们有时候用来表示不同的发音，有时候只是区别不同的语义。

（1）长音符“ˆ”：通常用于曾经省略过某一字母的单词，通常用在字母 e 上，此时该字母的发音一定为 [ɛ]，如 être 是源于拉丁语单词 essere，中间省略几个字母。

（2）分音符“¨”：可以和多个元音字母组合，表示这个元音字母不跟前面的元音字母构成一个字母组合，而需分别发音，如 naïve。

（3）闭音符“ˊ”：只用在字母 e 之上，表示这个字母发音为闭口音 [e]，如 ébaitat。

（4）开音符“ˋ”：用在字母 e 上表示发开口音 [ɛ]，如 mère；用在其他字母上只是用以区分不同语义，如 ou（意为“或者”）和 où（意为“哪里”），两个单词发音拼写完全一样，但是不同的词。

（5）软音符“¸”：只用于字母 c 下面，写作“ç”，因为法语中和英语中一样，c 在字母 a、o 前发 [k] 音，在 e、i 前发 [s] 音，如果在 a、o 前想让它发 [s] 音，需加软音符，如在 français。

（6）在部分法文的写法中，大写字母并不使用变音符号。

（二）音节的划分

1. 音节

法语单词由音节组成，音节的核心是元音。一般来说，一个单词有几个元音也就有几个音节。法语的重音一般落在单词或词组的最后一个音节。

开音节：读音中以元音结尾的音节，如[ma]。

闭音节：读音中以辅音结尾的音节，如[mal]。

2. 音节的划分

（1）两个元音相连，音节从他们中间分开，如 idéal[i-de-al]。

（2）两个元音之间的单辅音属于下一个音节，如 aimer[ε-me]。

（3）两个相连的辅音分属前后两个音节，如 service[sεr-vis]。

（4）三个辅音相连时，前两个辅音属于前一个音节，第三个则属于下一个音节，如 abstenir[abs-te-nir]。

（5）辅音和 [l] 或 [r] 组合成不可分割的辅音群。在词首和词中，辅音群与后面的元音构成一个音节，如 tableau[ta-blo]；在词末则自成一个音节，如 maigre[mε-gr]。

（三）读音规则

（1）元音字母除 e 外，在词尾发音。

（2）辅音字母除 c、f、l、q、r 外，其余在词尾不发音；h 在单词中任何位置都不发音。

（3）在同一节奏组中，如果前一词词末是原来不发音的辅音字母，后一词以元音或哑音 h 开头，则前一辅音字母发音，这称为联诵。

（4）两个相同相连的辅音合为一个发音。

（5）两个及两个以上的辅音相连为辅音群，辅音群中，[p]、[t]、[k] 送气。

（6）少数以元音字母结尾的单音节词在元音开头的词前常去掉结尾元音和下一词合读，这称为省音，书写上去掉结尾元音字母，加’与后一词合写。

（7）元音字母或字母组合后加 m 或 n 时共同发鼻化元音，但当 m、n 后再分别有 m、n 或有元音则正常发音。

（8）以 [r]、[ʒ]、[v]、[z]、[j]、[vr] 结尾的重读闭音节中，紧接这些音的元音发长音。

（9）鼻化元音及 [ø]、[o] 在词末闭音节中读长音。

（10）词或词组的重音落在它的最后一个音节上，每个节奏组的最后一个音节为节奏重音，节奏组中无停顿，但句首及 [ə] 不能有重音。

五、餐厅用语法语

（一）常用餐饮词汇

1. 早餐

面包 pain　法式土司 pain perdu　华夫饼 gaufres
培根 bacon　香肠 saucisse　薄煎饼 crêpes
烤面包 toast　煎蛋 oeuf frit

2. 正餐

汤 soupe　浓汤 potage　炖菜 ragout
烤肉 rôti　米饭 riz　面条 nouilles
肉汤 bouillon　馅饼 tourte / tarte　咖喱 curry
炒菜 sauté　蔬菜沙拉 salade

3. 肉类

牛肉 bœuf　猪血香肠 boudin　鹌鹑 caille
鸡肉 poulet　猪肉 porc　里脊 filet
鸡胸肉 filet de poulet

4. 蔬菜

白萝卜 radis blanc　西红柿 tomate　甜瓜 melon
南瓜 citrouille　黄瓜 concombre　大白菜 chou chinois
青菜 sucrine

5. 水果

李子 prune　枣子 jujube / la dette　樱桃 cerise
西瓜 pastèque　梨 poire　葡萄 raisin
草莓 fraise　柠檬 citron

6. 饮品

茶 thé　咖啡 café　啤酒 bière
苏打 soda　速溶咖啡 café instantané / expresso
热可可 chocolat chaud　矿泉水 l'eau minérale　茅台酒 Maotai
伏特加 vodka　鸡尾酒 cocktail　威士忌 whisky

白酒 alcool de céréales / alcool blanc

7. 餐饮器具

玻璃杯 verre
咖啡杯 tasse à café
酒杯 verre à vin
盘子 assiette
餐叉 fourchette
托盘 plateau
餐刀 couteau
叉子 fourchette
汤匙 cuillère à soupe
筷子 baguettes
餐巾 serviette
纸巾 mouchoir
牙签 cure-dent
启瓶器 tire-bouchon
碗 bol

8. 法语中的中国美食

宫保鸡丁 sauté de poulet épicé aux cacahouète 或 poulet Gong Bao / poulet à l'impériale

鱼香肉丝 émincés de porc à la sauce piquante

麻婆豆腐 Mapo doufu，或者 Tofu sauce épicée

四川火锅 Fondue sichuannaise

剁椒鱼头 la tête du poisson épicée

扬州炒饭 riz cantonais（解释：在法国，炒饭被统称为 riz cantonais）

北京烤鸭 Le canard laqué de pékin

咕噜肉 porc aigre-doux / porc au caramel

（二）餐厅对话

1. 在快餐厅（Au fastfood）

A: Bonjour Monsieur, qu'est-ce que vous d é sirez? 您好先生，您要点什么?

B: Un Kebab avec des frites, s'il vous plâit. Kebab. 一种土耳其烤肉和薯条。

A: Quelle sauce vous voulez ? 您想要什么酱?

B: Mayonnaise, s'il vous plaît. 请给我来一个蛋黄酱。

A: Des boissons? 饮料呢?

B: Un coca s'il vous plaît. 那，来一个可乐吧。

A: Dans ce cas-là, c'est mieux de prendre le menu, c'est moins cher. 好的，我建议您来个套餐，会更便宜。

B: ça fait combien ce menu? 这个套餐多少钱?

A: Six euros cinquente. 6.5 欧元。

2. 在餐厅（Au resto）

A: Bonjour Madame, qu'est ce que vous voulez comme entrée? 您好女士，前菜要点什么?

B: Une salade s'il vous plaît. 请来一份沙拉。

A: Et votre plat principal? 主菜呢?

B: Boeuf à l' étouffée. 炖小牛肉。

A: Et vous Madame? 您呢，女士?

B: Carpaccio de Boeuf s'il vous plaît. 牛肉 Carpaccio（生薄牛肉片配马槟榔，加特殊酱料生吃的肉菜）。

A: Alors, je vous propose ce Margaux pour l'accompagner. 好，那么我建议您来这瓶马尔戈地区的红酒。

B: Merci, mais, on préfère deux verres de Cognac s'il vous plaît. 我们更喜欢来两杯干邑白兰地酒。

A: Pas de problème. 没问题。

六、法国餐饮文化

法兰西共和国简称法国，是一个本土位于西欧的半总统共和制国家，海外领土包括南美洲和南太平洋的一些地区。法国为欧洲国土面积第三大、西欧面积最大的国家，东与比利时、卢森堡、德国、瑞士、意大利接壤，南与西班牙、安道尔、摩纳哥接壤。本土地势东南高西北低，大致呈六边形，三面临水，南临地中海，西濒大西洋，西北隔英吉利海峡与英国相望。

（一）法国菜简介

法国菜的文化源远流长，相传 16 世纪意大利女子凯瑟琳嫁给法兰西国王亨利二世以后，把意大利文艺复兴时期盛行的牛肝脏、黑菌（黑松露）、嫩牛排和奶酪等烹饪方法带到法国。路易十四还曾发起烹饪比赛，即现今流行的 Corden Bleu 奖，曾任英皇乔治四世和帝俄沙皇亚历山大一世首席厨师的安东尼·凯莱梅写了一本饮食大字典，成为古典法国菜式的基础。17 世纪后，法国菜不断的精益求精，并将以往的古典菜肴推向所谓的新菜烹调法，并相互运用，调制的方式讲究风味、天然性、技巧性、装饰和颜色的配合。法国菜因地理位置的不同而含有许多地域性菜肴。法国北部畜牧业盛行，各式奶油和乳酪让人食指大动，南部则盛产橄榄、海鲜、大蒜、蔬果和香料。

法国菜在材料的选用方面较偏好牛肉、小牛肉、羊肉、家禽、海鲜、蔬菜、蜗牛、松露、鹅肝及鱼子酱；而在配料方面采用大量的酒、牛油、鲜奶油及各式香料。在烹调时，火候占了非常重要的一环，如牛、羊肉通常烹调至六七分熟；海鲜烹调时须熟度适当，不可过熟，尤其在酱料的制作上，特别费功夫。酱料使用的材料很广泛，无论是高汤、酒、鲜奶油、牛油，还是各式香料、水果等，都运用得非常灵活。

（二）法国的饮食文化特点

（1）烹调：注重火候，讲究调料及菜肴的鲜嫩，强调菜肴的质量，在调味上，善用酒水。

（2）口味：一般喜肥、浓、鲜、嫩，偏爱酸、甜、咸味。

（3）食品：主食为面包，爱吃点心；副食爱吃肥嫩猪肉、羊肉、牛肉，喜食鱼、虾、鸡、鸡蛋及各种肠子和新鲜蔬菜，蜗牛和鹅肝为法国特色菜；喜用丁香、胡椒、香菜、大蒜、番茄汁等作调料。

（4）制法：偏爱用煎、炸、烧、烤、炒等烹调方法制作菜肴。

（5）菜谱：主要有法式蜗牛、肥鹅肝、黑松露、牛排、马赛鱼羹、红酒烩鸡、法式洋葱汤、血鸭等风味菜肴。

（6）酒水：对酒嗜好，尤其爱饮葡萄酒、玫瑰酒、香槟酒等，一般不能喝或不会喝酒的人也常喝些啤酒；他们常喝的饮料有矿泉水、苏打水、橘子汁、红茶或咖啡等。

（7）果品：法国人爱吃水果，苹果、葡萄、猕猴桃等是他们爱吃的品种；干果喜欢葡萄干等。

（8）就餐氛围：法国人特别追求进餐时的情调，比如精美的餐具、幽幽的烛光、典雅的环境等。

（9）菜单：法国餐的菜单很简单，主菜不过 10 多种，但都制作精美。

（三）法国人的餐饮时间

早餐大约在 7 时和 9 时之间，之后会有安排一顿早午餐；正式的午餐在正午到 14 时之间，午后会有点心与品茶时间；晚餐一般在 20 时左右，正式的晚宴前还会有开胃酒酒会与自助冷餐会等，晚餐后有时会有夜宵。

（四）餐桌文化

1. 餐具摆放

餐巾在用餐前就可以打开；点完菜后，在前菜送来前的这段时间把餐巾打开，往内摺 1/3，让 2/3 平铺在腿上，盖住膝盖以上的双腿部分，最好不要把餐巾塞入领口；杯子放在盘子右前方，从左到右从大到小递减；一般在餐桌 上会放有至少两个高脚杯，一个盛水，另外一个盛酒，还有细长的酒杯是用来喝香槟或起泡酒的；在换酒喝的时候，也需要同样换杯子。

2. 点菜顺序

第一道菜：汤类。有蔬菜汤和鲜美的海鲜汤，如洋葱汤、奶油蘑菇汤等。

第二道菜：头盘。一般是冷菜，如沙丁鱼、鹅肝酱、沙拉等。在上菜之前会有一道面包。

第三道菜：主菜。主菜以肉类、海鲜为主，通常只有一道，圣诞节通常会有多道主菜。

第四道菜：甜品。甜品可以是冰淇淋、蛋糕等。

3. 法国餐桌礼仪

（1）餐厅就餐礼仪主要分座位预定、入座、开胃酒、点菜几方面。

①座位预定：座位一定要提前预定，说明人数、时间，还有位置要求（吸烟或非吸烟区）。

②入座：最得体的入座方式是从左侧入座。当椅子被拉开后，身体在几乎要碰到桌子时站直，领位者会把椅子推进来，腿弯碰到后面的椅子时，就可以坐下来。用餐时，上臂和背部要靠到椅背，腹部和桌子保持约一个拳头的距离，保持两脚交叉的坐姿。

③开胃酒：侍者在递上餐牌前，都会先问你要不要来杯开胃酒。

④点菜：按照汤类、头盘、主菜、甜品的顺序点菜。

（2）家中宴请就餐礼仪主要有以下几项。

①参加正式的宴请，当女主人把餐巾铺在腿上，是宴会开始的标志；当宴会开始时，你要做的就是把餐巾打开，向内折 1/3，平铺在双腿上。

②女主人把餐巾放在桌子上，则是宴会结束的标志。

③用餐结束后，你要做的是将腿上的餐巾拿起，随意叠好，把它放在餐桌的左侧，然后起身离座。

（3）其他注意事项有如下几项。

①就座时，身体要端正，手肘不要放在桌面上，不可跷足，与餐桌的距离以便于使用餐具为佳。餐台上已摆好的餐具不要随意摆弄。

②将餐巾对折轻轻放在膝上。

③每次送入口中的食物不宜过多，在咀嚼时不要说话，更不可主动与人谈话。

④喝汤时，用汤勺从里向外舀。汤盘中的汤快喝完时，用左手将汤盘的外侧稍稍翘起，用汤勺舀净即可。吃完汤菜时，将汤匙留在汤盘（碗）中，匙把指向自己。

⑤吃鱼、肉等带刺或骨的菜肴时，不要直接外吐，可用餐巾捂嘴轻轻吐在叉上再放入盘内。如盘内剩余少量菜肴时，不要用叉子刮盘底，更不要用手指相助食用，应以小块面包或叉子相助食用。

⑥吃面条时要用叉子先将面条卷起，然后送入口中。

⑦面包应掰成小块送入口中，不要拿整块面包咬。抹黄油和果酱时也要先将面包掰成小块再抹。

⑧切忌乱使刀叉，要由最外边的餐具开始，由外到内。

⑨切忌乱摆乱放用过的刀叉。吃完每道菜，将刀叉四围放，又或者打交叉乱放，是非常不礼貌的。应该将刀叉并排放在碟上，叉齿朝上。

4. 饮酒礼仪

饮酒顺序讲究先轻后重、先甜后干、先白后红，一般普通酒先上，越晚饮的酒越高档。除此以外，法国人也注重酒水与菜品的搭配，白葡萄酒配白肉（如鱼、虾、鸡胸肉等），红葡萄酒配红肉（如猪、牛、羊等），玫瑰红葡萄酒则配各类肉食，尤其是禽类。法餐每一道菜均与饮品搭配，且餐前一杯开胃酒不可缺少，所以酒类一般在点菜后才点。在餐前饮酒时法国人常说的一句祝酒词是："santée/ à la votre!" 该句的意思是："为我们的健康干杯！"

第五节　俄语与餐饮文化

俄语（Русский язык）是联合国的官方语言之一。俄语属于印欧语系中斯拉夫语族内的东斯拉夫语支。俄语为世界第四大语言，也是中国承认的少数名族正式语言之一。20世纪50年代前期，中国曾掀起一股“俄语热”，仅在新中国成立后两年，全国就开办了12所俄语专科学校，在校学生达到5000多人，另有57所高校开设了俄语专业或训练班，东北三省、北京等地的中学都开设了俄语课。近年，随着中国与俄罗斯双边关系的快速发展，以及全面战略合作伙伴关系的形成，俄语专业人才依然是中俄交流的重要载体。

一、俄语的起源和发展

（一）俄语的起源

9世纪初形成了统一的东斯拉夫语，即古俄语。公元863年传教士基里尔和梅福季前往斯拉夫部族的莫拉维亚（今捷克）传播基督教，兄弟二人创建并发展了一套斯拉夫字母表（见图7-7），后人称之为“基里尔字母”。这些字母构成了现代俄语和其他斯拉夫文字的基础。

至19世纪初，现代标准俄语逐渐形成，这一时期是俄罗斯文化的黄金时期，语言大师们对俄语不断加工和提炼，其中俄罗斯文学之父亚历山大·谢尔盖耶维奇·普希金（见图7-8）被认为是现代标准俄语的创始人。经过他们的加工和提炼，最终形成了统一的规范语言——现代标准俄语。

图7-7 斯拉夫字母表

图7-8 亚历山大·谢尔盖耶维奇·普希金

（二）俄语的发展及演变

至 1917 年，俄语成为沙俄唯一官方语言，但在苏维埃社会主义共和国联盟时期，每个加盟共和国依然有自己的官方语言，俄语就成为俄罗斯一体角色的语言。在 1989 年东欧剧变、1991 年苏联解体之后，独立国家鼓励发展本国的母语，从而扭转了俄语独大的状况，但是俄语作为大部分东欧和中亚国家沟通用语的角色始终不变。

在拉脱维亚，有超过 1/3 的俄语人口。在爱沙尼亚，俄语人口为当前国家人口的 1/4 左右。在立陶宛，俄语人口虽少于国家整体人口的 1/10，但大约 80% 波罗的海地区的人能用基本俄语交谈。芬兰曾经是俄国的一部分，也仍保留了几个俄语社区。

在 20 世纪，俄语广泛被华沙条约的成员学校使用，这些国家包括波兰、保加利亚、捷克、斯洛伐克、匈牙利、罗马尼亚和阿尔巴尼亚。但是，年轻一代的俄语通常都不流利，因为俄语不再在学校使用。此外，由于受到苏联影响，一些亚洲国家，譬如老挝、越南、柬埔寨和蒙古，依然会教授俄语，在阿富汗的几个部落，俄语也被作为混合语使用。

北美洲也有俄语社区，特别是在美国和加拿大的市区，如纽约、洛杉矶、旧金山、多伦多、迈阿密、芝加哥和克利夫兰郊区的里士满高地。在纽约、洛杉矶，俄语人口估计达 50 万人。

冷战期间，在中国，俄语被广泛使用，并作为很多人学习的第一外语。现在，在中国的俄语使用者主要分布于新疆维吾尔自治区的伊犁、塔城、阿勒泰地区，黑龙江省，以及内蒙古自治区的呼伦贝尔市的满洲里、额尔古纳等地的俄罗斯族聚集地。

（三）俄语方言

现代俄语主要有两种地域方言：南俄方言和北俄方言。中国俄罗斯族使用的俄语属于南俄方言。在南北方言区之间，从西北到东南有一个过渡性的区域，习惯称中俄方言区。后均规范成了现代标准俄语。

二、俄语的字母构成及发音

（一）俄语的字母构成

俄语字母是西里尔字母的变体，共 33 个，其中元音 10 个，辅音 21 个，还有 2 个无音字母。俄语字母分大小写，其字体分为手写体和印刷体。部分字母的印刷体和手写体有较大差异。俄语大写字母用于句子的首字母，以及专有名词（如人名、地名）的首字母。

1. 元音字母

а、о、у、ы、э、я、ё、ю、и、е。

2. 辅音字母

浊辅音字母 11 个：б、в、г、д、ж、з、л、м、н、р、й。

清辅音字母 10 个：п、ф、к、т、ш、с、х、ц、ч、щ。

3. 无音字母

硬音符号：ъ。

软音符号：ь。

（二）俄语的字母发音

表 7–8 是俄语字母表，列出了所有字母的大小写及其字母名称。

表 7–8　俄语字母表

大写字母	小写字母	字母名称	发音（IPA）
А	а	а	[ɑ]
Б	б	бэ	[b]
В	в	вэ	[v]
Г	г	гэ	[g]
Д	д	дэ	[d]
Е	е	йэ	[jɛ]、[ʲɛ]、[ɛ]、[ɨ]
Ё	ё	йо	[jœ]、[ʲœ]、[ɔ]
Ж	ж	жэ	[ʐ]
З	з	зэ	[z]
И	и	и	[i]、[ʲi]、[ɨ]
Й	й	и краткое	[-j] 字母不放在词首
К	к	ка	[k]
Л	л	эль	[l]
М	м	эм	[m]
Н	н	эн	[n]
О	о	о	[ɔ]
П	п	пэ	[p]
Р	р	эр	[r]
С	с	эс	[s]
Т	т	тэ	[t]

续 表

大写字母	小写字母	字母名称	发音（IPA）
У	у	у	[u]
Ф	ф	эф	[f]
Х	х	ха	[x]
Ц	ц	цэ	[ts]
Ч	ч	че	[tɕ]、[dʑ]
Ш	ш	ша	[ʂ]
Щ	щ	ща	[ɕː]
无大写	ъ	твёрдый знак（硬音符号）	字母不发音，起分隔作用
无大写	ы	ы	[ɨ]
无大写	ь	мягкий знак （软音符号）	字母本身不发音，跟在部分辅音后发 [ʲ]
Э	э	э	[ɛ]
Ю	ю	йу	[jʉ/ʲʉ]
Я	я	йа	[jæ/ʲæ]

俄语字母的音分为元音和辅音两种。辅音又分为清辅音(声带不振动）和浊辅音(声带震动）。此外，俄语的辅音还可以分为软辅音和硬辅音，二者发音动作基本相同，区别主要在于发软辅音时，舌中部需要向上颚抬起。

1. 元音

俄语中共有 10 个元音字母，分别是：а 、о 、у 、ы 、э 、я 、ё 、ю 、и 、е 。

元音字母 я 、ё 、ю 、е 如果在辅音字母之后，除了表示 а 、о 、у 、э 之外，还表示前面的辅音是软辅音。如果这四个字母在词首、元音字母后面或者字母 ъ 、ь 后面则表示辅音 й 和元音 а 、о 、у 、э 。

2. 辅音

俄语的辅音字母共有 21 个，但是辅音有 36 个。两个或两个以上相邻的辅音构成辅音连缀。此时读这些辅音是不能在辅音之间加入任何的元音。

3. 硬软辅音

按照发音时舌中部是否向上抬起可以分成硬辅音和软辅音。右上角有符号“'”的字母表示有相应的软辅音。

硬辅音：б、п、в、ф、д、т、з、с、г、к、х、м、н、л、р、ц、ж、ш。

软辅音：б'、п'、в'、ф'、д'、т'、з'、с'、г'、к'、х'、м'、н'、л'、р'、щ、ч、й。

4. 清浊辅音

按照声带振动与否可以分成清辅音和浊辅音。清浊辅音有成对的，也有不成对的。

清辅音：п、п'、ф、ф'、т、т'、с、с'、к、к'、ш、х、х'、ц、ч、щ。

浊辅音：б、б'、в、в'、д、д'、з、з'、г、г'、ж、л、л'、м、м'、н、н'、р、р'、й。

俄语字母的浊辅音在词尾时，要读成与之相对的清辅音，如 город（д 读成 т，城市）。当浊辅音 б、в、г、д、ж、з 在清辅音之前，要读成与之相对的清辅音，如 завтра（в 读成 ф，明天）。

而清辅音 п、ф、к、т、с、ш 在浊辅音之前，要读成与之相对的浊辅音，如 сделать（с 读成 з）。但是清辅音在浊辅音 в、л、м、н、р、й 前则不浊化。例如 книга（к 不浊化，书）。

5. 硬软符号

硬音符号（ъ）和软音符号（ь）不发任何音。

软音符号（ь）在词里表示它前面的辅音是软辅音，如 мать（母亲）；软音符号（ь）还有分音作用，表示他前面的辅音字母和后面的元音字母要分开读，如 статья（文章）。

硬音符号（ъ）用在 я、ё、ю、е、前面，起到分读的作用，如 съезд（代表大会）。

三、餐厅用语俄语

（一）常用餐饮词汇

1. 早餐

牛奶 молокó　　面包 хлеб　　鸡蛋 яйцо

奶油 пломбир　　酸黄瓜 солёный огурец

白菜 Капуста　　奶酪 сыр

2. 午餐 / 晚餐

鱼汤 рыбный суп　　肉汤 бульон　　冷盘 холодные закуски

烤牛排 жареный стейк　　熏鱼 Копчёная рыба　　点心 Десерт

红茶 чёрный чай

3. 肉类

羊肉 баранина　　牛肉 говядина　　鸡肉 курятина

香肠 колбаса　　猪肉 свинина　　鸭肉 утятина

4. **蔬菜**

黄瓜 огурец　胡萝卜 марковь　土豆 картофель

西红柿 помидор　菠菜 шпинат　白菜 капуста

蔬菜沙拉 салат из овощей

5. **水果**

苹果 яблоко　香蕉 банан　草莓 земляника

葡萄 виноград　橙子 апельсин　芒果 манго

柠檬 лимон　菠萝 ананас　樱桃 вишня

桔子 мандарин　梨 груша　西瓜 арбуз

6. **饮品**

水 водá　汽水 газированная вода　矿泉水 минерáльная водá

茶 чай　咖啡 кóфе　伏特加 Водка

白酒 китайская водка　香槟 шампáнское　葡萄酒 виноградное вино

7. **餐饮器具**

汤勺 Ложка　茶勺 Чайная ложка　刀叉 нож и вилка

碗 чашка　筷子 палочки для еды　餐巾 салфетка

盘子 тарелка　直身玻璃杯 стакан

8. **俄语中的中国美食**

包子 лепёшка　米饭 рис

葱油饼 Лепёшка с зелёным луком

南瓜饼 Тыквенные блинчики

春卷 Китайские рулетики

饺子 пельмени　面条 лапша

馄饨 круглые ушки

火锅 Китайский самовар

北京烤鸭 Утка по-пекински

水煮鱼 Острый вареный карп с овощами

松鼠鱼 Карп в кляре под кисло-сладким соусом

宫保鸡丁 Жареная курица с орехами в остром соусе

糖醋里脊 Свинина в кисло-сладком соусе

麻婆豆腐 Тофу Ма По

（二）餐厅对话

1. 对话一

A: Зравствуйте! 您好！

B: Зравствуйте! 您好！

A: Пожалуйста, вот меню. 请看下菜单，需要些什么。

B: Спасибо. К сожалению, я мало знаю китайские блюда. 谢谢。很可惜的是我不是很了解中国菜。

A: Не за что, у нас русские блюда и много местных блюд. 没关系的，我们餐厅也有俄国菜和许多的地方菜。

B: Мне нравятся русские блюда. 我喜欢俄国菜。

A: Пожалуйста. 请点吧。

B: Пожалуйста, чёрную икру и мясной салат. 那我点一份黑鱼子酱和肉沙拉。

A: Хорошо. А что из напитков? 好的。要喝点什么吗？

B: Бутылку сухого вина, на десерт фрукты и кофе с мороженым, пожалуйста. 一杯干葡萄酒，最后一道甜点请上水果和一份冰淇林咖啡。

A: Хорошо, минуточку. 好的，请稍等。

B: Спасибо. 谢谢！

2. 对话二

A: Что вы хотите заказать? 您想要点什么？

B: Что у вас бывает на обед? 你们的午饭一般有什么？

A: Рис и разные жаренные блюда: мясо и овощи. 米饭和各种炒菜：肉和蔬菜。

B: На первое мы возьмём куриный бульон, а второе мы закажем мясо с рисом, на третье мороженое. 第一道菜我们要鸡汤，第二道菜我们要米饭和肉饼，第三道菜要冰淇淋。

A: Не хотите ли вы что-нибудь выпить? 您们不想喝点什么吗？

B: Принесите нам, пожалуйста, стаканы пива. 请给我们拿几杯啤酒。

C: Дайте, пожалуйста, гамбург, стакан чая и стакан кока-колы. 请给我一份汉堡、一

杯茶、一杯可口可乐。

B: Девушка, у вас есть пельмени? 姑娘（服务员），你们这儿有饺子吗?

A: Да, сколько вам? 有，您要多少?

B: Пожалуйста, две порции. 请给拿两份。

C: У вас в баре дают ли чаевые? 在你们酒吧间就餐要付小费吗?

A: Кто как. 因人而异。

（三）常用词句

здравствуйте！ 您好!

Доброе утро! 早上好!

Добрый день! 下午安!

Добрый вечер! 晚上好!

добро пожаловать. 欢迎光临。

Спасибо. 谢谢。

Пожалуйста! 请！（不客气！）

Прошу простить меня. 对不起。

Прощай. 再见。

да. 是的。

Не является. 不是。

Вам это нужно? 您需要这个吗?

Вам помочь? 您需要帮忙吗?

Садитесь пожалуйста! 请坐!

Что вы хотите заказать? 您想要点什么?

Не хотите ли вы что-нибудь выпить? 你们不想喝点什么吗?

Могу ли я увидеть рецепт? 我能看一下菜谱吗？

Какие специальные блюда есть в вашем ресторане？你们店有什么特色菜？

Хорошо, минуточку. 好的，请稍等。

За дружбу. 为友谊干杯。

Простите, где туалет? 不好意思，厕所在哪里?

Проверьте, пожалуйста. 请结账。

Здесь есть китайский ресторан？这附近有中餐厅吗？

Вы говорите по - китайски? 你会说中文吗？

四、俄罗斯餐饮文化

俄罗斯餐饮文化中有“五大领袖”“四大金刚”“三剑客”这三种说法。

面包、牛奶、土豆、奶酪和香肠俗称“五大领袖”，圆白菜、葱头、胡萝卜和甜菜被称为“四大金刚”，还有就是“三剑客”指的是的黑面包、伏特加和鱼子酱。

（一）主要食材

主食多为黑麦、小麦面粉制成的面包。黑面包是俄罗斯人爱吃之物，并常以此为待客的食品。粥是各种麦子煮的，或者用荞麦煮。荞麦粥里往往放有鸡蛋、洋葱、蘑菇、原汗汤、鸡肉或别的肉类。

副食主要爱吃鱼、虾、羊肉、青菜和水果，如羊肉串、羊肉汤、烤羊肉、炸羊排、炸羊肠等。另外，在俄罗斯人的饮食中，奶类、乳类制品占有重要位置，牛奶、奶渣、鲜奶油、酸奶油、奶酪、黄油等一应俱全。

蔬菜主要吃黄瓜、西红柿、土豆、萝卜、生菜和洋葱。但俄罗斯人不吃某些海洋生物（乌贼、海蜇、海参）和木耳。

（二）特色餐食

黑面包：黑面包是由黑麦粉、荞麦、燕麦等原料烤制而成的面包，其嚼感紧实并带着强劲的酸味，切成一片一片的，是最具代表性的俄罗斯美食。黑面包既能饱腹又富有营养，还易于消化，对肠胃极有益，尤其适于配鱼、肉等荤菜。

罗宋汤：罗宋汤就是俄罗斯汤，又称红菜汤，是一种美味的蔬菜汤，大多数情况下是由甜菜煮成的。

鱼子酱：鱼子酱是俄罗斯的顶级美食，分为红鱼子酱和和黑鱼子酱两种，黑色的产于鲟鱼，红色的产于鲑鱼。为了避免高温烹调影响品质，鱼子酱一般生吃。

布林饼：布林饼是俄罗斯特色的薄煎饼，可以作为甜点、配菜，也可以作为主食食用。甜口的布林饼制作时会在面糊中加入苹果或者葡萄干，咸口的则会加入土豆泥。

格瓦斯：这是俄罗斯人夏天喜爱的传统饮料，是一种由薄荷、面粉、黑面包干、葡萄干、浆果及水果等再加上白糖天然发酵后制成的清凉饮料，味道酸甜，含有低度酒精。

伏特加：伏特加是俄罗斯的国酒，是以谷物或马铃薯为原料的一种酒精饮料。酒质晶莹澄澈，无色且清淡爽口，使人感到不甜、不苦、不涩，只有烈焰般的刺激，这形成了伏特加酒独具一格的特色。

（三）饮食特点

（1）酸：俄罗斯人喜欢吃酸的食品。面包、牛奶是酸的，菜、汤也多以酸主 。

（2）冷：午餐多数是冷盘。以红黑鱼子酱、香肠、火腿、红鱼、咸鱼、酸蘑菇、酸黄瓜、凉拌菜、奶酪等为主。

（3）汤：俄罗斯人午餐、晚餐喜欢喝汤，有肉汤、鱼汤、酸菜汤、红菜汤、白菜汤等。

（4）酒：俄罗斯人喜欢喝烈性酒，而且一般酒量都大，通常把啤酒当饮料。

（5）茶：俄罗斯人喜欢喝红茶，在茶中加柠檬片和糖；倒茶时，先从茶炊里倒出一些酽茶，然后用水冲淡。

在饮食习惯上，俄罗斯人讲究量大实惠、油大味厚。他们喜欢酸、辣、咸味，偏爱炸、煎、烤、炒的食物，尤其爱吃冷菜

俄罗斯的膳食以炖、煮、炸、烤为主。一般来说，传统的俄罗斯膳食比较简朴、单一。按照俄罗斯人的习惯，午餐和晚餐通常有三道菜。头道是热汤类，第二道菜一般是肉、鱼、禽、蛋制品及蔬菜，第三道菜通常是水果、饮料或甜食。在吃头道菜时还可以有冷盘。

俄罗斯人常饮用的饮料有蜂蜜、格瓦斯等。饮茶是俄罗斯人的嗜好，尤其是红茶，每家几乎都备有茶炊。俄罗斯人的饮茶习惯与中国人大不相同，一般要放糖，喝茶时，还喜欢就着果酱、蜂蜜、糖果和甜点心。俄罗斯人善饮，通常男人喜爱伏特加酒，女人喜爱葡萄酒和香槟酒。

（四）饮食风俗

1. 用餐时间

早餐：俄罗斯人吃早餐时间不一样，因为大家都在不同的时间起床，一般都是工作前吃早餐。俄罗斯人早餐喜欢吃一些面包和谷类食物，最常见的是牛奶燕麦粥、薄煎饼、干果、果酱和咖啡蛋糕。此外，俄罗斯人还有另一种常吃的食物是黄油搭配三明治。

午餐：上班族一般在 12 时到 13 时之间吃饭，不过大多数俄罗斯人没有午睡的习

惯，其他人在 15 时到 16 时之间吃午餐。午餐主要为沙拉，配菜比较常见的有土豆泥、肉馅饼和卷心菜等。俄罗斯人偏好喝红茶，下午的 17 时、18 时是他们的饮茶时间，会配上独特的黑面包。

晚餐：俄国人的晚餐时间通常不会晚于 21 时，晚上 19 时或 20 时是俄罗斯人的晚餐时间，晚餐也是俄罗斯人一天中最重要的一餐。最经典的晚餐是鱼肉沙拉，通常伴随着配菜、炒蛋或火腿。在莫斯科，苏联时代的遗风仍然流行，周末人们可能会一边看演出一边吃到晚上 23 时多，接着会跳舞、欣赏音乐或是观看文艺演出，这些节目都由餐馆提供。

2. 正餐构成

俄罗斯人的进餐方式是一道一道地吃。上菜时一般先上凉菜，如沙拉、火腿、鱼肉、鱼肉冻、凉拌生菜、酸黄瓜等，然后再上主菜，主菜有三道。

第一道是汤，如鲜鱼汤、清鸡汤、肉杂拌汤、肉丸豌豆汤、红菜汤等。俄罗斯人特别爱喝红菜汤，也称罗宋汤。俄罗斯人喝汤时可以吃面包，这和西方人不同。而且，餐桌上除白面包外，还要有一碟黑面包。

第二道是肉菜，如煎牛排、烤牛肉块、炸鸡、炸肉饼等，并配上土豆条、圆白菜、甜菜。

第三道也是最后一道，是甜食。一般是煮水果、果子冻、冰淇淋、点心、果汁、茶或咖啡等。在宴席上，一般还有鱼子酱，它是菜肴中的上品，有黑鱼子酱和红鱼子酱两种。其吃法是：先在白面包上抹一层黄油，然后把红或黑的鱼子酱沾在黄油上。

3. 用餐费用

在俄罗斯酒吧或咖啡馆喝一杯啤酒、一杯饮料或一杯咖啡的价格为 50 ~ 200 卢布。在中低档咖啡馆或酒吧吃一份早餐（含咖啡、面包、果汁）需 100 ~ 300 卢布。在快餐店（如麦当劳、肯德基、汉堡王、必胜客等）吃一份快餐的价格约为 200 卢布。在中低档餐馆吃一份套餐（含头道菜或汤、主菜、甜点、饮料或葡萄酒、面包等）的价格为 200 ~ 400 卢布。如果在餐馆点菜用餐，在中档餐馆，平均一个人的花费为 400 ~ 1000 卢布；在高档餐馆，平均一个人的花费为 1000 ~ 3000 卢布。俄罗斯餐馆一般都需要按照餐费的 10% ~ 15% 支付小费。

4. 就餐礼仪

（1）赴宴时间：俄罗斯人的时间观念很强，最好按时到达，迟到四五分钟也行，但千万不能迟到一刻钟以上。

俄罗斯人最偏爱“7 ”，认为它是成功、美满的预兆；忌讳“星期五”和数字“13”，忌讳双数。请客时从不请 13 个客人，结婚时也要避开每月的 13 日，家庭一般不在星期五举行较有纪念意义的活动。

（2）问候礼仪主要有以下几项。

①亲吻：在比较隆重的场合，男士弯腰吻妇女的左手背，以表尊重。长辈吻晚辈的面颊 3 次，通常从左到右，再到左，以表疼爱。晚辈对长辈表示尊重时，一般吻两次。女士之间如好友相遇时拥抱亲吻，而男士间则只互相拥抱。

②握手：俄罗斯人对于握手的礼仪非常讲究。在遇到上级或长辈时，不能先伸手。握手时要脱手套，站直，保持一步左右的距离，不能用力摇对方的手。一般与不熟悉的人握手，只能轻轻地握；用力握手表示亲近的关系。遇到妇女时，也要等对方先伸手。一般不与初次见面的妇女握手，而是鞠躬。很多人互相握手时，忌形成十字交叉形。

③送礼忌送刀、手绢、蜡烛。在俄罗斯，刀意味着交情断绝或彼此将发生打架、争执；手绢则象征着离别。俄罗斯人忌讳送黄色礼品，认为黄色象征着不忠诚；喜欢蓝色礼品，认为蓝色代表着友谊。

④参加俄罗斯人的家庭宴会或晚会时，要注意容貌和服装整洁。男士要事先刮脸，穿衣服必须打领带，衬衣下部要扎到裤腰里。参加宴会、舞会时要穿皮鞋，女士一般都穿裙子，显得高贵庄重。

（3）交谈话题主要有以下几个需要注意的方面。

俄罗斯人忌讳的话题有：政治矛盾、经济难题、宗教矛盾、民族纠纷、苏联解体、阿富汗战争，以及大国地位问题。

与俄罗斯人初次交谈，最好不要探问主人的生活细节，如年龄、工资等。尤其是对女子，在任何情况下都不要当面问其年龄。在公众场合不能抠鼻孔、伸懒腰、抓痒、大声咳嗽。交谈时，不能用手指他人。

交谈中避免使用“你应该”一词，俄罗斯人向来尊重个人意见，反感别人发号施令。不能说“你发福了”之类的话。朋友久别重逢，寒暄问候时，切不可论胖谈瘦，俄罗斯人觉得这是在形容其臃肿、丑陋。打招呼忌问“你去哪儿”，俄罗斯人认为这不是客套的问候，而是在打听别人的隐私。

（4）祝酒：俄罗斯说祝酒词的时间是有讲究的，一般是在宴会开始 10~15 分钟后，或是肉类热菜、甜品上桌之后。通常由主人致祝酒词，献给最重要的宾客或是庆祝最重要的事件。在一些大型宴会上一般只能组织一次祝酒。俄罗斯人祝酒庆相聚、祈健康、赞友谊、祝和平。如果是在朋友家聚会或做客，最后一杯一定要献给女主人，表示对她高超厨艺的赞赏和辛勤劳动的感谢。一般情况下，祈祷健康的祝酒应该是满杯，通常碰杯并一干到底。因此，说这类祝酒词时最好斟上香槟或淡酒。在其他情况下，听罢祝酒词，每位客人喝自己认为合适的量即可。

（5）其他注意事项。

①俄罗斯人在吃饭时采用的是分餐制，在吃饭之前要相互祝福，祝福固定的用语为“желаю вам хорошего аппетита（祝你好胃口）”。

②用餐的时候，俄罗斯人多用刀叉，不能用匙直接饮茶或让其直立于杯中。尽量避免因咀嚼、吞咽食物或使用餐具而发出声音，特别是在喝汤的时候。

③俄罗斯人在吃饭时，很忌讳横取食物（就是像我们吃羊肉串那样吃东西），在吃东西的时候要顺着餐具刀的刀口将食物咬下。

④在吃大块食物的时候，要用刀叉将其切成小块，而不能用手去撕。但是在吃面包的时候却相反，大块的面包要用手一块块地掰着吃，不能用口直接去咬。

⑤参加俄罗斯人的宴请时，宜对其菜肴加以称道，并且尽量多吃一些。俄罗斯人将手放在喉部，一般表示已经吃饱。

第六节　西班牙语与餐饮文化

西班牙语（Español）简称西语，属于印欧语系罗曼语族西罗曼语支。按照第一语言使用者数量排名，西班牙语是世界第二大语言，同时也是联合国的六大官方语言之一。随着世界各国与中国的发展关系力度加大，西语类国家与我国的交流合作也越加频繁，因此，西班牙语人才在中国的需求越来越大。目前在中国至少有 36 所高校将西班牙语列为本科专业，在校本科学生人数超过了 3000 人，未来“西语热”还将持续下去。

一、西班牙语的起源和发展

（一）西班牙语的起源

根据西班牙历史书，15 世纪前西班牙尚不是一个统一的国家，而且长期处于王国林立、外族统治、内战不断的状态，也就没有全境统一的语言，而是多种语言和方言共存。

公元前 218 年，罗马入侵伊比利亚半岛，拉丁语逐渐通行于该地区。5 世纪，罗马帝国崩溃，拉丁语逐渐分化。通俗拉丁语演变为罗曼诸语言，其一即西班牙语。12—13 世纪，卡斯蒂利亚的方言成为西班牙最具优势的方言，现代标准西班牙语就是在卡斯蒂利亚方言的基础上形成的。因此，西班牙语又称为卡斯蒂利亚语（特别是在拉丁美洲）。15 世纪，美洲新大陆被发现，西班牙语传入大陆（后来的拉丁美洲国家），同时也吸收了美洲本地语言的一些词语。由于历史上民族间的接触，西班牙语还受过日耳曼语和阿拉伯语的影响。西班牙语在语音、词汇、语法体系等方面继承了拉丁语的特点，并且大部分词语源自拉丁语。

西班牙语属屈折型语言。经过长期演变，它的词尾屈折已大大简化。名词分阳性和阴性，但在某些结构中还能见到中性的痕迹。复数在词尾加 -s 或 -es。形容词在语法上与名词有协调关系，词尾变化与名词相同。动词仍保留相当多的屈折，但很有规则。由于动词词尾已足以表示人称，主语有时会省略。经过几个世纪的演变，拉丁美洲的西班牙语形成了若干地区方言，它们在语音、词汇和语法的某些方面具有不同于欧洲西班牙语的特点。

（二）拉丁美洲及拉美西班牙语的区别化

拉丁美洲（简称拉美）通常用来指美国以南的美洲大片，以及以罗曼语族语言作为官方语言或者主要语言的地区。因为罗曼语族衍生于拉丁语，拉丁美洲由此得名。拉丁美洲由墨西哥、大部分的中美洲、南美洲及西印度群岛组成。拉丁美洲共有 34 个国家和地区，自然资源丰富但经济水平相对较低。本区居民主要以农业生产为主。工业以初级加工为主，该地区国家均为发展中国家。

拉丁美洲东临大西洋，西靠太平洋，南北全长 11000 多千米，东西最宽处 5100 千米，最窄处巴拿马地峡仅宽 48 千米。北部有墨西哥湾和加勒比海，面积 2056.7 万平方千米。人口主要是印欧混血种人和黑白混血种人，其次为黑种人、印第安人和白种人。

拉美西班牙语的区别化：

（1）拉美西班牙语的特点在于模糊，这是语速较快的原因之一。

（2）拉美西班牙语融合了以前的原住民语言，所以感觉跟西班牙的西班牙语不一样。

（3）拉美西班牙语很多时候省去了 s 音，这在西班牙南部的一些地区也尤为常见。

（4）很多拉丁美洲国家的西班牙语融合了其他语言。例如，在阿根廷，西班牙语受意大利语的影响，其特点在于倒数第二音节拖长并且音调下降。在波多黎各、墨西哥等地，则受到很多英语的影响。比如，再见不说 chao 或是 hasta luego（西语中的“再见”），而是说 te veo（对应英语的 see you）。

（三）西班牙语的发展和演变

1. 西班牙语在拉丁美洲的发展

自 1492 年美洲这片新大陆被哥伦布发现后，当地的印第安土著居民就开始遭受巨大的摧残和折磨。西班牙语在新的环境里深深扎根，形成了美洲的卡斯蒂利亚语。各种土著语言与卡斯蒂利亚语交流融合，形成了地方特色。为了防止语言的离异文化，西班牙皇家语言科学院相继在拉丁美洲各国建立了相应的纯文学机构，现在共有 19 个美洲和加勒比海国家使用西班牙语。

2. 西班牙语在美国的发展

在 1898 年的美西战争中，美国从西班牙手中夺得波多黎各等地，这些地区的原居民都是讲西班牙语的拉美人。另外，移居美国的拉美人在数量上呈不断上升趋势，正迅速改变美国的人口结构。在美国，有超过 2300 万的人说西班牙语，占人口总数的 12%，是美国的第二大语言。

在许多城市有西语电台、电视台、报刊杂志，公告、路标和票据上都有英语和西班牙语双语标示，学校实施双语教学。很多美国的拉美移民说英语时，不时地夹杂着西班牙语的词汇，有时他们甚至会用西班牙语的构词法来构造英语词汇，结果形成了美国人所称的 Spanglish，即西班牙式英语。

3. 西班牙语在世界范围的发展

如今，西班牙语的使用地区主要分布在拉丁美洲除巴西、伯利兹、法属圭亚那、海地等以外的国家及西班牙本土。西班牙语在美国南部的几个州、菲律宾及非洲的部分地区（包括赤道几内亚、西撒哈拉、西班牙的非洲领土部分），也有相当数量的使用者。

西班牙语是非洲联盟、欧盟和联合国的官方语言之一。

21 世纪，除西班牙外使用西班牙语作为官方语言的国家有阿根廷、玻利维亚、智利、哥伦比亚、哥斯达黎加、古巴、多米尼加、厄瓜多尔、萨尔瓦多、赤道几内亚、危地马拉、洪都拉斯、墨西哥、尼加拉瓜、巴拿马、巴拉圭、秘鲁、乌拉圭和委内瑞拉。

二、西班牙语的字母构成及发音

（一）西班牙语的字母构成

根据 1994 年西班牙皇家语言科学院的决定，“ch”跟“ll”不再作为单独的字母出现在字母表中，但是不受该院管辖的拉丁美洲西班牙语则依然将这两个字母列在字母表内。西班牙语（除去 ch、ll）共 27 个字母；a、b、c、d、e、f、g、h、i、j、k、l、m、n、ñ（西班牙特殊字母）、o、p、q、r、s、t、u、v、w、x、y、z。经过几个世纪的演变，拉丁美洲的西班牙语形成了若干地区方言。

（二）西班牙语的字母发音

西班牙语共有 27 个字母（除去 ch 和 ll），即 5 个元音字母 a、e、i、o、u 和 22 个辅音字母 b、c、d、f、g、h、j、k、l、m、n、ñ、p、q、r、s、t、v、w、x、y、z。西班牙语的字母发音比较单一，在语音、词汇、语法体系等方面继承了拉丁语的特点。其共有 24 个音位，其中有 5 个单元音（a、e、i、o、u）和 19 个辅音。b 和 v 的发音相同，h 不发音。此外还有大量二重元音和三重元音。

1. 单字母发音

西班牙语字母的发音比英语更有规律，无论是元音还是辅音，每个字母都有独立的发音方式，尤其是元音，基本都是单一的发音。因此，西班牙语入门比英语相对更容易。西班牙语字母表如表 7–9 所示。

表 7–9　西班牙语字母表

大写字母	小写字母	字母名称	大写字母	小写字母	字母名称
A	a	a	M	m	eme
B	b	be	N	n	ene
C	c	ce	Ñ	ñ	eñe
CH	ch	che	O	o	o
D	d	de	P	p	pe
E	e	e	Q	q	cu
F	f	efe	R	r	ere

续 表

大写字母	小写字母	字母名称	大写字母	小写字母	字母名称
G	g	ge	S	s	ese
H	h	hache	T	t	te
I	i	i	U	u	u
J	j	jota	V	v	uve
K	k	ka	W	w	doble uve
L	l	ele	X	x	equis
LL	ll	elle	Y	y	i griega
			Z	z	zeta

2. 辅音连缀

辅音 l 或 r 放在 p、b、c、g、f、t、d 之后构成辅音连缀（+l: pl、bl、cl、gl、fl；+r: pr、br、cr、gr、fr、tr、dr）。辅音连缀的发音技巧是将其看成一个整体，发音时应迅速从第一个辅音字母过渡到第二个辅音字母，中间不可停顿。

3. 二重元音

西班牙语的 5 个元音中，有 3 个强元音（a、e、o）和 2 个弱元音（i、u）。二重元音则由 1 个强元音和 1 个弱元音或 2 个弱元音构成。例如：

（1）弱元音 + 强元音：ia、ie、ue、ua、uo。

（2）强元音 + 弱元音：ei、oi、au、eu、ou。

（3）弱元音 + 弱元音：ui。

4. 三重元音

三重元音由 2 个弱元音和 1 个强元音组成。强元音位于 2 个弱元音之间，在重读音节中，三重元音的重音落在强元音上，如 iai、iei、ioi、iau、uay、uey、uau。

三、西班牙语的读音规则

西班牙语的读音规则主要包括重音和音节的划分。

（一）重音

不管一个词有几个音节，它的重音一般只有一个，这里仅列举最基本的重音规则。

（1）有重音符号的，重读重音符号所在音节，如 médico。

（2）没有重音符号，且以 n、s 或元音字母结尾的单词，重音一般在倒数第二个音节上，如 amigo、somos、presentan。除此以外，重音位于最后一个音节上，如 profesor、 universidad、español。

（3）当二重元音为重读音节时，重音落在强元音上，如 bueno、siempre、estudiante。

（二）音节的划分

（1）单词音节以元音来划分，有几个元音就有几个音节，辅音不能单独构成音节。音节可以由一个元音组成，也可以由一个元音和几个辅音组成。如果一个辅音位于两个元音之间，则和后面的元音构成音节，如 amigo（a-mi-go）。

注意：两个重叠的 ll 在西班牙语中是一个独立辅音的书写标志，名为 ele。在划分音节时，将其视为一个辅音，如 ella（e-lla）。

（2）两个相邻的辅音（位于词首的除外）分属前后两个音节，如 gusto（gus-to）。

（3）二重元音和它前面的辅音构成一个音节，如 bueno（bue-no）。

注意：两个强元音在一起或强弱元音组合中的弱元音带有重音符号时，不构成重元音，而变成了两个独立的元音，即两个音节，如 empleado（em-ple-a-do）。

（4）三重元音构成一个音节，如 Paraguay（Pa-ra-guay）。

（5）辅音连缀应看做一个整体来划分音节，如 madre（ma-dre）。

四、餐厅用语西班牙语

（一）常用餐饮词汇

1. 早餐

牛奶 leche　　麦片 cereal　　面包 pan

咖啡 café　　果酱 mermelada　　奶油 crema

黄油 mantequilla　　奶酪 queso　　蛋 huevo

高乐高，可可粉 cola cao　　饼干 galleta

2. 午餐 / 晚餐

由于早餐和午餐之间相隔时间较长，在早午餐之间会进行加餐，在西班牙餐名为 almuerzo，但在拉丁美洲 almuerzo 译为午餐。

饭后甜点 postre　　玉米粉 harina de maíz　　第一道 de primero

第二道 de segundo

3. 禽类

鸡肉 pollo　　鸡胸 pechuga　　鸡腿 muslo piernas

鸡翅 ala / alitas

4. 肉类

牛肉 res ternera	猪肉 cerdo	瘦肉 posta
火腿 jamón	培根 beicon	五花肉 panceta
熏肉 tocina	新鲜香肠 chorizo	

5. 海鲜

鱼 pescado	鱼扒 filete	虾 camarón/gambas
龙虾 langosta	鱿鱼 pulpo/calamar	

6. 果实

西红柿 tomate	黄瓜 pepino	南瓜 calabaza
嫩玉米 elote / maíz	辣椒 chile/pimienta	马铃薯 papa / patata
胡萝卜 zanahoria		

7. 蔬菜

红甜菜 remolacha	甜菜 acelga	大蒜 ajo
洋葱 cebolla	菠菜 espinaca	生菜 lechuga
洋蓟 alcachofa	豆角 judías	琉璃苣 borrajas
茄子 berenjena	辣椒 pimiento（不辣的、大的那种）	

8. 饮品

烈酒 licor	啤酒 cerveza	葡萄酒 vino
茶 té	香槟 champán	鸡尾酒 cóctel

果汁 jugo（拉美）zumo（西班牙 jugo 一般指菜里边的汤汁）

橙汁 jugo / zumo de naranja	冰块 hielo	加冰块 con hielo
不加冰块 sin hielo	常温 temperatura 或者 de tiempo	
水 agua	热水 agua caliente	冷水 agua frío
苦艾酒 vermut	柠檬水 limonada果汁红酒 tinto de verano cava	

9. 餐饮器具 cubiertos

餐桌 mesa	椅子 silla	餐巾（纸）servilleta
糖罐子 azucarera	糖 azúcar	调味酱瓶 salsera
盐 sal	酒杯 copa	水杯 vaso

杯（茶、咖啡）taza　　盘碟 plato / 小碟子 platito

餐刀 cuchillo　　叉子 tenedor　　筷子、牙签 palillos

汤匙 cuchara

10. 西班牙语中的中国美食

宫爆鸡丁 cuadritos de pollo en salsa de chile

北京烤鸭 pato laqueado de Beijing

红烧牛肉 carne de res estofada

炒饭 arroz frito

饺子 los ravioles

菠萝咕噜肉 piña cerdo agridulce

叉烧肉 carne porcina asada y condimentaba a la guangdongnesa

醋溜鱼 pescado en salsa agria

（二）餐厅对话

1. 对话一

Kara: ¡Hola! 您好！

Mark: Bienvenidos , buenas tardes. ¿Qué le / les pongo? 欢迎光临，下午好！您们要点什么？

Kara: Para mí un café con leche, y para mi amigo, una limonada sin hielo. 我要一杯加奶咖啡，我朋友要一杯柠檬水，不加冰。

Mark: Muy bien. Para usted, un café con leche, y para su amigo, una limonada. 好的，您要一杯加奶咖啡，您的朋友要一杯不加冰柠檬水。

Kara: Sí. 是的。

Mark: Muy bien, Esperen un momento. 好的，请稍等。

Kara: Gracias. 谢谢。

2. 对话二

Camarero: Buenas noches. ¿En qué puedo servirles? 晚上好，有什么可以帮助您吗？

Antonio: ¿Es verdad que este restaurante prepara los mejores mariscos de la ciudad? 这家餐厅是城里海鲜做得最好的，是吗？

Camarero: Sí. aquí servimos la mejor paella del mundo. 是的，我们这里提供最世界最

好的海鲜饭。

Cecilia: ¡Qué bueno! 听起来不错!

Camarero: Aquí está el menú. ¡Deseáis un aperitivo primero? 这是菜单。你们想先来杯开胃酒吗?

Antonio: Sí, dos vermús dulces, por favor... 是的，请来两杯甜苦艾酒。

Cecilia: y dos raciones de lancostas camarones a la plancha. 和两份烤龙虾。

Camarero: Muy bien.¿Necesita pedir la comida ahora? La paella nececita tiempo. 好的。您们现在就点正餐吗？海鲜饭需要一些时间。

Cecilia: Sí, vamos a pedir dos paellas , ¡ con muchos mariscos! 是的，我们点两份海鲜饭，要很多海鲜!

Antonio: Además, pan con mantequilla. Y de postre. dos flanes. 还要面包和黄油。甜点要两份蛋奶糕。

Camarero: ¿Algo de beber con la cena? 晚餐要配酒水吗?

Cecilia: Una botella de vino blanco para acompañar la paella. 一瓶白葡萄酒配海鲜饭。

Antonio: ¿Aceptan ustedes tarjetas de crédito? 可以刷卡吗?

Camarero: por supuesto. Y cheques de viajero también. 当然。旅行支票也可以。

（三）常用词句

Hola. 你好。Gracias. 谢谢。De nada. 不客气。Adiós. 再见。Sí. 是的。No. 不是的。

¿De dónde eres? 你来自哪里?

Soy de China. 我来自中国。

¿Puedo ver el menú, por favor? 我能看一下菜谱吗？

¿Me recomienda un buen vino local? 你能推荐一种不错的本地酒吗？

¿Una cerveza, por favor? 请给我来一杯啤酒。

¿Tienen comidas para niños? 您们有没有儿童食物？

¿Cuáles son las especialidades de la casa? 本地 / 你们店有什么特色菜？

¿Qué es esto? 这是什么？

Quiero esto / un café. 或者可以说 Para mí, esto / un café. 我想要这个 / 一杯咖啡。

Me gusta. / Delicioso. 我喜欢 / 很好吃。

¿Dónde está el baño? 请问洗手间在哪?

La cuenta, por favor. 请结账。

Soy vegetariano / a. 我是素食者。

¡Buen provecho! 祝你好胃口！

Una mesa para... personas, por favor. 请找一张……人的桌子。

¡Salud!/chinchin 干杯！祝大家健康！

五、西班牙餐饮文化

西班牙位于欧洲西南部的伊比利亚半岛，地处欧洲与非洲的交界处，西邻葡萄牙，北濒比斯开湾，东北部与法国及安道尔接壤，南隔直布罗陀海峡与非洲的摩洛哥相望。因为其三面环海，所以饮食呈现地中海餐饮特征，喜欢用橄榄油、番茄、鱼类、大蒜等。阿拉伯人（北非摩尔人）曾给这片土地带来了藏红花、大米、柑橘、柠檬、石榴、杏仁、茄子、孜然、香菜等。西班牙的烹调方式中煎炸类食物占有举足轻重的地位。西班牙菜式整体呈现清新、新鲜、丰富等特点。

（一）饮食特点

1. 主要食材

西班牙常见食材包括大蒜、橄榄、乳酪、海鲜、红椒、杏仁、火腿和香肠。

2. 特色餐食

西班牙最著名的就是海鲜饭（paella），这道用新鲜海鲜、肉类，搭配蔬菜及番红花等特殊香料慢慢焖装而成的米食，口味十分特别。烹煮出来的饭粒都呈现金黄色，光看起来就十分令人垂涎，加上各式各样当日的海鲜，铺满在金黄色的饭粒上，让人很难拒绝这份人间美味（见图 7–9）。

图 7–9 海鲜饭

除此以外，塔帕斯（tapas）在西班牙人的饮食习惯中占有很重要的位置（见图 7–10）。Tapas 是西班牙的开胃菜也是下酒菜，或者有人把它当作是主餐之间的点心。西班牙人喜欢一边喝酒，一边享用小菜。Tapas 一开始就是酒馆里用小碟盛的小菜，发展到现在，其种类越衍越多，甚至已经变成了主餐。

Tapas 有冷热盘之分，肉类和海鲜或蔬菜类都有。值得一提的是西班牙人会食用动物内脏，这也是西班牙人有别于一般欧陆国家的地方。

图 7-10 Tapas 及小食

西班牙是世界第三大葡萄酒产国，仅次于意大利及法国。因为伊比利半岛到处都适合栽种葡萄，因此葡萄栽种面积居世界第一位。在西班牙，餐与酒是分不开的，西班牙有句谚语：品尝葡萄酒如同与上帝对话。对于笃信天主的西班牙人来说，这无疑是极高的礼赞，而他们互相敬酒的颂语也是为爱、为健康、为财富干杯。西班牙的国酒雪莉酒（Sherry），是葡萄酒经酒精加强而得的加烈酒。18 世纪时，西班牙生产的葡萄酒要运送到英国，为保持品质，故增加酒中的糖度和酒精度，雪莉酒因此而生。依循欧盟规章，唯有在西班牙生产的才能使用“Sherry”这个名字。

3. 饮食特点

西班牙人以西餐为主，但也品尝中国菜肴。西班牙对午餐极为重视。他们讲究菜肴的营养成分，注重花色和质量。巴塞罗那的加泰罗尼亚菜具有典型的地中海风味，被认为是世界上最健康的饮食之一。他们喜爱酸辣口味，不喜欢太咸。其主食以面为主，以米为辅。副食吃鱼、羊肉、牛肉、猪肉、虾等多种食品。对于中国菜，西班牙人更喜欢川菜和粤菜。

（二）饮食风俗

1. 用餐时间

西班牙吃饭时间与中国吃饭时间相比有很大差异。早餐时间一般在 7:00—8:00，主要以果汁、咖啡、饼干、面点等为主。午餐时间一般在 13:00—15:30，饭前一般喝些开胃酒，佐以干果、火腿、奶酪、土豆蛋饼、炸小鱼等，午餐头盘一般为蔬菜或汤类，主菜为鱼或肉，甜点之后，西班牙人有在饭后吸雪茄和喝餐后酒的习惯。晚餐时间一般在 20:30—23:00，有的餐馆 21:00 才对外营业。晚餐与午餐相比要清淡一些，但也非常丰盛。此外，一些西班牙人在 10:30—11:00 和在 18:00 左右有吃点心的习惯。

2. 正餐构成

西班牙的正餐一般由头道菜、第二道菜、甜点和饮料四部分组成。佐餐酒多为葡萄酒。以下为常见的搭配。

头道菜：海鲜汤、冷汤、沙拉、土豆鸡蛋饼、肉类海鲜饭。

第二道菜：炸鱼、羊排、番茄煎肉、炸牛里脊、罗马式鳕鱼、烤肉鸡。

甜点：蛋奶冻、乳蛋糕、米饭泡牛奶、冰淇淋、巧克力蛋糕、时令水果。

饮料：矿泉水、啤酒、红葡萄酒、白葡萄酒、柠檬汁、橘子汁。

3. 用餐费用

在西班牙酒吧或咖啡馆喝一杯啤酒、一杯饮料或一杯咖啡的价格为1.5 ~ 5欧元。在中低档咖啡馆或酒吧吃一份早餐（含咖啡、面包、果汁）需2 ~ 5欧元。在中低档餐馆吃一份套餐（含头道菜或汤、主菜、甜点、饮料或葡萄酒、面包等）的价格为10 ~ 20欧元；在快餐店（如麦当劳、肯德基、汉堡王、必胜客等）吃一份快餐的价格为15 ~ 25欧元。如果在餐馆点菜用餐，在中档餐馆，平均一个人的花费为20 ~ 40欧元；在高档餐馆，平均一个人的花费为40 ~ 100欧元。西班牙餐馆一般都需要按照餐费的5% ~ 10%支付小费。

4. 就餐礼仪

（1）赴宴时间：如果在餐馆宴请，主人一定要先于客人到达餐馆。如果被邀请到家中或餐馆就餐，建议晚到5 ~ 10分钟，一般不要太过提前到达。西班牙人有晚睡晚起的习惯，客人最好在上午10时或是下午5时后造访为宜。

（2）问候礼仪：西班牙人通常在正式社交场合与客人相见时，行握手礼。与熟人相见时，朋友之间常紧紧拥抱。亲属间的问候，经常是拥抱和亲吻。对第一次碰面的陌生人，常以握手相识，男士间有时还会在对方手臂或肩背拍上几下，女士间则要轻轻搂一搂并给予对方左右脸颊两个亲吻。倘若西班牙朋友邀请你到他家吃饭，则需给东道主捎去一件礼物：一瓶酒或一些甜点。若是想送花给西班牙人，不能送大丽花和菊花，因为他们视这两种花为死亡的象征。在西班牙人家里做客，最好不要端坐着默不做声，应尽量向主人畅叙你的感受。不管是给你摆出家庭相册，还是带你参观居室，你都可以发表自己的看法。

（3）交谈话题：西班牙人视家庭问题及个人问题为私密问题，在与西班牙人交谈时，最好避开此类话题。此外，斗牛是西班牙的传统活动，他们崇尚斗牛士，因此外来人士最好不要发表有关斗牛及斗牛士的负面评论。

（4）祝酒：西班牙人在用餐期间有敬酒的习惯，特别是在正式的宴会上，主客双方还要发表祝酒辞。在宴会上，主人或客人致祝酒词时，其他人要保持安静。西班牙人在餐桌上一般不劝酒，因此一定不要将国内劝酒的习惯带到国外。敬酒时，一般说“Salud”（干杯），碰一下酒杯并喝一点。喝葡萄酒时要慢饮，不要一饮而尽。

（5）其他注意事项：首先，要听从主人安排的桌次和座位。如果邻座是女士，一定要协助对方先入座，尽可能与同桌的人（特别是邻座）交谈。其次，在西班牙，大部分开胃小吃或头盘菜（如火腿、奶酪、虾等）均可直接用手取食。在吃西餐时，可能会出现不知如何食用饭菜的情况，切记不要着急，可以先等西班牙人开始用餐，然后模仿对方即可。如遇到打翻酒水或其他意外情况，一定不要着急，服务员会帮助你处理，但要向左右两边的人说起“Lo siento（对不起）”。最后，宴请结束时，要向主人表示感谢。

第七节　日语与餐饮文化

日语又称日本语（にほんご），使用日语的人数约占世界人口的1.6%。对于日语的语系，一直存有争议。日语虽不是联合国工作语言，且主要使用范围在日本国内（帕劳的昂奥尔州也把日语作为通用语），但由于日本动漫产业在世界范围的影响力，其网络用户使用人数就达9900万人之多。日本和中国是一衣带水的邻邦，日语的形成受汉语影响很大，随着两国友好交往频繁，我国日语学习者稳步增长。

一、日语的起源和发展

（一）日语文字的起源

历史学上认为北方大陆与东南亚是早期日本移民的主要路径，所以关于日语的起源也有北方学说和南方学说两种说法。北方学说是基于日语语法与阿尔泰乌拉尔语系相似的事实，认为日语是从北方移民方言脱胎而来，而南方学说则根据日语语音和南岛语系相似的事实，注重探寻日语和南岛语系的关系，认为日语的诞生和东南亚移民关系密切。但无论是哪种说法，古代日本最初使用的语言仅限于口口相传，而缺乏记录文字。

直至3世纪，中国汉字进入日本，开启了日本文字发展的新历史。据日本《古事记》记载，285年百济的汉人博士王仁把中国的《论语》《千字文》《孝经》等带往日本，而此时的日本，随着社会的进步，也发现仅凭口语无法管理辽阔和复杂的国家，更不便对外交流和生活，于是日本人开始迈入复杂的汉字和化的历史阶段。

三国时代以后，汉字、汉文化正式传入日本。由于两国语言属于不同语系，日本人开始试着用汉字来表示日语的发音，以及根据表意文字的特点，把大和语言与相对的汉字对应起来，给汉字赋予新的日语发音，比如说水就读作みず，从而就诞生了所谓的“汉字训读”。但与韩语只引入发音不同，日语在引入发音的同时也引入字义，这就产生了日语文字也有多音字的问题，这些汉字的日语读法也成为研究古汉语发音的重要参考。

（二）万叶假名的出现

经过从弥生到飞鸟时代的积淀，日本人在奈良时代造出了具有跨时代意义的万叶假名，即“一字一音”。其借用了汉语的表音功能而舍弃了其结构性，即不管汉字所代表的意思，只采用它的发音来表现日语音节的一种用法，同时对前代音节对应的汉字进行了整理与归类，使日语走上了规范的道路。万叶假名的发明，是日语“中为和用”的里程碑。9世纪，日本先后创造了以汉字正体为蓝本的片假名和以汉字草体为蓝本的平假名。平假名主要构成固有词和汉语词，而片假名多用于外来词，由此日本的文字彻底进化到表记文字的时代。

（三）日语的发展

尽管日本已有了自己的文字，但仍有很多人喜欢写汉字。因此，很多汉字还是被保留了下来，日本人甚至还利用了汉字的形声和会意造字法，创造出了具有日本独特风格的汉字，比如“辻”，表达的就是“十字路口”的意思。

随着西方文化传入日本，日本人还使用了以西方字母形式出现的罗马字，但罗马字的使用范围相对比较小，多用于招牌和广告中，少在文章中使用。

如今，日语已发展成以平假名、片假名为主，汉字和罗马字为辅助的局面。

二、使用日语的国家和地区

日语的使用范围主要在日本国全境（琉球地区大部分使用，虽原住民使用琉球语，但日本不承认琉球语为独立语言）使用。日语在世界范围使用广泛，特别是对于ACG产业（ACG为英文animation、comic、game的缩写，即动画、漫画、游戏的总称），日语在这一领域几乎是世界唯一用语。随着日本在国际舞台的不断发展，日语也在世界范围进行传播。

三、日语的语音规则和词汇构成

（一）语音构成

日语五十音图（见图 7-11）是一个将日语的假名（平假名、片假名）以元音为段、辅音为行而排列出来的图表，这是日语语音的基础，其包括基本元音 5 个，辅音 41 个，以及不可拼的语音 4 个。所有读音都基于五元音（a、i、u、e、o）和九辅音（k、s、t、n、h、m、y、r、w）。但有两种情况属例外，一种是“ん”（[n]）和“っ”（[q]），都只有辅音无元音，而且“ん”难以单独发音，“っ”也不能单独发音，但他们发音的长度依然占一拍；另一种是“きゃ（[kya]）、きゅ（[kyu]）、きょ（[kyo]）”等，即“辅音 +y+ 元音”构成，是来自古代汉语的发音。日语假名的发音见表 7-10。

平仮名

	a	i	u	e	o
a	あ	い	う	え	お
k	か	き	く	け	こ
s	さ	し	す	せ	そ
t	た	ち	つ	て	と
n	な	に	ぬ	ね	の
h	は	ひ	ふ	へ	ほ
m	ま	み	む	め	も
y	や		ゆ		よ
r	ら	り	る	れ	ろ
w	わ				を

片仮名

	a	i	u	e	o
a	ア	イ	ウ	エ	オ
k	カ	キ	ク	ケ	コ
s	サ	シ	ス	セ	ソ
t	タ	チ	ツ	テ	ト
n	ナ	ニ	ヌ	ネ	ノ
h	ハ	ヒ	フ	ヘ	ホ
m	マ	ミ	ム	メ	モ
y	ヤ		ユ		ヨ
r	ラ	リ	ル	レ	ロ
w	ワ				ヲ

图 7-11　日语五十音图

表 7-10　日语假名的发音

	a 段	i 段	u 段	e 段	o 段
a 行	a	i	u	e	o
k 行	ka	ki	ku	ke	ko
s 行	sa	si / shi	su	se	so
t 行	ta	ti / chi	tu / tsu	te	to
n 行	na	ni	nu	ne	no
h 行	ha	hi	hu / fu	he	ho
m 行	ma	mi	mu	me	mo
y 行	ya		yu		yo
r 行	ra	ri	ru	re	ro
w 行	wa				wo

（二）拼读规则

假名是日语语音的最小元素。每个假名都是单音节，由元音和辅音构成。日语发音的基本单位是用假名表示的音拍，因此，日语又被称为音拍语。日语拼读过程中，讲求“发音较小，口型较小”的原则。除此以外，日语还有以下拼读规则。

1. 长音

长音在日语中表示拉长前一个假名的发音，即延长声调。日语中跟在假名后发长音的假名只有あ（a）、い（i）、う（u）、え（e）、お（o）5个假名。

长音规则：

①あ段假名遇到“あ（a）”发长音。例如：お母さん[おかあ（kaa）さん]。

②い段假名遇到“い（i）”发长音。例如：お兄さん[おにい（nii）さん]。

③う段假名遇到“う（u）”发长音。例如：通訳[つう（tsuu）やく]。

④え段假名遇到“い/え（e）”发长音。例如：先生[せんせい（see）]、お姉さん[おねえ（nee）さん]。

⑤お段假名遇到“う/お（o）”发长音。例如：お父さん[おとう（too）さん]、大きい[おお（oo）きい]。

⑥外来语用“ー”表示长音。例如：ノー（noo）ト。

2. 拗音

现代日语中，拗音是指由い段假名和复元音や（ya）、ゆ（yu）、よ（yo）拼合起来的音节，共有33个，写为小写的ゃ（ya）、ゅ（yu）、ょ（yo）音（见图7–12）。

きゃ kya	きゅ kyu	きょ kyo	りゃ rya	りゅ ryu	りょ ryo
しゃ sha	しゅ shu	しょ sho	ぎゃ gya	ぎゅ gyu	ぎょ gyo
ちゃ cha	ちゅ chu	ちょ cho	じゃ ja	じゅ ju	じょ jo
にゃ nya	にゅ nyu	にょ nyo	びゃ bya	びゅ byu	びょ byo
ひゃ hya	ひゅ hyu	ひょ hyo	ぴゃ pya	ぴゅ pyu	ぴょ pyo
みゃ mya	みゅ myu	みょ myo			

图7–12　拗音发音

3. 拨音ん

拨音，日语音节之一，是在单词中或末尾构成一个音节的鼻音。拨音在日语中有点类似于中文的后鼻音，用平假名“ん（nn）”代替。例如：お母さん[おかあ（kaa）さん（sang）]。

4. 促音っ

促音是日语中两个音节之间用1/4小写的っ代表的音。促音不发音，表示假名之间的气流停顿。在固有词和汉字词中只置于か行、さ行、た行、ぱ行假名前，在外来词中可以放在任何位置表示停顿。例如：

やっぱり（ya ppari）　　もって（mo tte）

しっかり（shi kkari）　　まっすぐ（ma ssugu）

タッチ（ta cchi）　　ヘッド（he ddo）

（三）词汇构成

日语的所有词汇由固有词、汉语词和外来词组成。

1. 固有词

固有词是日本民族原来的词汇，又称“和语”，主要是日常生活中的动词和具象的名词。例如：かばん（公文包）、いす（椅子）、かぎ（钥匙）。

2. 汉语词

日语受到汉语的影响很大。在日语里，有语法实意的词都含有汉字且大部分与实意相关。所以，通常懂汉语的人，即使不懂日语，看到一个短句也能大概明白意思。例如：雑誌（杂志）、写真（写真）、図書館（图书馆）。

不过因为影响日语的是文言文而不是白话文，所以有些词也不能以现代汉语的角度去理解，还有一些词语虽然也含有汉字（而且有的是日本人自造的汉字），不过意思却相差很多。例如：“娘”（假名写成“むすめ”，读作“musume”），在日语中其含义为“女儿”。

3. 外来词

日语不仅有丰富的本土产生的词汇，还有许多源自别国的词。如一些从汉语来的外来语在目前的日常生活中使用广泛，以致它们不被认为是从日本之外引进的外来语。在19世纪晚期和20世纪初从西方引进新概念时，经常会使用日语文字的新搭配来翻译它们。这些词是现代日本人所使用的知识词汇的重要组成部分。例如：收音机→ラジオ、

咖啡→コーヒー、计算机→コンピューター或パソコン。

除了这些外来语外，日语中还有许多词汇是从英语和其他欧洲语言借来的。虽然造新词的方法继续存在，但以原状引进西方词汇的做法很普遍，如ボランティア——volunteer（志愿者）、ニュースキャスター——newscaster（新闻广播员）。日语还创造了一些假英语词汇，称之为“和制英语”（英语中实际没这些词），诸如 ナイター——nighter（夜晚的运动比赛）、サラリーマン——salaryman（挣工资的工人）。

四、餐厅用语日语

（一）常用餐饮词汇

1. 菜单

套餐 セット　　点心 おやつ

2. 饮品

啤酒 ビール　　生啤酒 生ビール　　梅酒 うめしゅ

日本酒 にほんしゅ 烧酒　　焼酎　　奶茶 ミルクティー

果汁 ジュース　　咖啡 コーヒー　　茶 お茶

红葡萄酒 赤ワイン　　柠檬茶 レモンティー

3. 食物

肉类 肉類：

日式烤肉 やきにく　　鸡肉 とりにく　　猪肉 ぶたにく

火腿 ハム

海鲜 シーフード：

生鱼片 刺身

三文鱼 サーモン　　龙虾 ロブスター

蔬菜 やさい：

豆芽菜 もやし　　海苔 のり　　葱 ねぎ

玉米 コーン

酱汁 たれ：

芥末 わさび　　寿司醋 すし酢　　酱油 醤油

咖喱 カレー

水果 フルーツ：

苹果 リンゴ　　橘子 みかん　　西瓜 すいか

葡萄 ぶどう

甜点 デザート：

蛋糕 ケーキ

4. 常见日本食物

寿司 すし　　天妇罗 てんぷら　　味增汤 味噌汁

（二）餐厅对话

1. 餐馆点餐（レストラン）

店员：いらっしゃいませ。何かお手伝いできますか？欢迎光临，有什么可以帮助您的吗？

A: このセットを注文したいが、何人分のですか？我们想点一份套餐，这个套餐是几人分的？

B: 私は牛肉の方が好きです。我比较喜欢吃牛肉。

店员：はい、こちらは二人分です。好的，这个是两人份的。

B: 鶏肉も一つお願いします。再叫一盘鸡肉吧。

A: やさいも。蔬菜也要一点。

店员：お飲み物は何になさいますか。您需要什么饮料？

店员：こちらが飲み物のメニューです。这边是我们的饮料菜单。

A: じゃあ、ジュースをください。那我们要果汁。

2. 加餐（食事の追加）

A: 麵がちょっと量が足りないですが、替え玉お願いします。这个面有点少了，请帮我加点面。

店员：かしこまりました。我明白了。

A: おかわり、どうですか。要不要再来一碗呢？

B：おなかがいっぱいで　もうなにもたべられません。已经吃饱了，再也吃不下东西了。

3. 付款（支払い）

A：店員さん、お会計お願いします。你好，我们想付钱。

店员：全部で一万円です。一共是一万日元。

店员：ありがとうございました。またのご来店をお待ちしております。谢谢惠顾，欢迎下次再来。

（三）常用词句

こんにちは。你好。

さようなら。再见。

ありがとうございます。谢谢。

どういたしまして。不客气。

すみません、お名前は。/お名前を教えてもらってもいいですか。你叫什么?

私の名前は ××× です。我叫 ×××。

すみません、トイレはどちらですか。请问洗手间在哪里?

乾杯！干杯！

五、日本餐饮文化

日本国简称日本，国名意为“日出之国”，位于东亚，领土由北海道、本州、四国、九州 4 个大岛及 6800 多个小岛组成，总面积 37.8 万平方千米。日本的主体民族为大和族，通用日语，总人口约 1.26 亿（截至 2021 年 7 月）。日本国是一个由东北向西南延伸的弧形岛国，国土约 3/4 是山地与丘陵，缺少平地，这使农业用地、城市用地的利用受到限制，其西隔东海、黄海、朝鲜海峡、日本海，与中国、朝鲜、韩国、俄罗斯相望。日本属温带海洋性季风气候，终年温和湿润，6 月多梅雨，夏秋季多台风。

（一）饮食特点

1. 讲究营养

日本料理的选材以海产品和新鲜蔬菜为主，肉类为辅，肉类又以牛肉为主，其次是鸡肉，猪肉用的较少，不吃羊肉、鸭肉、猪内脏及肥猪肉。因此日本的饮食也被称为植物型饮食。按照日本人的观念，新鲜的东西是营养最丰富的，其体内所蕴含的生命力是最旺盛的。日本人喜欢将食物生吃，不仅是蔬菜，也包括鱼和肉类。除此以外，日本还是“世界第一杂食族”，自古以来，日本人始终贯彻杂食的原则。

2. 食鱼民族

日本是一个四面环海的岛国，海产品丰富，随着日本渔业生产的蓬勃壮大，日本人的鱼食总量明显高出其他国家。和其他食材一样，鱼食的季节性很强，日本人春季吃鲥鱼，初夏吃松鱼，盛夏吃鳗鱼，初秋吃鲭花鱼，仲秋吃刀鱼，深秋吃经鱼，冬天吃河豚。

3. 清淡少油

日本饮食口味多为咸鲜，清淡少油，稍带甜酸和辣味。日本料理几乎不用油。在日本料理中，用油的多为随佛教产生的精进料理，其用油皆为植物油，如菜籽油、桩油、大豆油等。日本人喜爱中国的京菜、沪菜、粤菜和不太辣的川菜。

4. 量少质高

日本人吃饭讲求多样，主食、副食、配菜、水果、甜品俱全，品种丰富，但单品量少质高。

5. 注重审美

首先在名称上就非常讲究，日本食品的名称与自然景物有关的约占总数的一半以上，如松风、红梅烧、牡丹饼等；另外在摆盘上也注重“艺术性”和“优雅感”，对于摆盘器皿有独特的要求。

6. 酒饮文化

自古以来日本人就把饮酒视作人际交往和缓解压力的重要手段。日本人在居酒屋饮酒所展示的放松身心、谦恭和谐的精神面貌，早已成为日本酒文化的核心成分。清酒是日本的国酒，其几乎成为日本酒的代称。除此以外，日本人也喜欢喝啤酒，无论是生啤还是瓶装熟啤都受欢迎。一顿正统的日式饭食通常备有日本米酒，日本人喜欢在用餐时喝米酒，他们通常会在互相祝酒后才开始用餐，即使客人不想喝，款客者都希望客人会假装喝一小口。日本人深爱茗茶，在同一餐的不同时间会端上不同种类的茶。一般来说，用餐之前会端上绿茶，用餐期间及用餐之后会端上煎茶。日本人对中国的绍兴黄酒、茅台酒极感兴趣，偏爱饮绿茶、红茶和香片花茶。

（二）上餐顺序

一般来说，日本料理的上餐顺序很有讲究。其顺序一般为：先付—前菜—先碗—刺身（生鱼片）—煮物—烧物（烤或炸）—间菜—酢物—止碗（酱汤）—御饭（米）—渍物（咸菜）—甜食。

先付，即先上的小酒菜，以免客人久等。前菜，即冷菜拼盘，是专供客人喝酒的酒菜。然后先碗端出作清口用，清除客人口中浓郁的酒味以便享用后续美食。随后，生鱼片、煮物、烧物上菜，间菜根据量可有可无。酢物起爽口作用，最后是酱汤、米饭、渍物、甜食。

（三）就餐礼仪

（1）时间观念：无论是商务还是社交方面的约会，都应准时到达，不得迟到。

（2）抵达：一般宴请都安排在饭店等地，且持续时间较长。如果去日本人家里作客，一踏进门就应先脱下帽子和手套，然后脱下鞋子。

（3）赠礼：日本人喜欢别人送给他们礼物。礼物要用色彩柔和的纸包装好，不用环状装饰结。按习惯，可以给女主人带上一盒糕点或糖果，而不是鲜花。日本人对送花有很多忌讳，忌讳赠送或摆设荷花，在探望病人时忌用山茶花、仙客来及淡黄色和白颜色的花。因为山茶花凋谢时整个花头落地，不吉利；仙客来花在日文中读音为“希苦拉面”，而“希”同日文中的“死”发音类同；淡黄色与白颜色花是日本人传统观念里不喜欢的花。他们对菊花或有菊花装饰图案的东西有戒心，因为它是皇室家庭的标志，一般不敢也不能接受这种礼物或礼遇。日本人特别喜欢白兰地酒和冻牛排。成双成对的礼物被认为是好运的兆头，所以衬衫袖口的链扣、配套成对的钢笔和铅笔这类礼物特别受欢迎。但是任何东西不要送 4 件，因为日文中的“四”字发音与“死”字相同。他们也特别忌讳“9”，会误认你把主人看作强盗。如果日本人相赠礼物，要对他表示感谢，但要等他再三坚持相赠后再接受，收受礼物时要用双手接取。

（4）问候：日本人相互见面多以鞠躬为礼，以二三秒钟为宜。如果遇见好友，腰弯的时间要稍长些，在遇见社会地位比较高的人和长辈的时候，要等对方抬头后自己再抬头，有时候甚至要鞠躬几次，当然在社交场合上也施握手礼。在称呼对方时不得直接称呼姓名，而应在他或她的姓氏后面加上“さん”（发音 sang，表示“先生”之意），以示敬意。

（5）落座：正确的坐法被称为正座，需要双膝并拢跪地，臀部压在脚的根部上。比较轻松的做法有盘腿坐和横坐。男性一般都是盘腿坐，即把脚交叉在前面，臀部着地。女性则是横坐，就是将双腿少许横向一侧，身体不压住双脚。坐定后，随身包包可放在自己身后。

（6）就餐话题：日本人用餐前要说“いただきます（我要开动了）”，由主人或上司先动筷；用完餐后要说“ ご馳走さまですた”，即“我用完餐了，感谢款待”。忌讳的话题是第二次世界大战。日本人对朋友买的东西，一般不愿问价钱是多少，因为这是不礼

貌的，同样你若评价对方买的东西便宜，也是失礼的。因为日本人不愿让对方认为自己经济能力低下，只会买便宜货等。

（7）餐具礼仪：日本主要的餐具有筷子、茶杯、饭碗、汤碗 4 种。就餐时通常左饭碗右汤碗，筷子和中国的摆放不同，一般横放在筷托上，靠近用餐者。在日本，每个人吃的饭菜种类都相同，采用分餐制进行分盛。日本人喜欢用小碗或小碟盛放小菜，酱汁或者芥末类蘸料更会用小碗分装。如此繁复的工作，目的便是保持食物的原味，不被其他食物的味道破坏。日本人使用筷子也有很多忌讳，除了和中国一样的一些禁忌，如忌把筷子直插在饭中，用舌头舔筷子，用筷子在菜中拨弄，拿筷子在餐桌上游寻食物等，还有其他的忌讳。例如，忌把筷子跨放在碗碟上面，认为这会令人联想起不幸的事情；忌扭转筷子，用嘴舔取黏在筷子上的饭粒，认为这是一种坏毛病，没出息；忌用同一双筷子让大家依次夹拨食物，认为这样会使人联想起佛教火化仪式中传递死者骨殖的场面。

（8）其他注意事项：日本人忌讳触及别人的身体，认为这是失礼的举动。他们忌讳把盛过东西的容器再给他们重复使用；日本人在招待客人时忌讳将饭盛得过满过多，也不可一勺就盛好一碗；忌讳客人吃饭一碗就够，即使吃饱了，第二碗也应象征性地再添点，因为只吃一碗，他们认为是象征无缘；忌讳用餐过程中整理自己的衣服或用手抚摸、整理头发，因为这是不卫生和不礼貌的举止。

（四）独特的日本用餐文化

日本用餐礼仪虽然严格，却容许狼吞虎咽式的吃法。例如，吃寿司时，日本人习惯赤手拿寿司浸豉油，然后直接放入口中，而不会用筷子夹取；吃面时，日本人直接从汤碗里把面吸啜入口，且必会发出响声，依据日本人的习俗文化，吃面时发出响声是表示面食很美味，亦是对厨师表示赞赏的方式。

第八节　阿拉伯语与餐饮文化

阿拉伯语（اللغة العربية），即阿拉伯民族的语言，属于闪含语系闪米特语族。在中世纪的数百年期间，阿拉伯语曾是整个中东和西方文明世界学术文化所使用的语言之一。

截至 2013 年，以阿拉伯语作为母语的人数已超过 2.6 亿人，阿拉伯语使用者总计已经突破 4.4 亿人，占世界人口的 6%。阿拉伯语是世界第五大语言，同时也是联合国的六大官方语言之一，主要通行于西亚和北非，现为 22 个阿拉伯国家和 4 个以上的国际组织的官方语言。随着中阿交往日益密切，中阿友好合作关系已进入一个新的历史发展阶段。

一、阿拉伯语的起源和发展

（一）语言的统一

7 世纪以前，还不存在统一的阿拉伯语。由于社会经济落后，国家由分散的游牧部落组成，每个部落都有自己的方言，虽同属阿拉伯语种，但差距很大，即便是同一事物、同一概念，各部落都有自己的语汇，存在大量同义词。

7 世纪初，麦加取代过去也门的地位，其既是南北商道的孔道，又是政治和宗教的中心，麦加城古莱氏人的语言（属阿德南语）逐渐成为阿拉伯人的通用语。《古兰经》便是使用了古莱氏族的语言（古莱氏方言），《古兰经》和古莱氏语相得益彰，《古兰经》借古莱氏语传播到半岛各方，而古莱氏语（古莱氏方言）借《古兰经》成为新兴阿拉伯民族的统一语言。

（二）语言的吸收

8 世纪，阿拉伯人征服了西亚和北非的广大地区，先后以大马士革和巴格达为中心建立了幅员辽阔的帝国，他们开始接触更多新鲜事物，并逐渐意识到现有语言无法满足政治、经济、社会和文化等发展的需要。于是，作为征服者的阿拉伯人从波斯语和其他被征服民族的语言中吸取大量词汇，以丰富自己的语言。例如，从波斯语中汲取政治制度、法律规范、宫廷建制等方面的词汇，从希腊语中汲取哲学方面的词汇等。

阿拉伯人吸收外来语，并不满足于把原词原封不动地音译过来，而是使之完全“阿拉伯化”，即无论音调、词型、词法、语法都加以改造，使之同阿拉伯语水乳相溶，协调一致，甚至本来只引进了一个名词，阿拉伯人把这个名词演变为动词，从而由其词根派生出各式各样的派生名词。阿拉伯语自身也在吸收兼容中得以进一步的丰富和发展。

（三）语言的改革

阿拉伯语原来没有音符，包括《古兰经》和其他文件书籍，这些文本不但没有音符，甚至还省略了3个柔弱字母（本身可以发音，又可以做长音符使用）。另外，书写上采用古体书法的“库法体”，这使外国人学习起来，感到非常困难。

8世纪上半叶，伍麦叶王朝末期，阿拉伯语增置了8个音符，加写3个柔弱字母，并创造了一种新的容易书写及辨认的正楷书法，称为“纳斯赫体”，从而取代了古体书法。这些改革进一步推动了阿拉伯语的传播，便利了其他民族人民的学习。

（四）语言的创制

8世纪中叶后，阿拔斯王朝初期，阿拉伯人和波斯人学习阿拉伯语日益踊跃起来，但因找不到语言规律而受挫，于是他们根据《古兰经》和“圣训”的语言特点，同时结合古代诗歌和半岛游牧民族的方言，从语言规律的角度，对阿拉伯语进行了极其深入细致的分析研究、分类整理、归纳对比，对阿拉伯语进行了名词、动词和介词的分类，从而创制出一整套详细而缜密的词法和语法。8世纪末叶，阿拉伯地区还出现了两个语法研究中心，一个是伊拉克中部的“库法”，一个是南部的“巴士拉”。经过这些学者的长期研究，到了8世纪末、9世纪初，阿拉伯语的语法体系已经大体完备。

阿拉伯语法编著成书是阿拉伯语发展历史上的里程碑，也是阿拉伯文化史的重要转折点。从此，阿拉伯语不再仅仅是一种宗教语言，它已经成为政治、经济、学术文化的语言。中世纪时期，大量地理、文学、历史、哲学思想等方面的著作都使用阿拉伯语书写，这使阿拉伯语成为和当今英语一样重要的国际化语言。

阿拉伯语和当地原有民族的语言相结合，衍生出了不少地区性方言，如沙姆方言、北非方言、海湾方言等，形成了当今以《古兰经》为标准的阿拉伯书面语和各地方言共同使用的独特语言现象。

二、使用阿拉伯语的国家和地区

阿拉伯语目前主要通行于西亚和北非地区，包括沙特阿拉伯、也门、阿联酋、阿曼、科威特、巴林、卡塔尔、伊拉克、叙利亚、约旦、黎巴嫩、巴勒斯坦、埃及、苏丹、利比亚、突尼斯、毛里塔尼亚、阿尔及利亚、科摩罗、吉布提、索马里和摩洛哥等22个国家和地区。同时也是联合国、阿拉伯国家联盟、伊斯兰会议组织、非洲联盟等国际组织的工作语言。

三、阿拉伯语的字母构成及发音规则

（一）字母构成和发音

阿拉伯语为表音文字，共有 28 个字母，这些字母都是辅音字母。阿拉伯语里的元音采用 12 个发音符号（不含叠音符）来表示，音节则由字母和发音符号拼读而成，即其发音通过将发音符号（包括 ا و ي 3 个字母）加在字母的上面或下面来完成。

阿拉伯语是连续书写的，这不同于每个文字都单独书写的象形文字，阿拉伯语中每个字母有独立、词头、词中、词尾 4 种写法。有些字母与后面的字母连写，有些则不连写，在词首、词中、词末的写法是不同的，这意味着阿拉伯字母的书写形式会受到语境的影响。

阿拉伯语的书写行款是从右到左横书，书本样式与中国古书一样，故拼读也是从右往左。

1. 单字母发音

阿拉伯语的 28 个字母发音规则如图 7–13 所示，从右到左依次是字母的独立写法、词头写法、词中写法、词尾写法、名称、拉丁转写和音标。

IPA	Latin	Name	Final	Medial	Initial	Isolated	IPA	Latin	Name	Final	Medial	Initial	Isolated
[tˤ]	ṭ	ṭāʾ طاء	ـط	ـطـ	طـ	ط	[ʔ]	ʾ(a)	ʾalif ألف	ـا	—	—	ا
[zˤ]	ẓ	ẓāʾ ظاء	ـظ	ـظـ	ظـ	ظ	[b]	b	bāʾ باء	ـب	ـبـ	بـ	ب
[ʕ]	ʿ	ʿayn عين	ـع	ـعـ	عـ	ع	[t]	t	tāʾ تاء	ـت	ـتـ	تـ	ت
[ʁ]	ġ	ġayn غين	ـغ	ـغـ	غـ	غ	[θ]	ṯ	ṯāʾ ثاء	ـث	ـثـ	ثـ	ث
[f]	f	fāʾ فاء	ـف	ـفـ	فـ	ف	[ʤ]	ǧ	ǧīm جيم	ـج	ـجـ	جـ	ج
[q]	q	qāf قاف	ـق	ـقـ	قـ	ق	[ħ]	ḥ	ḥāʾ حاء	ـح	ـحـ	حـ	ح
[k]	k	kāf كاف	ـك	ـكـ	كـ	ك	[χ]	ḫ	ḫāʾ خاء	ـخ	ـخـ	خـ	خ
[l]	l	lām لام	ـل	ـلـ	لـ	ل	[d]	d	dāl دال	ـد	—	—	د
[m]	m	mīm ميم	ـم	ـمـ	مـ	م	[ð]	ḏ	ḏāl ذال	ـذ	—	—	ذ
[n]	n	nūn نون	ـن	ـنـ	نـ	ن	[r]	r	rāʾ راء	ـر	—	—	ر
[h]	h	hāʾ هاء	ـه	ـهـ	هـ	ه	[z]	z	zāy زاي	ـز	—	—	ز
[w]	w	wāw واو	ـو	—	—	و	[s]	s	sīn سين	ـس	ـسـ	سـ	س
[j]	y	yāʾ ياء	ـي	ـيـ	يـ	ي	[ʃ]	š	šīn شين	ـش	ـشـ	شـ	ش
		hamza همزة	ء	—	—	—	[sˤ]	ṣ	ṣād صاد	ـص	ـصـ	صـ	ص
							[dˤ]	ḍ	ḍād ضاد	ـض	ـضـ	ضـ	ض

图 7–13　阿拉伯语字母表

阿拉伯语的 28 个字母中，有 12 个清辅音，16 个浊辅音。

ت ث ح خ س ش ص ط ف ق ك ه是清辅音（发音声带不振动）。

ا ب ج د ذ ر ز ض ظ ع غ ل م ن و ي是浊辅音（发音声带振动）。

2. 发音符号

在12个发音符号当中，有1个静符、3个动符、3个长音符、2个软音符、3个鼻音符；其中最基本的只有4个，即3个动符（开口符、齐齿符、合口符）和1个静符。长音符、软音符和鼻音符则是3个动符分别与ا و ي及辅音ن组合而成的。每个字母根据不同的发音符号要发出12个不同的音，故28个字母的全部发音为336个。

（二）阿拉伯语的读音规则

1. 音节

阿拉伯语的音节分为短音节和长音节两种。

短音节，即短音，如بَ-يِ-كُ-نَ。

长音节有3种情况：

（1）长音或者软音，如بَا-ذِي-لُو-مَيْ-وَوْ。

（2）一个短音加一个静音，如مِنْ-مَنْ-كُمْ-أَنْ。

（3）鼻音，如أً-تٍ-ثٌ。

2. 单词的重音

阿拉伯语单词分为单音节词、双音节词和多音节词。

一个单词里有一个音节需要重读，这个音节叫做单词的重音。

（1）单音节词，即由一个短音节或一个长音节组成的词，一律重读，如لَ-حُ-شَا-خَيْ-أَمْ-مَنْ

（2）双音节词，即一般由两个短音节或一个长音节和一个短音节构成的词，第一个音节重读，如نَحْنُ-أَبٌ-لَكَ-هُوَ。

如果两个音节都是长音节，则重音在第一个长音节上，如سَامِي-بَابٌ。

（3）多音节词，由单音节和长音节组合而成。

①如果倒数第二个音节为短音节，重音一般在倒数第三个音节上，如ذَهَبَ-ضَرَبَ-طَلَبَ-كَتَبَ-اِشْتَرَكَ。

②如果有一个长音节，重音就在这个长音节上，如طَالِبٌ-رُسُومٌ。

③如果有两个以上的长音节，重音在最后一个长音节上，如صَابُونٌ-طُلَّابٌ。

④长音节在词尾不重读，如كِتَابٌ-سَلَامٌ。

⑤叠音前面的字母重读，如 مُدَرِّس-دَرَّبَ。

四、餐厅用语阿拉伯语

（一）常用餐饮词汇

1. 饮品

咖啡 قهوة　　茶 شاي　　绿茶 الشاي الأخضر

红茶 الشاي الأسود　　水 ماء　　牛奶 حليب

巧克力牛奶 حليب الشكولاته　　橙汁 عصير البرتقال　　葡萄酒 نبيذ

2. 食物

阿拉伯沙拉 سلطة عربية　　鹰嘴豆酱 صلصة الحمص　　肉夹馍 خبز محشو باللحم

烧烤 كباب　　大饼 خبز

3. 甜品

冰淇淋 أسكريم　　布丁 بودنغ　　蛋糕 كعكة

椰枣 تمر　　巴克拉瓦（Baklava）بقلاوة　　乌姆阿里（Om Ali）أم علي

库纳法（Kanafeh）كنافة　　巴布萨（Basbousa）بسبوسة

4. 常用食材

莴苣 / 生菜 الخس　　黄瓜 الخيار　　西红柿 الطماطم

洋葱 البصل　　橄榄油 زيت الزيتون　　柠檬汁 عصير الليمون

5. 餐具

勺 ملعقة　　刀 سكين　　叉 شوكة

杯子 كأس　　盘子 صحن　　茶碟 فنجان الشاي

茶杯 كوب　　盐瓶 رشاشة الملح　　筷子 عودان

（二）餐厅对话

A：من فضلك أعطني قائمة الطعام. 请把菜单给我。

B：تفضلي، ماذا تريدين يا سيدتي؟ 给，你想要点什么，小姐？

A：أريد شوربة الدجاج بالفطر،السلطة، والمعكرونة. 我想要奶油鸡汤、沙拉和通心粉。

B：ماذا تريدين أن تشربي؟ لدينا شاي وقهوة وعصير. 你想喝点什么？我们这儿有茶、咖啡和果汁。

A：أريد كوبا من عصيرالليمون. 我想要一杯柠檬汁。

A：من فضلك أعطني بعض المناديل الورقية. 请再给我一些纸巾。

B：حسنا. 好的。

（三）常用语句

1. 在餐桌上

ما هذا؟ 这是什么？

أحتاج لمنديل المائدة. 我需要一条餐巾。

لا أريد فلفل بالطعام. 我不想要胡椒。

رشاشة الفلفل 胡椒摇瓶

هل يمكنك أن تعطيني الملح؟ 可以把盐递给我吗？

من فضلك أضف بعض الثلج . 请加冰。

2. 描述食物

هذا قذر. 这个是脏的。

هل يمكنك أن تعطيني المزيد من الماء؟ 你能再给我些水吗？

كان ذلك لذيذا. 太香了。

من النوعية الجيدة 好品质的。

هل هو حار؟ 这个是辣的吗？

هل السمك طازج؟ 鱼是新鲜的吗？

هل هو حلو المذاق؟ 这些是甜的吗？

حامض 酸

الطعام بارد. 食物不热。

إنه بارد. 这个凉了。

3. 付款及其他

حساب 账单

بقشيش 小费

هل يمكنني الدفع ببطاقة الائتمان؟ 我可以用信用卡结账吗？

الحساب من فضلك. 请买单。

أين دورة المياه؟ 洗手间在哪里？

شكرا على الخدمة الجيدة. 感谢你服务周到。

مخرج 出口

مدخل 入口

五、阿拉伯语国家餐饮文化

2017 年，途牛网发布了“2017 出境游目的地增速榜”。此次榜单共评选出了出境游人次增速最快的 10 个目的地，其中摩洛哥、突尼斯成为黑马。中国游客赴非洲旅游迅速升温。

摩洛哥王国（المملكة المغربية），简称摩洛哥，是非洲西北部一个沿海的阿拉伯国家，东部及东南部与阿尔及利亚接壤，南部紧邻西撒哈拉，西部濒临大西洋，北部和西班牙、葡萄牙隔海相望。摩洛哥气候多样，北部为地中海气候，夏季炎热干燥，冬季温和湿润；中部属副热带山地气候，温和湿润，气温随海拔高度而变化，山麓地区年平均气温约为 20 ℃；东部、南部为热带沙漠气候，年平均气温约为 20 ℃，年降水量在 250 毫米以下，南部甚至不足 100 毫米，夏季常有干燥炎热的“西洛可风”。由于斜贯全境的阿特拉斯山阻挡了南部撒哈拉沙漠热浪的侵袭，摩洛哥常年气候宜人，花木繁茂，赢得“烈日下的清凉国土”的美誉，还享有“北非花园”的美称。

（一）饮食特点

（1）除水果、蔬菜及大多数水产品之外，阿拉伯人主要食用牛、羊、驼等大牲畜，以及鸡、鸭、鹅等温和的食草及粮食类动物的肉。

（2）主食多以米饭或阿拉伯大饼为主，吃大饼时通常就着酸黄瓜、番茄酱、霍姆斯酱。

（3）副食品基本可以分为两类，蔬菜一般是凉拌生吃，肉类的烹调方法以烤为主，或者是炸，偶尔也炖，其他的烹调方法非常少见。

（4）阿拉伯人的蔬菜沙拉往往就是将各色蔬菜切成碎块，拌在一起直接食用，或加点盐，或加点糖，或浇上酸奶。最经常食用的蔬菜有洋葱、西红柿、卷心菜和黄瓜。

（5）水果爱吃香蕉、哈密瓜、西瓜、橄榄、杏、草莓、樱桃等。

（6）饮品喜爱红茶、咖啡和矿泉水。茶叶要用壶在炉子上现煮而不是用开水沏，喝茶用的杯子与酒盅大小相似。喝完茶后，还会再喝上一杯咖啡。咖啡是由烘培并研磨好的咖啡末在铜质咖啡壶中煮沸而成，煮沸后再加入丁香、豆蔻和肉桂等香料，味道独特，口感极苦。一般喝完咖啡后会有一杯矿泉水去除口中苦味。喝茶或咖啡时会搭配一些点心。

（7）在比较正式的宴会中，阿拉伯餐与西餐类似，是先上汤，然后上沙拉和主菜，最后是甜点。

（8）阿拉伯人偏爱菜品颜色鲜艳，食材要保持鲜嫩。一般到阿拉伯人家中做客，会看到餐桌中央放着一筐大饼，周围群星拱月般满满当当地摆着十来个大大小小的盘子，相当于中国的冷盘。冷盘里摆着花花绿绿的菜肴，有鲜红的西红柿沙拉、嫩绿的酸黄瓜条、青脆欲滴的生菜、切得碎碎的茴香、阿拉伯传统美味“霍姆斯”酱、酸葡萄叶肉馅、炸鱼丸子，还有切得十分细薄的生羊肉泥。

（9）阿拉伯人尤其爱甜食，不喜欢吃辣。

（10）阿拉伯人宴请宾客一般要上茶 3 次，客人若谢绝，会被认为不礼貌。

（二）用餐礼仪

（1）上午宴请时，不宜邀请阿拉伯女士，同时自己也尽量不要带女伴。问候寒暄时避免提及他们的妻子，否则是非常失礼的。若赠送礼物，也不用考虑他们的妻子。

（2）男女不同席，来客多由男主人陪同，一般男主人陪客人先吃，其次是妇女和孩子，仆人最后吃。如果来客是妇女，则由女主人作陪。

（3）就餐场所不应有任何娱乐活动，远离娱乐、喧嚣场所。

（4）阿拉伯人吃饭不用筷子和刀叉，但也不会弄得满手油污。饭桌上都备有盛水的碗，是专供洗手用的。请客吃饭时，在进餐前，主人要为客人张罗洗手水，每吃一道菜洗一次手。盛大宴会时，洗手水里还撒上茉莉花。撤走残汤剩菜时会连同桌布一起撤，再上菜另铺干净台布。用手送食物入口时应避免双手碰到嘴唇，食物应撕成小块。

（5）阿拉伯人祷告时，同一餐桌上的所有人应停止用餐，默默等候，不能打断祷告，不能表示不耐烦及当场以此开玩笑。

（6）阿拉伯人习惯于吃饭不交谈，而是吃完饭后继续喝茶聊天。聊天应避免主动谈及政治、宗教和性的话题，不打听年龄、收入、情感等隐私。诗歌、电影、体育、生意等话题为佳。如果吃饭时站着，或来回走动，阿拉伯人则认为是不礼貌的。

（7）阿拉伯人就餐一般是主食（大饼）搭配其他菜（肉串、蔬菜沙拉等）及饮料（茶、咖啡、果汁等）一起进食。

（8）阿拉伯人以右手为吉祥，进门先迈右腿，吃饭、倒水、送餐须用右手，接送名片、收送礼品也用右手。伊斯兰教禁止任何形式的碰杯或祝酒，包括以茶代酒。

第九节　韩语与餐饮文化

一、韩语

韩国语简称韩语，又称朝鲜语（한국어），是朝鲜半岛的原生语言。韩语是韩国的官方语言，而在朝鲜则称为朝鲜语，二者本质相同。据联合国《2005 年世界主要语种、分布、应用力调查》，除了韩国和朝鲜外，使用韩国语（朝鲜语）的地区人群包括中国（东北三省朝鲜族）、日本（在日韩裔）、俄罗斯（高丽人）。有关于韩国语（朝鲜语）的系属，一直都是学术界争论的焦点，有学者认为其属于阿尔泰语系，或日本语系，但主流观点将韩国语划归为语系未定的独立语言。

（一）韩语发展历史与汉字

1. 古代韩语与韩文

2000 年前的高句丽时期，朝鲜半岛北部和满洲有着两种不同的语言。7 世纪中叶，随着新罗帝国的掘起，朝鲜半岛的语言被新罗语统一了。10 世纪，一个新的王朝迁都至半岛中间的开城，开城方言成了朝鲜的国语。14 世纪后期，新建立的朝鲜王朝把首都迁到汉城，因为汉城跟开城接近的关系，语言上没有多大的变化。

历史上直到明朝，朝鲜半岛只有语言没有文字，但由于朝鲜半岛与中国之间特殊的地缘关系，两国文化也密切相关，汉字大约在公元前 4 世纪传入朝鲜半岛，大约 3 世纪开始流行，并成为其书面语言。因此，当时朝鲜半岛说的是朝鲜语，纸上写的却是汉字。由于朝鲜语与汉语是完全不同的语系，使用汉字记录朝鲜语是一件很不容易的事，加上当时只有上层社会的人才有受教育的机会，才能学习汉字，平民几乎是不识字的，所以贵族（朝鲜人称为两班）和庶民之间，可以用朝鲜语做口语的沟通，却无法用文字传递讯息。为了解决老百姓书写文字的问题，1443 年朝鲜王朝世宗大王组织郑麟趾、申叔舟、崔桓、成三问等一批优秀学者，在多年研究朝鲜语的音韵和一些外国文字的基础上，并多次来中国明朝进行关于音律学的研究，从而创造了适合标记朝鲜语语音的文字体系——韩文，称为“训民正音”（现称 Hangul），意为“教老百姓以正确的字音”。

2. 现代韩语与汉字

19 世纪末之前，汉字在朝鲜半岛一直占有主流和正统的地位，但自甲午战争之后，汉字在朝鲜的地位也开始下降。1895年，被称为“朝鲜严复”的俞吉濬撰写了《西游见闻》一书，书中采用朝汉混用文体，标志着纯汉字的文体开始逐渐向朝汉混用文体过渡。同样在1895年，朝鲜王朝进行了改革，即所谓“甲午更张”，正式废除汉文、吏读文，颁布“使用国汉文混合体”的法令。

1948年，韩国颁布《韩文文字专用法》，规定公文全部使用韩文，只有公文的附加条款允许汉字与表音字并用，并规定每年10月9日为“韩国文字节”。1968年，韩国总统朴正熙下令在公文中禁止使用汉字，强行废除教科书中使用的汉字。从1970年起，韩国小学、中学教科书中的汉字被取消，完全使用表音字。但汉字毕竟已在朝鲜半岛传播了近2000年，完全取消汉字，造成了历史的断裂、文化的断层。韩国的有识之士也认识到这一点，韩国政府也开始修改全面废除使用汉字的方针。1972年8月，韩国文教部确定并公布中学和高中教育用汉字1800个，并恢复初中的汉文教育。1999年2月，韩国文化观光部颁布了“汉字并用推进案”，规定在政府公文和交通标志上同时使用韩文和汉字。

现代韩语中有70%的词汇是汉语词，大韩民国《宪法》中1/4的文字是汉字。汉语中的不少成语、俗语在韩国经常被引用，如“三人行必有我师”“百闻不如一见”“精诚所至，金石为开”等。

韩国经历了从全面使用汉字，到使用吏读、谚文，再到废除汉字、使用韩语，再然后到现在部分恢复汉字这一历史过程，汉字并没有在韩国消失，依然活跃在韩国文化的舞台上。

（二）韩语的字母

1. 字母构成

韩语字母共40个，由21个元音和19个辅音组成，其中元音又可分为单元音（10个）和双元音（11个），辅音分为松音（5个）、紧音（5个）、送气音（5个）、鼻音（3个）和闪音（1个）。元音创制原于宇宙间“天、地、人”为一体的思想，即天圆“·”、地平“ㅡ”、人直“ㅣ”，辅音则是仿照人发声器官发音时的模样创造。通过辅音和元音的组合（元音+辅音、双元音+辅音、元音+辅音+收音），可以创造数以千计的单字和表达之意，既简单又具系统性。

（1）单元音及其音标（10个）。

ㅏ[a]、ㅓ[eo]、ㅗ[o]、ㅜ[u]、ㅡ[eu]、ㅣ[i]、ㅐ[ae]、ㅔ[e]、ㅚ[oe]、ㅟ[wi]。

（2）双元音及其音标（11个）。

ㅑ[ya]、ㅕ[yeo]、ㅛ[yo]、ㅠ[yu]、ㅒ[yae]、ㅖ[ye]、ㅘ[wa]、ㅙ[wae]、ㅝ[wo]、ㅞ[we]、ㅢ[ui]。

（3）松音及其音标（5个）。

ㄱ[g,k]、ㄷ[d,t]、ㅂ[b,p]、ㅅ[s]、ㅈ[j]。

（4）紧音及其音标（5个）。

ㄲ[kk]、ㄸ[tt]、ㅃ[pp]、ㅆ[ss]、ㅉ[jj]。

（5）送气音及其音标（5个）。

ㅋ[k]、ㅌ[t]、ㅍ[p]、ㅊ[ch]、ㅎ[h]。

（6）鼻音及其音标（3个）。

ㅁ[m]、ㄴ[n]、ㅇ[ng]。

（7）闪音及其音标（1个）。

ㄹ[r，l]。

2. 字母发音

韩语看着像汉字一样，都是方块字，但实际上都是拼音文字。在拼读发音时，送气音读四声，其余一般读一声。韩语字母发音表如表7–11所示。

表7–11 韩语字母发音表

单元音	发音	双元音	发音	辅音	发音
ㅏ	a	ㅑ	ya	ㄱ	g,k
ㅓ	eo	ㅕ	yeo	ㄲ	kk
ㅗ	o	ㅛ	yo	ㅋ	k
ㅜ	u	ㅠ	yu	ㄷ	d,t
ㅡ	eu	ㅒ	yae	ㄸ	tt
ㅣ	i	ㅖ	ye	ㅌ	t
ㅐ	ae	ㅘ	wa	ㅂ	b,p
ㅔ	e	ㅙ	wae	ㅃ	pp
ㅚ	oe	ㅝ	wo	ㅍ	p
ㅟ	wi	ㅞ	we	ㅈ	j
		ㅢ	ui	ㅉ	jj
				ㅊ	ch
				ㅅ	s
				ㅆ	ss
				ㅎ	h
				ㄴ	n

续 表

单元音	发音	双元音	发音	辅音	发音
				ㅁ	m
				ㅇ	/
				ㄹ	r,l

3. 拼读规则

韩国语是表音文字，拼读规则较为简单，由基本母音（元音）、基本子音（辅音）、双母音（元音）、双子音（辅音）和收音（韵尾）所构成。收音（받침）是指韩语的子音出现在字尾时的专门称呼，具体规则如下。

（1）子音（辅音）无法单独发音，必须与母音（元音）一起，才能发出该子音（辅音）。而母音（元音）可以单独发音，但是不能独成字，如果单发母音（元音）时，必须借助子音。辅音“ㅇ”是韩语中一个比较特殊的辅音，它与韩语中的其他辅音不同，在元音前时以使字形对称完整，没有实际音值，不发音，如“아우”。但作韵尾时发音，读“ng”，如“형”。

（2）如果音节是由辅音与元音共同组合而成的，就要将辅音写在元音字母的左侧或上方，如ㄱ + ㅏ = 가。

（3）在有收音（韵尾）的情况下，收音（韵尾）要写在最下面，其他规则不变，如압、억、각、낳、없、놓、좋。

（三）韩语的语音变化

韩语的每个辅音和元音都有自己的音值。但是，在语流中有些音素往往会受到前面或后面音素的影响，或变成另外一个音，或不再发声，或添加某些音，这种现象即为语音变化。韩语的语音变化可分为元音的变化、辅音的变化及不规则音变现象。韩语单词和句子读音中经常出现的辅音变化如下。

1. 连音化现象

韵尾（除“ㅇ、ㅎ”以外）与后面的元音相连时，韵尾移到后面的音节上，与之拼成一个音节，这一现象叫做连音化现象。

例：화장실이 [화장시리]、이쪽에 [이쪼게]、앉으세요 [안즈세요]。

2. 紧音化现象

（1）韵尾“ㄱ (ㄲ、ㅋ、ㄳ、ㄺ)、ㄷ (ㅅ、ㅆ、ㅈ、ㅊ、ㅌ)、ㅂ (ㅍ、ㄼ、ㄿ、ㅄ)”与辅音“ㄱ、ㄷ、ㅂ、ㅅ、ㅈ”相连时，“ㄱ、ㄷ、ㅂ、ㅅ、ㅈ”分别发成

紧音“ㄲ、ㄸ、ㅃ、ㅆ、ㅉ”。

例：맥주 [맥쭈]。

（2）韵尾“ㄴ (ㄴㅈ)、ㅁ (ㄹㅁ)”与以辅音“ㄱ、ㄷ、ㅈ”为首音的语尾相连时，辅音“ㄱ、ㄷ、ㅈ”分别发成紧音“ㄲ、ㄸ、ㅉ”。

例：삶고 [삼꼬]、삶지 [삼찌]、삶다 [삼따]。

（3）在部分汉字词中，韵尾“ㄹ”后面的辅音“ㄱ、ㄷ、ㅂ、ㅅ、ㅈ”分别发成紧音“ㄲ、ㄸ、ㅃ、ㅆ、ㅉ”。

例：물질 [물찔]。

（4）冠形词形语尾“- ㄹ /- 을”与辅音“ㄱ、ㄷ、ㅂ、ㅅ、ㅈ”相连时，“ㄱ、ㄷ、ㅂ、ㅅ、ㅈ”分别发成紧音“ㄲ、ㄸ、ㅃ、ㅆ、ㅉ”。

例：주문할 것이 [주문할꺼시]。

3. **同化现象**

（1）韵尾“ㄱ(ㄲ、ㅋ、ㄱㅅ、ㄹㄱ)、ㄷ(ㅅ、ㅆ、ㅈ、ㅊ、ㅌ、ㅎ)、ㅂ(ㅍ、ㄹㅂ、ㄹㅍ、ㅂㅅ)”在辅音“ㄴ、ㅁ”前出现时，分别发成“ㅇ、ㄴ、ㅁ”。

例：국물 [궁물]、떨어졌는데 [떠러젼는데]、십만 [심만]。

（2）韵尾“ㅁ ㅇ”后面的辅音“ㄹ”都发成“ㄴ”；“ㄴ”与“ㄹ”相连时，不论“ㄹ”在“ㄴ”的前面还是后面，“ㄴ”都发成“ㄹ”音。

例：음료 [음뇨]、신라면 [실라면]。

（3）在部分汉字词中，韵尾“ㄱ、ㅂ”与辅音“ㄹ”相连时，“ㄹ”发成“ㄴ”音。

例：주식류 [주식뉴→주싱뉴]。

4. **送气音化现象**

松音“ㄱ、ㄷ、ㅂ、ㅈ”与“ㅎ”相连时，松音“ㄱ、ㄷ、ㅂ、ㅈ”分别发成送气音“ㅋ、ㅌ、ㅍ、ㅊ”。

例：그렇군요 [그러쿤뇨]、깻잎하고 [깬니파고]。

5. **腭化现象**

韵尾“ㅌ”与“이”相连时，在“이”的影响下，舌面向上，接触硬腭，使得“ㅌ”发“ㅊ”音，这一音变现象被称为腭化现象（韵尾“ㄷ”与“이”相连时，会发“ㅈ”音）。

例：같이 [가치]。

6. **添加现象**

在部分合成词中，后一音节的首音为“ㅣ”或“ㅑ、ㅕ、ㅛ、ㅠ”时，发音时中间添加“ㄴ”。

例：깻잎 [깻닢→깬닙]。

7. **脱落现象**

韵尾“ㅎ”与后面的元音相连时，韵尾“ㅎ”脱落。

例：많아요→ [마나요]、좋아요→ [조아요]。

二、餐厅用语韩语

（一）常用餐饮词汇

1. **菜单**

招牌菜 주메뉴　主食类 주식류　新品 신 메뉴
套餐 세트

2. **饮品**

啤酒 맥주　米酒 막걸리　可乐 콜라
果汁 주스　汽水 사이다　咖啡 커피
葡萄酒 와인　牛奶 우유　玉米须茶 옥수수 수염차
冰美式 아이스 아메리카노　拿铁 라떼

3. **食物**

辛奇（韩国泡菜）김치　萝卜泡菜 깍두기　辣酱 고추장
辛拉面 신라면　炸酱面 짜장면　炸猪排 돈까스
炸鸡 치킨　嫩豆腐汤 순두부찌개　炒年糕 떡볶이
烤五花肉 삼겹살구이　紫菜包饭 김밥　西红柿 토마토
土豆脊骨汤 감자탕　年糕 떡　猪肉汤饭 돼지국밥
参鸡汤 삼계탕　排骨 갈비　炖鸡（安东鸡）찜닭
炒鸡排 닭갈비　饺子만두　生鱼片 회
盲鳗 곰장어

4. **甜点**

蛋糕 케이크　红豆冰沙 팥빙수　面包 식빵

甜甜圈 도넛　　冰淇淋아이스크림　　马卡龙 마카롱

三明治 샌드위치

（二）餐厅对话

1. 进入餐厅

종업원: 어서 오세요 ! 몇 분이세요 ?

服务员：欢迎光临，请问几位?

손님: 세 명이에요 .

客人：我们有 3 个人。

2. 点餐

종업원: 이쪽에 앉으세요 . 메뉴는 여기에 있습니다 . 뭘 드시겠어요 ?

服务员：请这边坐。给您菜单。您想吃点什么?

손님: 무슨 추천할 만한 것이 있습니까 ?

客人：有什么可以推荐的吗?

종업원: 저희 가게의 삼겹살과 갈비가 인기 많아요 .

服务员：我们店的五花肉和排骨都很受欢迎。

손님: 그럼 삼겹살 2 인분 하고 갈비 1 인분을 주세요 . 그리고 밥 세 공기를 주세요 .

客人：那就给我来两份五花肉和一份排骨吧，然后再来 3 碗米饭。

종업원: 술이 필요합니까 ? 불고기는 소주와 같이 드셔야 제맛이죠 .

服务员：需要酒吗? 烤肉要配烧酒才正宗。

손님: 그래요 ? 그럼 소주 한 병 추가할게요 .

客人：是吗? 那就再来瓶烧酒吧。

종업원: 네 , 잠시만 기다려 주십시오 .

服务员：好的，请稍等。

3. 追加点餐

손님: 저기요 . 저희 추가 주문 부탁드립니다 .

客人：服务员，这里还要点餐。

종업원: 네 , 뭘 주문하시겠습니까 ?

服务员：好的，您还想要点什么?

손님: 갈비 2 인분을 더 주세요 . 갈비가 너무 맛있어서요 .

客人：再来两份排骨。排骨的味道很好。

종업원 : 저희집 갈비는 특제 양념과 소스로 미리 절였어요 .

服务员：我们店的排骨是用特制的酱料和调料汁事先腌制好的。

손님: 그렇군요 . 삼겹살도 신선해서 맛이 좋아요 .

客人：原来如此。五花肉也很新鲜，很美味。

종업원: 정말 다행이네요 . 주문할 것이 또 있으세요 ?

服务员：那真是太好了。还需要其他的吗？

손님 : 여기 반찬이 떨어졌는데 , 깻잎하고 상추를 더 주시겠어요 ?

客人：配菜吃完了，请再给我拿点苏子叶和生菜。

종업원 : 네 , 잠시만요 . 바로 가져다 드리겠습니다 .

服务员：好的，请稍等。马上就给您拿来。

4. 结账

손님: 저기요 . 계산할게요 .

客人：您好，我要结账。

종업원: 네 , 모두 십만원입니다 . 안녕히 가세요 .

服务员：好的，一共 10 万韩元，请慢走。

（三）常用语句

안녕하세요 . 你好。

감사합니다 . 谢谢。

별 말씀을요 . 不客气。

안녕히 가세요 . / 안녕히 계세요 . 再见（前者为自己留步，送客人走；后者为自己移步，主人留步。）

저기요 . 계산할게요 . 您好，我要结账。

이걸 포장해 주세요 . 请把这个打包。

화장실이 어디에 있습니까 ? 请问洗手间在哪里？

三、韩国餐饮文化

大韩民国简称韩国。韩国位于亚洲大陆东北部、朝鲜半岛南半部，东、南、西三面环海，总面积约10万平方千米（占朝鲜半岛面积的45%），主体民族为韩民族，通用韩语，总人口约5200万（截至2021年8月）。韩国属温带季风气候，年均气温为13 ℃～14 ℃。韩国四季分明，春、秋两季较短，夏季炎热、潮湿，冬季寒冷、干燥，时而下雪。韩国北部属温带季风气候，南部属亚热带气候，海洋性特征显著。

（一）饮食特点

韩国的气候和土壤很适合发展农业，早在新石器时代就开始了杂粮的种植，并普及了水稻的种植，因此，谷物是韩国饮食文化的中心。韩国的饮食也分为主、副食。主食类似我国的南方，以稻米饭为主；副食则主要是汤、酱汤、泡菜、酱类，还有用肉、干鱼丝、蔬菜、海藻等做成的食物，辣椒和大蒜的食用率也非常高。韩国食品健康美味，特点明显。

1. 辛奇（韩国泡菜）

辛奇（kimchi）是最具代表性的韩国传统料理之一，也是典型的发酵食品。位处高纬度的韩国因冬天长且气候寒冷，蔬菜生长的季节较短，韩国家庭主妇为此需为家人准备过冬食品。在秋天时，将白菜、黄瓜和萝卜等蔬菜根据不同的口味加以腌制，肉或海鲜也可以用做辅料，这样就形成了风味各异的韩国泡菜。

有研究显示，韩国泡菜对减肥、清肠、预防成人病有特效。韩国泡菜中含有重要的维生素，也含有可以帮助消化的健康细菌。韩国人大量食用味道可口的泡菜，以至于当地人在拍照片时，说的是“kimchi”。

2. 酱缸

在韩国，大酱、辣椒酱和酱油是餐桌上最重要的食品辅料。这些酱类除了含有丰富的蛋白质和植物性脂肪外，还含有大量能够消除胆固醇的维生素。其品种非常丰富，有酱油、大豆大酱、辣椒酱和清国酱等。在韩国很难找到不用酱油调味的菜类。

3. 汤品

韩国人对各种汤类也情有独钟，以汤为饭首，几乎每餐必有汤。汤通常用蔬菜或经晒干又泡软的白菜或山菜，再加肉类、大酱、咸盐、牛肉粉等各种原料烹调而成。这种饮食观念是认为汤的营养最易于被人体吸收。

4. 生食

在韩国，生食蔬菜和海素菜的现象也很普遍，很多蔬菜都是洗净后用开水焯过后食用或者直接食用。除了凉拌蔬菜，韩国人也爱吃生拌鱼肉、鱼虾酱等菜肴。这种饮食方法可以保留菜肴中原有的营养成分，促进人体的各种机能。

5. 五色

与中国饮食相比，韩国饮食似乎更注重颜色，无沦是宴会上的九色盘、神仙炉，还是日常料理的泡菜、酱汤，无不追求五色俱全（见图 7–14）。以泡菜为例，其白菜主干呈白色，葱和白菜叶呈绿色，生姜、蒜呈黄色，辣椒粉呈红色，虾酱、鱼酱等呈黑色，可谓色味俱佳（见图 7–15）。

6. 忌油

韩国人在饮食中非常注意对油腻的控制，少有很油腻的食物，甚至在汤料完成后，还要将汤面浮油去除。

图 7–14　韩式餐饮的色彩

图 7–15　泡菜

（二）就餐礼仪

1. 赴约时间

和韩国朋友约会，一定要事先联系。韩国人的时间观念很强，所以客人也应守时，以示对主人的尊重。韩国人一日三餐的时间和中国基本相同。

2. 进门

进入韩国朋友家中时，须先脱掉鞋子，同时别忘穿袜子。在韩国，参加社交活动时光脚，是一种失礼的行为。

3. 见面

韩国人见面时常常以鞠躬向对方表示尊敬和问候，在正规的交际场合，韩国人也采用握手作为见面礼节；当向人介绍他人时，需要按照“尊者优先”的原则。

4. 用餐

各类酱料要拨到自己的碟子里后，再蘸着吃。吃饭时，不能同时拿着汤匙和筷子；不能端着饭碗吃饭；不能把汤匙和筷子插放在碗中；需等饭桌上最年长者动筷后，才能开始用餐。

5. 饮酒

斟酒时，要用一只手托住另一只手的肘部或瓶底来为对方斟酒。和长辈碰杯时，杯沿一定要低过长辈的杯沿，且喝酒时，一定要侧过身子，用一只手遮住酒杯。如果坐在对面的朋友的杯子空了，要及时帮他倒酒。别人帮你倒酒时，必须双手端着杯子，并且用手遮住酒瓶广告的一边，更为礼貌。倒酒时不能将对方的杯子添太满，需要留半指节程度的空余。

第十节　葡萄牙语与餐饮文化

葡萄牙语（Português）简称葡语，属于印欧语系罗曼语族。葡萄牙语是继英语和西班牙语之后，世界上使用最广泛的语种之一，是世界上第六大语言。近年来，在我国“一带一路”倡议的影响下，中国与葡语国家的外交、商贸、教育、文化等方面的交流日益频繁，学习葡语在中国已蔚然成风。

一、葡萄牙语的起源和发展

（一）历史

公元前 3 世纪，罗马帝国入侵伊比利亚半岛，而罗马帝国当时的通俗拉丁语也随着士兵带入当地，并成为现代葡萄牙语的起源。随着罗马帝国在 5 世纪的崩溃及蛮族的入侵，当地的语言变得与其他罗曼语族语言不同。9 世纪左右，书写的文字记录开始出现，并最早运用在政府文档中，这些语言今天被叫做“Proto-português”（原始葡萄牙语）。到了 15 世纪，伴随着丰富的文学作品，葡萄牙语成为一种成熟的语言。

（二）古葡萄牙语

1. 初成阶段：加利西亚语时期（12—14 世纪）

1143 年，在阿方索一世的带领下，葡萄牙成为独立国家，古葡萄牙语逐渐被全民使用。1290 年，国王迪尼什一世在里斯本创办了第一所葡萄牙语大学，并下令表示，人们应该首先使用葡萄牙语（当时称为“俗语”）而不是拉丁语。1296 年，皇家总理府接受了葡萄牙语，而葡萄牙语当时已经不仅在文学领域，在法律等领域也被使用。

不过，1350年前，葡萄牙语—加利西亚语（Português-Galego）仍然只是葡萄牙和加利西亚（西班牙历史地理区，位于伊比利亚半岛西北角）的本地语言；而到了14世纪，随着大量文学作品的产生，葡萄牙语成为一门成熟的语言，并在伊比利亚半岛的诗界流行起来，如被里昂、卡斯蒂利亚、阿拉贡和加泰罗尼亚地区的诗人所使用。例如，*Cantigas de Santa Maria*《圣母歌集》就是由当时的卡斯蒂利亚国王阿方索十世所作（卡斯蒂利亚曾是西班牙历史上的一个王国）。

之后，当西班牙语成为卡斯蒂利亚地区的书面语言后，加利西亚语开始受到卡斯蒂利亚语的影响，而其南方的变体，则成为葡萄牙的一种方言。

2. 传播阶段：地理大发现时期（14—16世纪）

随着葡萄牙航海家的地理大发现，葡萄牙语散播到了亚洲、非洲及美洲的许多地方。到了16世纪时，葡萄牙语在亚洲及非洲成了一种通用语，不仅在殖民地的行政及贸易中使用，非殖民地的当地政权与各国籍的欧洲人之间的沟通也使用葡萄牙语。在当时的锡兰（现在的斯里兰卡），有一些国王能说流利的葡萄牙语，贵族也常常取葡萄牙语的名字。葡萄牙人与当地人的通婚帮助了葡萄牙语的传播。

那些生活在印度、斯里兰卡、马来西亚和印度尼西亚的葡萄牙语社区的基督教教徒们，虽然当中的部分人已经失去了与葡国的联系，但他们仍然保持着自己的语言。经过几个世纪，他们的语言渐渐发展成了克里奥尔语。即使后来荷兰在锡兰及印尼采取了严厉的措施以废除葡萄牙语，葡萄牙语或以葡萄牙语为基础的克里奥尔语仍然在一些地方流行。

许多葡萄牙语词汇渗入其他语言。例如，日语中的“パン（pan）”，意为“面包”，即来自葡萄牙语中的“pão”；印度尼西亚语里的“sepatu”（鞋子）源自葡萄牙语中的“sapato”；马来语中的“keju”（奶酪）是由葡萄牙语中的“queijo”演变而来；斯瓦希里语中的“meza”（桌子）更是和葡萄牙语中的“mesa”如出一辙。

（三）现代葡萄牙语（16世纪至今）

1516年，*Cancioneiro Geral de Garcia de Resende* 的出版标志着古葡萄牙语的终结。但是古葡萄牙语的变体作为一种方言仍然存在，特别是在圣多美及普林西比、巴西和安哥拉。在现代葡萄牙语时期，伴随着文艺复兴，大量古典拉丁语源和希腊语源的词汇加大了葡萄牙语的复杂性。葡语历史上重要的诗人贾梅士便是这个时代的诗人，葡萄牙语也被称做“贾梅士的语言”。随着葡语的传播发展，使用葡语的人已遍布世界各大洲。

二、使用葡萄牙语的国家和地区

葡萄牙语目前主要在非洲、南美洲、亚洲和欧洲使用，但是在美国、加拿大、百慕大、安提瓜和巴布达岛也有大约 200 万人使用。在大洋洲，葡语有不到 5 万人使用。

以葡萄牙语为官方语言的国家和地区包括葡萄牙、巴西、安哥拉、佛得角、莫桑比克、圣多美和普林西比、东帝汶和几内亚比绍等，共计超过 2 亿人口。葡萄牙语也是西班牙加利西亚地区、赤道几内亚和中国澳门的官方语言之一。在安道尔、卢森堡和纳米比亚，葡萄牙语使用广泛，但不是官方语言。另外，大量的葡萄牙语使用者向法国的巴黎，以及美国的波士顿、新贝德福德、纽华克等地移民，也形成了很多葡萄牙语社区。

三、葡萄牙语的字母构成及发音规则

（一）字母构成

《葡萄牙语正字法协定》（1990）规定，葡语有 26 个字母，它们是：a、b、c、d、e、f、g、h、i、j、k、l、m、n、o、p、q、r、s、t、u、v、w、x、y、z。但是 k、w、y 这 3 个字母只在特殊场合被使用，如外来词或缩略词中的 Darwinismo（达尔文主义）、Pyongyang（平壤）和 km（quilómetro 千米）。所以，葡萄牙语实际使用 23 个字母，外加 3 个外来字母。葡萄牙语的发音和英语不太一样，但和西班牙语比较相似，有些字母发音比较特殊，如字母 j 念做 [jota]，k 念 [capa]，w 念 [dáblio]，y 念 [ípsilon] 等。葡萄牙语字母如图 7-16 所示。

字母印刷体	字母手写体	名称	字母印刷体	字母手写体	名称
A a	A a	á	N n	N n	ene
B b	B b	bê	O o	O o	ó
C c	C c	cê	P p	P p	pê
D d	D d	dê	Q q	Q q	quê
E e	E e	é	R r	R r	erre
F f	F f	efe	S s	S s	esse
G g	G g	gê ; guê	T t	T t	tê
H h	H h	agá	U u	U u	u
I i	I i	i	V v	V v	vê
J j	J j	jota	W w	W w	dáblio
K k	K k	capa	X x	X x	xis
L l	L l	ele	Y y	Y y	ípsilon
M m	M m	eme	Z z	Z z	zê

图 7-16　葡萄牙语字母

（二）字母发音

葡萄牙语的发音规则同样包括元音和辅音，其中元音分为单元音及合元音（二合、三合），辅音也存在辅音连缀的情况。在拼读的过程中，也需要进行音节的划分。

1. 单字母发音

葡萄牙语单字母发音表如表 7–12 所示。

表 7–12　葡萄牙语单字母发音表

字母	名称	音标	字母	名称	音标
Aa	á	[a]	Nn	ene	[n]
Bb	bê	[b]	Oo	ó	[ɔ,o,u]
Cc	cê	[k,s]	Pp	pê	[p]
Dd	dê	[d]	Qq	quê	[gw,g]
Ee	é	[ɛ,ə,e]	Rr	erre	[r, r̄]
Ff	efe	[f]	Ss	esse	[s,z]
Gg	gê	[g, ʒ]	Tt	tê	[t]
Hh	agá	不发音	Uu	u	[u]
Ii	i	[i]	Vv	vê	[v]
Jj	jota	[ʒ]	Xx	xis	[ks,s, ʃ, z]
Ll	ele	[l,w]	Zz	zê	[z, ʃ]
Mm	eme	[m]			

2. 二合元音和三合元音

二合元音：1 个强元音和 1 个弱元音或 2 个弱元音相连就组成二合元音。葡萄牙语中的二合元音有两种，一种为前响，一种为后响。前响的发音特点是前响后轻，后响的发音特点是前轻后响。

（1）前响二合元音有 8 个：ai、au、ei、eu、oi、ou、ui、iu。

（2）后响二合元音有 6 个：ia、ua、ie、ue、io、uo。

三合元音由 3 个元音字母组成，其中中间是一个强元音或一个重读弱元音，前后各一个非重读强元音或弱元音，如 Uruguai（乌拉圭）、Paraguai（巴拉圭）、iguais（相同的）。

3. 鼻元音

在葡萄牙语中，元音字母在带有鼻音符号“~”和以 m、n 结尾的音节中发鼻音，但要注意字母 e、i 和 u 上不带鼻音符号。

鼻单元音：葡萄牙语中鼻单元音有 5 个音素，其发音方法是在 [a]、[e]、[i]、[o] 和 [u] 的基础上软腭下垂，让部分气流从鼻腔泄出，如 [ã]、[ẽ]、[ĩ]、[õ]、[ũ]。

鼻二合元音：葡萄牙语中鼻二合元音的发音与前响二合元音的发音相同，但部分气流一定要从鼻腔内泄出，如 [ãj]、[ãw]、[ẽj]、[õj]、[ũj]。

（三）葡萄牙语的读音规则

1．分音节规则

（1）音节（sílaba）：音节是由一个或几个音素组成的语音单位，它可以由一个单元音构成，也可以由一个单元音或复合元音与一个或多个辅音构成。但辅音不能单独构成一个音节，如 é tu sei bom。

（2）音节的划分：由于葡萄牙语中绝大多数单词都不止一个音节，因此，这就涉及一个如何划分音节的问题。

其规则主要包括以下方面。

一个元音字母可以单独构成一个音节，如 é 、e、o。

一个元音字母可以和一个或多个辅音构成一个音节。辅音可以在元音之前，也可以在元音之后，如 já、mar、alto（al-to）。

当一个辅音字母出现在两个元音之间时，与后面的元音构成一个音节，如 casa（ca-sa）、Ana（A-na）、você（vo-cê）。

当两个辅音字母出现在两个元音之间而又不构成辅音连缀或字母组合时，它们分别属于前后两个音节，如 isto（is-to）、está（es-tá）、facto（ fac-to）。

2. 重音

在葡萄牙语中，元音字母的上方，有时会出现各种各样的语音符号，如开音符号“´”、闭音符号“^”、鼻音符号“~”、缀音符号“`”等。一个单词，如果没有语音符号，那么这个单词的重音通常位于倒数第二个音节上，如 piloto（重音为“lo”）；如果有语音符号，那么这个单词的重音位于有语音符号的那个音节上，如 chávena（重音为“chá”）。不过也有一些例外情况，最常见的两种例外情况如下。

（1）在葡萄牙语中，动词是以 ar、er、ir 结尾的，动词的重音位于最后一个音节上，如 falar（重音为“lar”）、comer（重音为“mer”）、partir（重音为“tir”）。

（2）以 l 结尾的单词，重音位于最后一个音节上，如 hotel（重音为“tel”）。

四、餐厅用语葡萄牙语

（一）常用餐饮词汇

1. 饮品

咖啡 café / bica　茶 chá　绿茶 chá verde

红茶 chá preto　茉莉花茶 chá de jasmim

花茶 chá de flor　水 água　牛奶 leite

巧克力牛奶 leite com chocolate　橙汁 sumo de laranja

葡萄酒 vinho　葡萄牙绿酒 vinho verde

波特酒 Porto

2. 食物

鳕鱼 bacalhau　米兰德拉香肠 Alheira de Mirandela

布拉斯式鳕鱼 Bacalhau à Brás

葡式三明治 francesinha　海鲜锅 cataplana

葡国海鲜饭 arroz de marisco　薯蓉青菜汤 caldo verde

章鱼沙拉 salada de polvo　海鲜饭 arroz de marisco

烧鸡 frango de churrasco　葡式炖菜 cozido à portuguesa

烤沙丁鱼 sardinhas assadas　鸭饭 arroz de pato

3. 甜品

甜米饭布丁 arroz doce　焦糖布丁 pudim flan

巧克力蛋糕 bolo de chocolate　葡式蛋挞 pastel de nata

4. 特色食材

海鲜类：

墨鱼 choco　鲽鱼 linguado　鳕鱼 bacalhau

剑鱼 peixe espada　章鱼 polvo　贝类 seashell

花枝 lula

配料类：

橄榄油 azeite　葡萄酒 vinho　黑胡椒 pimenta negra

百里香 tomilho　大蒜 alho　土豆 batatas

土豆泥 puré de batata	番茄 tomate	番茄酱 ketchup
香草 baunilha	玉米 milho	胡萝卜 cenoura
奶酪 queijo	炼乳 leite condensado	芝士 queijo

5. 葡萄牙语中的中国菜

中国菜 comida Chinesa

北京烤鸭 pato à Pequim

辣子鸡丁 frango salteado com pimentos picantes

宫保鸡丁 cubos de frango com amendoins / Frango xadrez（巴西）

红烧鲤鱼 carpa refogada em molho de soja

茄汁虾仁 camarão frito com molho de tomate

涮羊肉 fondue de carne de borrego

糖醋里脊 tiras de lombinho de porco fritas em molho agridoce

炒木须肉 ovos mexidos com carne de porco

回锅肉 carne de porco salteada duas vezes em molho picante

鱼香肉丝 tiras de porco fritas em molho com sabor a peixe

糖醋排骨 entrecosto com molho agridoce

麻婆豆腐 tofu com molho picante

韭菜炒蛋 ovos mexidos com cebolinho

番茄蛋花汤 sopa de tomate e ovos

红烧狮子头 almondegas de carne de porco refogadas

红烧肉 entremeada de porco guisada

东坡肉 carne de porco estufada à Dongpo

地三鲜 batata, berinjela e pimentos fritos

（扬州）炒饭 arroz frito（à moda de Yang Zhou）

杂酱面 massa com molho de pasta de soja e carne de porco

担担面 massa Dandan /Massa com molho picante de Sichuan

炒米线 massa de arroz salteada（com vegetais）

炒面 massa salteada

肉包 pãezinhos cozidos a vapor recheados com carne

豆沙包 pãezinhos cozidos a vapor recheados com pasta de feijão vermelho doce

叉烧包 pãezinhos cozidos a vapor recheados com carne de porco assada

饺子 raviólis chineses

锅贴 raviólis fritos

馒头 pão cozido a vapor

粽子 arroz glutinoso embrulhado em folhas de bambu

茶叶蛋 ovos cozidos em chá

春卷 rolinhos primavera

葱油饼 panqueca de cebolinho

麻花 trancinhas fritas

（芝麻）汤圆 bolas de arroz glutinoso com recheio de sésamo

（二）餐厅对话

1. 进入餐厅

A：Bom dia. Posso ajudar? 早上好，有什么可以为您服务的吗？

B：Bom dia. Queríamos uma mesa para dois. 早上好，我们想要一张两人桌。

2. 点菜

A：Por aqui... Aqui tem a ementa. O que desejam? 在这里，请看菜单，你们想点些什么呢？

B：Quero uma salada de polvo. E tu, Afonso? 我想要一份章鱼沙拉，你呢，阿方索？

C：Para mim, queria um arroz de pato. 我的话来一份鸭饭吧。

A：E para beber? 请问需要饮料吗？

B：Queríamos um sumo de laranja e um leite. 我们想要一杯橙汁和一杯牛奶。

A：Desejam mais alguma coisa? 还想要点别的吗？

B：Não. Por agora é tudo. 没有了，这些是全部了。

A：Só um momento. 好的，稍等一会。

A：Aqui tem. Bom apetite. 菜上齐了，请慢用。

B，C：Hum... Cheira bem! 啊，闻起来好香！

3. 结账

B：Se faz favor. 你好，服务员。

A：Sim. O que deseja? 在，请问有什么需要的吗？

B：Era a conta, por favor. 我们结账了，谢谢。

A：São 178 patacas. 一共是 178 澳门元。

B：Aqui tem e pode ficar com o troco. 给你，剩下的零钱当小费。

A：Muito obrigado. 非常感谢。

（三）常用语句

葡语单词分阴阳性，m. 为阳性，f. 为阴性。

你好。Olá, tudo bem? / Como está? / Como vai?

我很好，谢谢。（Eu）Estou bem, obrigado（男生用语）/ obrigada（女生用语）.

早上好 / 下午好 / 晚上好。Bom dia./ Boa tarde. / Boa noite.

是的 / 好吧 / 好的 / 没错。Sim. / Está bem./ Est á bom./ Pois é .

请问洗手间在哪？ Onde fica a casa de banho?

左 À esquerda　右 À direita

一直 A direito　上 Para cima; Acima　下 Para baixo; Abaixo

多少钱？Quanto custa?

这是什么？O que é isto?

我买了。Vou levar.

我要…… Eu queria...

你有…… O senhor tem... Tu tens...

你接受信用卡吗？O senhor aceita cartão de crédito?

请结帐。 A conta, se faz favor.

一点 Um pouco.

许多 Muito（m.）, Muita（f.）

全部 Todo（m.）, Toda（f.）; Tudo

我想要一杯咖啡。Quero um café, por favor.

我想买一瓶红葡萄酒。Queria comprar uma garrafa de vinho tinto.

素食者 Vegetariano（m.）, Vegetariana（f.）

干杯！Tchim-tchim! Saúde!

五、葡萄牙餐饮文化

葡萄牙共和国简称葡萄牙，是一个位于欧洲西南部的共和制国家。其东邻同处于伊比利亚半岛的西班牙，西部和南部是大西洋海岸，地形北高南低，多为山地和丘陵。葡萄牙拥有832千米的海岸线，风景优美宜人。葡萄牙的海水温暖，气候宜人，阿尔加维拥有世界上最好的海滩。葡萄牙北部属海洋性温带阔叶林气候，南部属亚热带地中海式气候。1月平均气温为8℃～14℃，8月为17℃～28℃；年平均降水量500～1000毫米。因地处欧洲西南部海岸，有海洋暖流的眷顾，常年气候温和，自然环境优渥，海产丰富。这份天赐的礼物，孕育了葡萄牙人民淳朴热情的性格，为他们带来很多独有的美食食材。

（一）饮食特点

葡萄牙人在饮食上有如下特点。

（1）讲究菜肴与酒的搭配，注重菜肴的营养价值。

（2）主食：以面为主食，爱吃面包，对米饭也很喜欢。

（3）副食：爱吃鱼、虾等海鲜，以及鸡肉、牛肉、猪肉、蛋类等；蔬菜喜欢土豆、辣椒、茄子、西红柿、胡萝卜、卷心菜等；调料喜用辣椒粉、胡椒粉等。

（4）制法：偏爱炒、烤、溜、炸等烹调方法制作的菜肴。

（5）菜品：葡萄牙菜推崇地中海饮食，喜欢用橄榄油、大蒜、香草、番茄及海盐来调味，但香料用得不多。由于毗邻海域，海鲜料理丰富多样，有墨鱼、鲽鱼、鳕鱼、剑鱼、章鱼、鳗鱼、贝类及花枝等。大部分的菜单上都可找到猪肉、鸡肉及牛肉，很多餐厅也供应米食。

（6）酒水：按葡萄牙人的饮食习惯，用餐时应尽量喝葡萄酒。葡萄牙人同葡萄酒结下了不解之缘，葡萄酒是每个家庭必不可少的饮料。葡萄牙人饮酒是很讲究的，按葡萄牙的传统，饭前要饮用开胃葡萄酒，饭后要喝助消化葡萄酒，用餐过程中还要根据莱肴配酒，吃红肉喝红葡萄酒，吃白肉饮白葡萄酒，冷拼盘则配饮玫瑰香葡萄酒，吃点心时则配葡萄汽酒。这种传统的、严格的配酒方法沿袭圣今，已成为全国人在商务宴请、社交场合和家庭饮宴时的一种礼节和习惯。

葡萄牙的钵酒，又称波特酒，闻名世界。这种酒用葡萄酿制，芬芳香醇，独具一格。葡萄牙人都爱喝钵酒，无论成年人还是儿童，每天用餐都要喝钵酒。钵酒被葡萄牙人列为恢复体力的补酒。除此以外，饮料中的咖啡、柠檬水、酸牛奶也颇受喜爱，葡萄牙人对香片花茶也极感兴趣。

（7）果品：喜爱水果中的葡萄、苹果、柑、桔、樱桃等；干果爱吃葡萄干、花生米等。

（二）就餐礼仪

1. 用餐时间

跟西班牙类似，午餐时间是从中午 13:00 到 15:00 之间供应，晚餐时间则是从晚上 21:00 到深夜（外面的餐厅 19:00 左右开始供应）。早餐通常较简单，午餐为一天中最重要的一餐，下午肚子饿了，可以到小吃店来点面包和小点心。尽管葡萄牙人不大注意遵守时间，客人仍应准时赴约。与商界人士约会不要定在中午到下午 15 时这段时间，因为在此期间葡萄牙停止一切活动。事先预定约会时间是十分必要的。

2. 见面问候

葡萄牙人相见时，男子习惯热情拥抱并互拍肩膀为礼，女子熟人之间相见时则以亲吻对方的脸为礼（注：只是行贴面礼，配以亲吻的声音）。在与外国友人相见时，他们有时也行握手礼。葡萄牙人待人热情，如有客人来访，他们总是早早地到门口迎接；客人离去时，他们总要亲自送到门口。如被邀请赴宴，不一定要带礼物，礼尚往来的做法是请你的主人去餐馆吃饭。去葡萄牙人家做客也可以带上一束花，葡萄牙人偏爱石竹花，因为石竹花象征着革命和胜利，有祝贺之意。

3. 交谈话题

合乎礼貌的做法是谈谈家庭生活、葡萄牙的积极方面，以及个人的兴趣爱好等。葡萄牙人喜欢在闲聊中畅叙本国的优点和个人的一些爱好。文明斗牛是葡萄牙人十分喜爱的一种娱乐活动，更是他们乐于谈论的话题。斗牛场每年元旦前后都要举行斗牛表演。与西班牙斗牛不同的是，葡萄牙人斗牛的方式是骑马斗牛，而且并不将牛杀死，只是将牛刺伤。客人应回避谈论政治和政府，交谈中过分好奇爱问是不礼貌的。

4. 中餐喜好

如果邀请他们享受中餐，葡萄牙人比较喜爱中国的川菜、京菜。北京烤鸭在葡萄牙非常有名，当然也可以先征询对方的建议。

第十一节　意大利语与餐饮文化

意大利语（Italiano）同法语、西班牙语、葡萄牙语和罗马尼亚语一样，属于印欧语系罗曼语族，是意大利、梵蒂冈和圣马力诺的官方语言。意大利语因其富有音乐感的特点，被誉为“世界上最美的语言之一”，是较早成熟的拉丁语方言。作为伟大的文艺复兴文化的媒介，意大利语曾对西欧其他语言起过深刻的影响。意大利语目前还是瑞士的4种官方语言之一，全世界使用意大利语的人数近1亿。随着“一带一路”倡议的提出，作为古丝绸之路两端上的两大文明古国，无论是基于悠久的历史联系，还是日益迫切的现实需求，中意两国不断强化全面战略伙伴关系，中国学习意大利语的人数也在不断增长。

一、意大利语的起源和发展

（一）意大利语的起源

罗曼语族起源于通俗拉丁语。这种语言开始只限于口头交流，随着社会经济的发展和政治形势的变化，这种语言也开始用于书面表达。商业的发展尤其是各个地区市政等行政机构的形成，促进了通俗拉丁语的传播使用。在11至12世纪，通俗拉丁语在公证书及商务合同等领域的使用更加频繁，使用地区也越来越广泛。

9至10世纪，意大利本土通俗拉丁语就在意大利不同的地方使用。最早被发现能证明意大利语形成的史料是“维罗那谜语”，那是800年用威内托方言（通俗拉丁语）写成的；另一个史料是9世纪发现的科莫第拉墙的文字。随着时间的推移，这种语言得以被认可和广泛使用。

（二）意大利语的发展

1. 初成阶段

意大利语中的绝大部分词汇都来自拉丁语，或由拉丁语演变而来，意大利民族语言的形成经历了漫长的历史演变过程。

意大利自罗马帝国瓦解后，长期处于被外族占领和四分五裂的状态，这种状态不仅给意大利经济和社会发展长期带来不便，而且给各地的风俗习惯和语言（方言特别多）造成了巨大影响。同时，罗马帝国的崩溃为民间拉丁语自由发展提供了机遇和创造了条件，而后来的历史和社会环境又进一步促成了一些方言发展成今天的罗曼语。

2. 传播阶段：文艺复兴时期（14—16世纪）

14世纪是意大利通俗语言大发展的时期。自14世纪开始，位于半岛中部的佛罗伦萨成为欧洲文艺复兴著名的发源地，在意大利方言中，佛罗伦萨方言最接近拉丁文，它也为后来意大利语言的形成和发展创造了条件。14世纪初出现的意大利伟大诗人——但丁、彼特拉克和薄伽丘，他们用佛罗伦萨方言写出了脍炙人口的文学作品（但丁的《神曲》、彼特拉克的《歌集》和薄伽丘的《十日谈》）。这些巨著不但加快了意大利的文化进程，也为现代意大利语奠定了基础。15世纪印刷术的使用推动了通俗语的传播，文字的书写也到了统一规范。到16世纪，意大利文学语言日臻成熟而稳定，这个阶段对语言规范化的争论达到了顶峰。

3. 发展阶段：当代意大利语（16世纪至今）

在经历了18世纪的启蒙运动，法语给意大利语带来了很大影响，尤其是词汇方面。

到了19世纪下半叶，书面意大利语才开始更接近口头意大利语，在这以前的若干个世纪，意大利人的口头语言用的都是方言，缺少共同的语言标准，书面语和口头语的脱节及书面语中新词的匮乏困扰着当时的作家们。

19世纪，米兰的著名作家曼佐尼的《约婚夫妇》、西西里的乔万尼·维尔加的《马拉奥利亚一家》等文学作品使佛罗伦萨方言逐渐在各地方言中处于特殊地位，并随着社会的进步和发展成为意大利语的基础，直至被认定为意大利民族标准语言，并在20世纪后得以快速发展。

1861年意大利的统一对语言文字领域产生巨大的影响。随着交通和经济的发展、教育的普及，特别是现代宣传工具，如电影、电视和无线电广播对语言和文化的传播，以及大量人员的流动，以佛罗伦萨方言为基础的意大利语真正地得以普及和应用。

二、使用意大利语的国家和地区

全世界共有30个国家居民使用意大利语，除了意大利共和国，还有5个国家以它为官方语言，包括瑞士、梵蒂冈、圣马力诺、斯洛文尼亚和克罗地亚。它还广泛通行于美国、加拿大、阿根廷和巴西。除此之外，法国的东南部及德国、卢森堡的部分区域也使用意大利语。意大利语还同英语一样，是海盗肆虐的非洲国家索马里的通用语言。

三、意大利语的字母构成及发音规则

（一）字母构成

现代意大利语有21个字母和5个外来语字母（见表7-13）。

21个字母是：Aa、Bb、Cc、Dd、Ee、Ff、Gg、Hh、Ii、Ll、Mm、Nn、Oo、Pp、Qq、Rr、Ss、Tt、Uu、Vv、Zz。

表7-13 意大利语字母表

字母	字母名称	字母	字母名称
A	a	N	enne
B	bi	O	o
C	ci	P	pi
D	di	Q	cu
E	e	R	erre
F	effe	S	esse
G	gi	T	ti
H	acca	U	u
I	i	V	vi 或 vu
L	elle	Z	zeta
M	emme		

5个外来字母：Jj（发音 i-lunga）、Kk（发音 cappa）、Ww（发音 doppio vu）、Xx（发音 igs）、Yy（发音 ipsilon）。

（二）字母发音

1. 元音字母

和英语相同，意大利语有5个元音字母（a、e、i、o、u），但其发音比英语更单一。

字母a的发音，同英语中的“large”的“ar”的发音。

字母e的发音，同英语中的“bed”的“e”的发音。

字母i的发音，同英语中的“this”的“i”的发音。

字母o的发音，同英语中的“not”的“o”的发音。

字母u的发音，同英语中的“book”的“oo”的发音。

元音也可以进行组合发音，如ai、au、ie等，要求每个字母都要发音且清晰。

2. 辅音

在意大利语里，辅音中b、d、f、l、m、n、v的发音和英语基本相同，其他辅音则存有差异。

字母 c 的发音：c 在 a、o、u 前和 ch 在 e、i 前发 [ch] 的音，ci 和 ce 发音像英语的 “chi、che”，但在 cia、cio、ciu 中 “i” 不发音，所以发音像 “cha、cho、chu”。

字母 g 的发音：g 在 a、o、u 前和 gh 在 e、i 前发 [j] 的音，gi 和 ge 发音同英语 “jim” 中是 “j”，在 gia、gio、giu 中，发音像 “ja、jo、ju”。

字母 h 的发音：h 在任何位置都不发音。

字母 p 的发音：和 b 形成清浊辅音，和 b 的发音相同，但声带不震动。

字母 q 的发音：始终和 u 一起发音，同英语中的 [gu], 如 qua，发音为 [gua]。

字母 r 的发音：r 字母发音比较特殊，发的是颤音，又称弹舌音。

字母 s 的发音：当字母 s 位于词首其后紧跟元音时或位于词尾时，发清音，像英语的 “s”，词尾出现辅音的单词，一般为外来词，如 gas；当双辅音 ss 出现时，也发清音 “s”；字母 s 在两个元音之间和在 b、d、g、v、m、n、r、v 之前发浊音，如 “z”。

字母 t 的发音：和 d 形成清浊辅音，和 d 的发音相同，但声带不震动。

字母 v 的发音：和 f 形成清浊辅音，和 f 的发音相同，但声带震动。

字母 z 的发音：z 的发音像 “dz” 或 “tz”。

除了单个辅音外，意大利语中辅音也可以进行组合发音，有些辅音的发音和英文有很大区别，如 gl（gli）、gn、sc（sci）等。

3.5 个外来字母

5 个外来字母的读音虽然和英语差别很大，但是在拼读中和英语发音却非常相似。

字母 j 的发音：字母 j 的发音和英语中的 [gi] 相同。

字母 k 的发音：字母 k 的发音与辅音字母 c 的喉音相同，发音像英语 “cat” 中的 “c” 的发音。

字母 w 的发音：字母 w 的发音与 u 或 v 相似。

字母 x 的发音：字母 x 的发音与 cs 相同。

字母 y 的发音：字母 y 的发音和元音字母 i 相同。

（三）发音规则

1. 音节

意大利语中的单词拼读，也需要注意划分音节。

（1）单辅音与元音在一起，如 ca-sa（房子）。

（2）两个相同辅音与元音在一起，双辅音需要分开，如 mam-ma（妈妈）。

（3）两个不同辅音和元音在一起，第一个辅音是 l、m、n、r，将被分开，如 con-ten-to（满意）。

2. 重音

意大利语的每个词都以元音结尾，每个音节都要求发音清晰准确，重音大都落在倒数第二个音节上，部分单词落在最后一个音节或者倒数第三个音节。

（1）一般来说，意大利语单词的重音在倒数第二个音节，如 amico（朋友）重读 mi。

（2）最后一个字母是元音，当被去掉时，重音不变，如 Professore–Professor Pace。

（3）当重音在最后一个元音时，元音上有重音标记，如 venerdì（星期五）。

（4）有相当一部分单词的重音落在倒数第三个音节，因通常无明显标志，这些词的重音很容易读错，须记住这些词的重音，如以 -bile 结尾的许多形容词。

四、餐厅用语意大利语

（一）常用餐饮词汇

1. 早餐

牛奶 latte　麦片 farina d’avena　面包 pane

咖啡 caffè　果酱 marmellata　奶油 crema

奶酪 formaggio　鸡蛋 uovo　三明治 sandwich

意大利面 pasta　馄饨 wonton　蒸饺子 ravioli al vapore

煎饺子（锅贴）ravioli alla griglia　烧麦 ravioli con gamberi al vapore

2. 午餐 / 晚餐

主菜 corso principale

米饭 riso　面疙瘩 i gnocchi　意大利传统千层面 le lasagne al forno

意大利起司 il formaggio parmigiano

罗马传统长条番茄肉管面 i bucatini alla matricciana

海鲜面 spaghetti con i frutti di mare

火锅 hotpot　炸鸡 il pollo fritto　海鲜饭 riso di seafood / ai frutti di mare

3. 酒水饮料

不含酒精的饮料 analcolico		葡萄酒 vino
生啤酒 alla spina	甜酒 vino amabile	鸡尾酒 cocktail
烈酒 liquore	果汁 succo di frutta	牛奶 latte
饮料 bevanda	温水 / 开水 acqua bollente	
热水 acqua calda	凉水 acqua fresca	茶 tè

4. 餐厅

小吃店 osteria	小餐馆 trattoria	快餐店 tavola calda
冷餐店 tavola fredda	咖啡馆 bar	
和咖啡馆相似的小餐厅 paninoteca		

5. 餐具

一套餐具 il coperto	杯子 bicchiere	叉子 forchetta
刀 coltello	筷子 bacchette	水杯 bicchiere da acqua
酒杯 bicchiere da vino		

6. 口味

醋 aceto	生的 crudo	多汁的 succoso
辣的 piccante	甜的 dolce	

7. 肉类

牛肉 manzo	鸭肉 anatra	鸡肉 pollo
鸡腿 coscia di pollo	鸡胸肉 petto di pollo	排骨 costina
猪肉 maiale	火腿 prosciutto	

8. 海鲜

鱼子酱 caviale	螃蟹 granchio	小虾 gamberetto
鱼 pesce	鱿鱼 calamaro	

9. 蔬菜

洋葱 cipolla	生菜沙拉 insalata cruda	辣椒 peperone
马铃薯 patata	西红柿 pomodoro	

10. 水果

樱桃 ciliegia	草莓 fragola	猕猴桃 kiwi

苹果 mela　　葡萄 uva

11. 甜品

冰淇淋 gelato　　提拉米苏 tiramisù　　苹果派 strudel di mela

蛋糕 torta　　奶酪 formaggio

12. 汤类

鱼翅汤 zuppa pinne di pescecane　　素菜汤 zuppa di verdura

酸辣汤 zuppa agro piccante　　海鲜汤 zuppa di mare

13. 意大利语中的中国美食

虾片 nuvola di drago　　春卷 involtini di primavera

饺子 ravioli　　炒米粉 spaghetti di riso saltati

海鲜炒饭 riso saltato con misto di mare

柠檬炸鸡 pollo fritto con salsa di limone

宫保鸡丁 pollo saltato con salsa piccante

北京烤鸭 anatra pechinese

香酥鸭 anatra speciale con aromi

鱼香肉丝 carne al Yuxiang

鱼香茄子 melanzane al Yuxiang

红烧肉 carne stufato

酸辣土豆丝 patate aspro-piccante

麻婆豆腐 Mapo tofu

番茄炒蛋 frittata con pomodoro

蛋炒饭 riso saltato con frittata

糖醋排骨 costine agrodolce

年糕 gnocchi di riso

（二）餐厅对话

1. 对话一

A: Benvenuti！欢迎光临！

B: Buonasera, posso avere il men ù？晚上好，麻烦给我菜单？

A: Certo! Le porto subito! 当然！我马上给您拿来！

B: Come primo piatto, vorrei avere spaghetti con frutti di mare. Per secondo piatto, salmone al forno, Grazie. 第一道我想要海鲜面条，第二道烤三文鱼。

A: Cosa desiderate bere? 喝什么呢?

B: Desidero acqua naturale. Grazie. 我想要矿泉水，谢谢。

B: Mi scusi,mi porti un’ altra birra. 不好意思，再给我拿一瓶啤酒。

A: Vuole la macedonia? 您想要水果沙拉吗?

B: No, grazie. 不用，谢谢。

2. 对话二

A: Cameriere! 服务员!

B: Signore! 先生!

A: Mi porti il menù, per cortesia! Vorremmo ordinare. 请拿菜单！我们点菜!

B: Subito. 马上来。

A: Cosa prende? 您点什麽?

B: Cosa suggerisce? Mi può consigliare qualcosa? 你有什么建议吗？可以给我们推荐以下吗?

A: La pasta al pomodoro è molto famosa. 番茄面条很出名。

B: Io prendo gli spaghetti alle vongole. Non mangio formaggio. 我要一份哈利面，我不吃奶酪。

A: Da bere cosa serve? 您喝什么?

B: Vino. 葡萄酒。/ Una Coca cola. 一份可乐。/ Un succo di frutta. 一份果汁。

A: Qualcos’ altro? 还要什麽?

B: E tutto,Grazie. 不要了，谢谢。

（三）常用语句

Che cosa mi consiglia? 您能给我推荐什么吗?

Per antipasto / dolce / secondo prendo... 冷盘 / 甜品 / 第二道菜，我要……

Il mangiare era eccellente. 饭菜非常好。

Io sono vegetariano. 我是素食主义者。

Potrebbe prepareare la pietanza senza...? 这道菜里不放……行吗?

Per favore, un bicchiere di...? 劳驾，我要一杯……?

Per favore, una（mezza）bottiglia di ...（我要）一瓶 / 半瓶……

Mi può dire dov' è la toilette，per favore? 请问洗手间在哪里？

Ci può portare un altro bicchiere di vino? 我们还能要一瓶葡萄酒吗？

Posso fumare? 我能吸烟吗？

Salute! 干杯！

五、意大利餐饮文化

意大利共和国简称意大利，主要由南欧的亚平宁半岛及两个位于地中海中的岛屿（西西里岛、萨丁岛）组成。意大利北方的阿尔卑斯山地区与法国、瑞士、奥地利及斯洛文尼亚接壤，其领土还包围着两个微型国家——圣马力诺与梵蒂冈。意大利三面靠海，北部的阿尔卑斯山又阻挡了冬季寒流对半岛的袭击，所以气候温和，阳光充足。

（一）饮食特点

意大利的菜肴源自古罗马帝国宫廷，有着浓郁的文艺复兴时代佛罗伦萨的膳食情韵，素称“欧洲大陆烹调之母”，在世界上享有很高的声誉。

意大利人在饮食上有如下特点。

（1）注重原料的本质、本色，成品力求保持原汁原味，讲究火候的运用。

（2）口味爱好：喜吃烤羊腿、牛排等口味醇浓的菜，各种面条、炒饭、馄饨、饺子、面疙瘩也爱吃。

（3）主食：以面食为主，爱吃面条，对米饭也感兴趣。

（4）副食：多以海鲜作主料，辅以牛、羊、猪、鱼、鸡、鸭、番茄、黄瓜、萝卜、青椒、大头菜、香葱烹成。

（5）制法：常用煎、炒、炸、煮、红烩或红焖，喜加蒜蓉和干辣椒，略带小辣，火候一般是六七成熟，重视牙齿的感受，以略硬而有弹性为美。具有醇浓、香鲜、断生、原汁、微辣、硬韧的 12 字特色。

（6）菜品：意大利人善做面、饭类制品，几乎每餐必做，而且品种多样，风味各异。著名的有意大利面、比萨饼等。意大利面有不同形状和颜色。斜状的是为了让酱汁进入面管中，而有条纹状的则令酱汁留在面条表层上，颜色则代表了面条添加的不同的营养素。

（7）酒水：一般鱼和白肉（仔牛、鸡肉等）配白葡萄酒，肉菜配红葡萄酒或粉红色葡萄酒。膏状物、菜粥等根据其调味酱来决定葡萄酒，鱼贝类的调味酱配白葡萄酒，若是带肉的就用红葡萄酒或粉红色葡萄酒。要想更好地品味经久酿造的美酒，至少要在吃饭之前两小时拔栓。根据情况也有在两天前就拔栓的。

（8）果品：意大利人喜食瓜果蔬菜，认为食用瓜果蔬菜丰腴而又健康。意大利人也喜欢吃干果。水果有橄榄、葡萄、橘子、黄桃等。

（二）就餐礼仪

（1）用餐时间：中午一般称为工作餐，比较简单，一个小时结束，不带配偶。晚餐时间就比较长，用餐时往往边喝酒，边聊天，一顿饭要吃两个多小时甚至更长时间。意大利人比较推崇慢餐运动，认为这是真正的饮食文化。

（2）见面问候：意大利人热情好客，待人接物彬彬有礼，在正式场合，穿着十分讲究。见面礼是握手或招手示意。对长者、有地位的人和不太熟悉的人，要称呼他或她的姓，并加上“先生”“太太”“小姐”或荣誉职称。

（3）交谈话题：就餐时和意大利人谈话要注意分寸，一般谈论工作、新闻、足球，不要谈论政治和美式橄榄球。

（4）餐桌礼仪：在意大利，女士受到尊重，特别是在各种社交场合，女士处处优先。宴会时，要让女士先吃，只有女士先动刀叉进餐，先生们才可用餐。吃意式西餐主要用刀叉。意大利人在餐桌上的习惯是吃要尽可能不发出声音，吃面条要用叉子卷好送入口中，不可发出吸入声音。餐间谈话也宜等嘴中无食物再交谈。每一道菜吃完后，只要把刀叉并排放在盘内，就表示已吃完，有剩的话服务员也会撤了。餐桌上不要起身跨越几个人去夹取较远的餐点或拿调味品，需要的话，应请邻座代劳将远处的餐点盘或调味品拿到面前，再取食物放入个人碗盘中。意大利人喝酒的方式比较讲究，一般在饭前喝开胃酒，又称餐前酒，使人喝了能刺激胃口，增加食欲。席间视海鲜或肉类等不同的菜或饮白葡萄酒，或饮红葡萄酒。餐后还要喝少量甜酒或烈性酒以助消化。席间一般不用烈性酒，更没有劝酒习惯，因此，基本没有酗酒现象。此外，意大利人还比较喜欢在开胃的软饮料里掺点烈性酒，在冰淇淋上浇点白兰地，就连最后一道咖啡也要掺上些酒，认为这样喝起来、吃起来才更有味道，与众不同。

（5）上菜顺序：意大利餐会提供全套菜牌，包括开胃头盘、汤、面食、比萨、主菜及甜品。先吃头盘，汤或面称为第一道菜，主菜等于第二道菜，然后是沙拉、甜品或乳酪，最后是咖啡或饭后酒，每道菜肴选一款即可。

（6）中餐喜好：有一部分意大利人喜欢中餐，意大利人尤其喜欢富有地方特色的北京烤鸭和清淡又略带酸甜的粤菜。他们一般重视晚餐，重要的请客活动往往都安排在晚上，携配偶同往。

本章小结

- 语言的发展见证了人类社会的文明发展。语言不仅是信息沟通的需要，也是历史记载的重要工具。
- 不同语言归属不同的语族支系，有的完全不同，有的则有相近之处，在世界的传播范围和发展速度也不同。
- 餐饮服务语言既包括了常见的餐食词汇，也包括基本对话句式。对语言基本发音体系和语法规则进行理解，有助于日常餐饮社交。
- 每种语言都有最典型的使用国家，找到国家的地理位置和饮食特点的关系，从国家餐饮文化差异角度体会跨文化交际。

复习思考

1. 列举各种语言的官方使用国家。
2. 常用的餐饮词汇主要包括哪些方面？
3. 餐饮社交过程中，应掌握哪些方面的餐饮文化？
4. 用相同含义的常用餐饮词汇举例（如“好吃”“菜单”等），说明各语言的语音特点。
5. 选择任意一种外语与汉语进行比较，简要说明其语言特点，并总结 3 ~ 5 个餐饮文化差异。

第八章

旅游研究与餐饮文化

本章导读

文化是旅游的灵魂，旅游是文化的载体。2018 年 3 月，中华人民共和国文化和旅游部批准设立，代表着我国文旅融合观念和文旅运营思维成为国家层面的战略思维。本章遵循新的发展理念和“宜融则融，能融尽融，以文促旅，以旅彰文”的思路，积极探索文旅融合发展研究新路径。通过找准餐饮文化和旅游融合发展的切入点，剖析跨文化交流和跨区域文化融合研究案例，在旅游学科不同研究领域，运用中外餐饮研究视角，开展文旅融合创新研究。

学习目标

知识目标：

- 了解企业参展管理、商业贸易休闲、人力资源管理及旅游景区开发的基本概念与内容。
- 理解企业参展管理、商业贸易休闲、人力资源管理及旅游景区开发与餐饮文化之间的关系。
- 理解餐饮文化在旅游研究领域运用的相关案例。

技能目标：

- 学习餐饮文化与旅游研究的研究方法。

第八章拓展资源

第一节　企业参展管理与餐饮文化

一、会展业发展概述

会展业是会议业、展览业、节事活动、奖励旅游的总称，其与旅游业、房地产业一起，并称为我国“三大新经济产业”。会展业以其效益性高、联动性强、导向性强、凝聚性好、专业性浓及交融性大等特点，成为国民经济新的增长点。

根据《2018 年度中国展览数据统计报告》，我国全年经济贸易展览总数达 10889 场，展览总面积达 14456 万平方米（见图 8–1），较 2017 年分别增长 5.13% 和 1.2%（见表 8–1）。在宏观经济面临下行的压力下，中国展览业在调整中依然保持增长。2018 年，全国按展览面积排名前十的省（直辖市）为：上海市、广东省、山东省、江苏省、四川省、重庆市、浙江省、辽宁省、北京市、河南省。以上 10 个省（直辖市）的展览数量占全国展览总数的 71.21%，展览总面积占全国展览总面积的 74.02%。

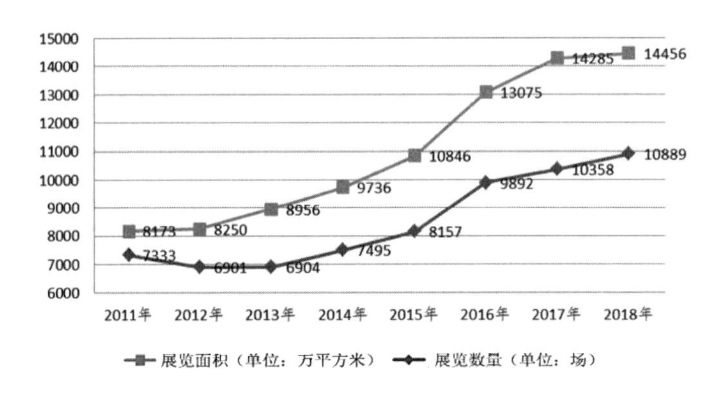

图 8–1　2011—2018 年全国展览数量、展览面积增长趋势

表 8–1　2011—2018 年全国展览统计城市数量、展览数量、展览面积的变化

年份	统计城市（个）	展览数量（场）	同比（%）	展览面积（万平方米）	同比（%）	平均面积（万平方米）
2011	83	7330		8173		1.12
2012	101	6901	-5.85	8250	0.94	1.20
2013	124	6904	0.04	8956	8.56	1.30
2014	140	7495	8.56	9736	8.71	1.30
2015	161	8157	8.83	10846	11.4	1.33

续 表

年份	统计城市（个）	展览数量（场）	同比（%）	展览面积（万平方米）	同比（%）	平均面积（万平方米）
2016	159	9892	21.27	13075	20.55	1.32
2017	175	10358	4.71	14285	9.25	1.38
2018	181	10889	5.13	14456	1.20	1.33

（数据来源：中国会展经济研究会 http://www.cces2006.org/index.php/home/index/detail/id/12252.）

2018 年，中国境外自主办展总数为 124 场，展览总面积为 66.2 万平方米，覆盖美国、印度、墨西哥、马来西亚、尼日利亚、巴西及澳大利亚等 46 个国家及地区。在我国境内举办的国际展览中，16 家国际展览企业共举办了 213 场展览，展览面积为 653.6 万平方米，国际展览业发展稳中求进。

二、企业参展管理

企业参展管理工作包括参展目标与计划、参展团队组织与培训、展前客户邀请与宣传、展品选择与运输、企业参展展台设计、现场工作与危机管理、参展商务接待与谈判、参展知识产权管理、参展后勤工作管理、展后客户跟进管理、参展效果评估等环节。

（一）企业参展展前管理

1. 参展目标与计划

参展首先可以维护或树立参展企业的形象，对于新老企业，参展树立形象既省时又省力。其次，参展可增加对市场的了解，展商可以了解到其他企业的发展、产品状况，甚至是科技秘密。另外，在与观众的交流中了解市场的需要和潜力。再次，参展可以宣传产品和服务。展览会是一种立体的广告，为展商提供了一个充分展示自己产品的机会，使客户增进对其产品和服务的了解。当然，达成销售是参展最重要的目的。展览的时间虽然短，但可以和客户直接交流，容易促成一些协议或意向。

2. 参展团队组织与培训

角色扮演是对参展人员培训的一种有效方法，既是要求接受培训者扮演一个特定的管理角色，来观察其多种表现，了解其心理素质和潜在能力的一种测评方法，又是通过情景模拟，要求其扮演指定行为角色，对其行为表现进行评定和反馈，以此来帮助其发展和提高行为技能的一种最有效的培训方法。因此，该方法具有两大功能，即测评和培训。

3. 展前客户邀请与宣传

展会邀约是展会组织的重要组成部分，也是展会成功的生命线。展会语音邀约、展会邀约话术、展会专业观众的数量和质量不仅决定着展会各方主体收益的状况，而且也是展会组织方案是否成功的主要标志。因此展会的专业观众邀请工作至关重要。

4. 展品选择与运输

“一单到底”海运是国际贸易的主要运输方式，占国际贸易总运量的2/3以上。“一单到底”指从海外段提货环节开始，客服人员根据国外展商提供的展品装箱清单，分别流转至国内客服、仓储等人员手中，各环节人员仅凭此单，陆续完成海外段运输、清关，国内段港口提货、报关、仓库入库出库，直至运送至展馆。

5. 企业参展展台设计

企业展台要突出智能化设计。智能展台将朝个性化观展服务和虚拟展示应用等方向发展。室内定位技术的发展使得大型展馆定位导览服务的精确化、个性化成为可能。在一些大型展会中，观众可以利用展馆的 WiFi 信号连接会场内部网络，并使用导览软件获得实时定位导览服务。虚拟展示应用设备的成熟使得虚拟展示在会展中的应用更广泛。通过互联网平台，展台搭建朝资源节约化方向进一步发展。

（二）企业参展展中管理

展中管理是参展过程中最重要的环节，可直接观测到参展的产出效应。

1. 现场工作与危机管理

在危机管理方面，企业要建立危机管理体系。对会展活动中的安全危机问题进行评估（assess）、计划（plan）、管理（manage）和控制（control）是目前会展危机管理中的重要步骤。这四个步骤具体包括:（1）通过收集信息、回顾以往展会举办情况，做好安全评估，了解危机可能出现的状况。（2）制订全面的展会启动计划，模拟展会概况，做好全面的防范措施。（3）提高现场管理能力，规避并控制危机，降低损失。（4）在危机持续期间和得到控制以后，办展机构能采取切实措施，使受危机影响的人员和物品设施等尽快恢复到危机发生前的正常状态。

2. 参展商务接待与谈判

“商务谈判三步曲”包括申明价值（claiming value）、创造价值（creating value）和克服障碍（overcoming barriers to agreement）。申明价值是在谈判的初级阶段，双方应充分沟通各自的利益需要，申明能够满足对方需要的方法与优势所在。在谈判的中级阶段创造价值，谈判中参展企业需要与客户一同想方设法去寻求更佳的方案，为客户与自身找到最大的利益。谈判的攻坚阶段应克服各类障碍，包括谈判双方彼此利益存在冲突的障碍，以及因其中一方自身在决策程序上存在的障碍。这些障碍都需要双方进行积极应对。

3. 参展知识产权管理

企业在参展之前，需要了解展会所在国的知识产权法律，并根据这些法律保护其参展产品，同时也需要对参展可能面临的侵犯他人知识产权的风险进行评估，并采取相应措施降低风险。知识产权风险是可以减小，甚至可以避免的。

4. 参展后勤工作管理

后勤管理工作的具体职责在于为职工的工作、生活、生产提供必要的基础物质服务，协调企业日常工作的开展，是保证企业正常运作的基础。企业参展后勤保障包括方方面面，有食宿保障、交通保障、安全保洁保障、外联保障、供电保障、医疗保障、消防保障、财务保障、物料采购保障和天气应急保障等。虽然后勤工作并不能直接产生参展效益，但其是企业参展顺利进行的重要保障，企业参展管理务必要对其重视。

（三）企业参展展后管理

1. 展后客户跟进管理

展会结束后，管理工作还应持续。梳理客户资料，并进行跟进，尤其是对重点客户，一定要按照客户在展位上询问的内容，特别标注出其在展会上选择的产品或感兴趣的产品信息，同时提供同类产品的更多款式、更详细的资料和报价，引导客户选择。要与客户保持经常性的联系，不管是跟进重点客户还是潜在客户，都要注意跟进的节奏和礼仪，不能过于频繁，跟进信函要避免长篇幅的公司和产品介绍，不要群发邮件等。

2. 参展效果评估

一般来说，从三个方面来评估参展效果：观众质量指标（潜在顾客数、净购买影响、总的购买计划）、观众活动指标（每个展位花费的时间、交通密度）及展览有效性指标（每个潜在顾客产生的成本、记忆度和潜在顾客产生的销售）。通过效果评估，总结参展经验，为后续参展提供借鉴。

三、企业参展中的餐饮文化

从管理分工来看，餐饮安排属于参展后勤工作管理，其贯穿参展工作的整个过程，包括展前的经费预算和用餐预订的计划，到展中的用餐安排和客户接待，再到展后的核算和小结。如何控制展中餐饮服务质量，应具体了解参展餐饮需求，熟悉餐饮文化，做好相应工作安排。

（一）面向参展企业工作人员的餐饮安排工作

企业应重视自身工作人员的餐饮安排工作。首先，参展的企业管理人员和业务人员一般都是企业的优秀人才，具备较强的沟通能力和业务水平，参展期间为这些人员做好后勤保障工作，既体现了公司对员工的重视程度，也是公司提高员工忠诚度、建立企业文化的契机。其次，参展时间一般会持续多天，工作人员需保持良好的精神状态，才能做好布展、撤展及与观展人员主动交流等工作，特别是一些人流量较大或涉及公司销售业绩的展会，企业参展人员在体力和脑力上消耗较大，及时、周到的餐饮服务能确保工作人员的身体需要。再次，部分展会是在异国他乡举办，工作人员也希望借机能体验当地文化，而餐饮是探知属地文化最直接、简单的方式。在就餐过程中，对当地风土人情、饮食习惯、城市环境及经济水平等都能有所感触，也可以为未来参展或与当地企业合作提供信息参考。

参展企业工作人员的日间餐饮安排主要依托展会主办机构的指定餐饮服务商。因此，展会主办机构在展馆服务中会特别注重展期餐饮服务的配套，在服务点的数量和品种上会尽可能地满足参展企业和观众的需求，确保参展过程中吃得放心（安全卫生）和舒心（供应充足）。考虑到饮食安全的重要性，参展期间餐饮服务应尽可能选用展馆内主办机构指定的餐饮服务商，不要购买来路不明的外送快餐，购买快餐应趁热食用，以防食品污染或变质。

◎ **知识链接**

广交会的餐饮服务

中国进出口商品交易会（The China Import and Export Fair，简称：广交会），创办于1957年4月25日，每年春秋两季在广州举办，由中华人民共和国商务部和广东省人民政府联合主办，中国对外贸易中心承办，是中国目前历史最长、层次最高、规模最大、商品种类最全、到会采购商最多且分布国别地区最广、成交效果最好的综合性国际贸易盛会，被誉为“中国第一展”。2019年10月举办的第126届广交会中，来自38个国家和地区的642

家企业参展，设有11个国家和地区展团，境内外参展企业25642家。展馆座落于广州琶洲岛，总建筑面积110万平方米，室内展厅总面积33.8万平方米，室外展场面积4.36万平方米。

餐饮安全是展会顺利举办的基本保证。广交会主办机构规定，展会期间展馆内所有餐饮服务商必须通过广州市食品药品监督管理局的资质审核，必须接受广州市疾控中心对餐饮品种、餐厨用具的随机抽样检验，必须接受相关部门对餐饮服务的全方位实时监管。

在品种数量上，广交会共设餐饮服务点70余个，面积超过30000平方米，餐位近15000个，分为A区、B区和C区，各区供应品种包括快餐、煲仔饭、面食、汤粉、比萨、咖啡、饮品、点心等，一应俱全。为提升美食文化，广交会还举办“一店一品”活动，让每家门店推出一道“招牌精品菜”，以此展现广交会独有的美食文化。

（案例根据中国进出口商品交易会官方网站信息整理）

有了丰富的餐饮产品做保证，还需做好参展企业工作人员的用餐安排。展会期间，参展工作人员会异常忙碌，往往到了用餐时间无暇顾及吃饭，因此要由专人负责工作人员的用餐，提前做好预定，按时送达指定地点，做好用餐统筹安排。

在当天工作完成或展会结束后，企业可组织参展工作人员进行当地餐饮文化的体验活动，在用餐的轻松氛围中，对工作进行适度总结，同时也可以鼓舞士气迎接下一阶段的展会工作，这不乏是企业管理人员提升工作效率的有效策略。

（二）面向参展期间企业客户的宴请安排工作

俗话说，“酒桌上好谈事”。参展期间，企业会接触到新老客户，因此，参展企业往往会通过宴请客户，培育良好的客户关系，促成合作关系。此时，良好的餐饮安排方案是达成这一目的的重要保证。

宴请前，为了做好客户招待的宴请，参展企业首先需要安排后勤人员最大程度地了解和熟悉展会所在地的餐饮资源，可以借助展会主办机构在官网的详细介绍和推荐，了解当地特色菜肴、场馆周边的餐饮设施。如广交会官方网站开设了“广州餐饮查询”，包括川菜、湘菜、东北菜、清真菜、欧式西餐、美式西餐、日韩料理等不同菜系的餐馆信息，参展企业应利用好展会官方网站的相关资讯。

其次，宴请客户要分档级。第一档级是最重要的合作伙伴，如有决策权的领导，建议选择环境优美、私密性较强的高级酒店或者私人会所；第二档级是上下游客户或职能部门的中层领导等重要的合作伙伴，建议选择展会举办地民众公认较好的酒店或者星级酒店的配套餐厅；第三档级是刚刚接触的，有潜在价值的合作伙伴或一般客户，建议选择展会举办地的特色酒店、网红餐厅。每个档级的酒店最好储备 3 ～ 5 家，以备选择。参展企业应尽快确定好宴请场所和预算，做好酒店及包厢预定，展会期间可能会遇到包厢紧张的问题，后勤人员应该密切关注展期内客户宴请要求并尽早预定。

宴请中，在宴请座位的安排上，应遵循餐饮礼仪。如果是圆桌，则正对大门的为主位，其余座位越靠近主位越尊贵，根据不同客户类型确定就座次序。根据现代礼仪，政务活动尚左为尊，而现代外事和商务活动，则以右为尊，此时的左右，是以主人为参照对象。

点餐要提前了解客户的口味习惯、偏好忌讳，如有的客户可能因为糖尿病、痛风等身体原因或者宗教信仰，对某些食物或者调料有禁忌。另外，不同地区的客户有各自的饮食习惯，要投其所好，针对性地选择菜品，同时要提前确认是否需要自备酒水，一般需同时准备白酒和红酒，以适应不同客户的饮酒喜好。酒水必须来自正规渠道，确保货真价实，杜绝假冒伪劣酒水上桌。在点菜时，可以请客人先选菜或者请客人先点一个大菜，以表尊重；如果客人谦让点菜权，主方不必过于勉强，应快速完成点菜。点菜的基本程序一般为：冷菜—热菜—点心—果盘。商务宴请基本菜单一般是 5 荤 3 素 8 冷菜，5 荤可以是虾、蟹、鱼点齐，再加 2 道家禽；3 素可以是 1 道蔬菜、1 道豆制品及 1 道酒店特色菜等；为提高档次，可以选择 1 ～ 2 道“每人一盅”式热菜，如浓汁鱼翅盅、清炖鲍鱼盅等。实际的点菜数量要参考饭局人数确定，超过 10 人的饭局建议不少于“参与人数 –2”的热菜点菜数量，饭局过程中要留心关注菜肴余量情况，适时加菜。

宴请中需要注意礼仪，把握饭局的节奏，按照不同节点倒茶、添酒、催菜，务必让客人宾至如归；要寻找合适的话题，防止冷场并适时落实宴请的商务目标。特别要注意敬酒礼仪，做到敬酒有序，按级别敬酒，先敬客人，杯沿要低于对方，要有意识地记清客人的级别、姓氏，敬酒时避免叫错。尽管宴请中饮酒需尽欢，但文明宴请，需把握劝酒适度，切莫强求。

宴请结束，要核对账单，确认消费金额，做好结账工作，同时要为客人安排好司机或代驾，认真做好宴请送客工作。

四、国际会展与中外餐饮文化研究展望

自1850年英国伦敦举办第一个展览会以来，国际会展业已历经一个半世纪，推动着世界经济贸易和科技文化的交流和发展，而餐饮始终是国际会展管理中的重点和亮点。

从场馆运营角度，会展餐饮将是打造场馆核心竞争力、提高营利能力的必备项目。传统的会展餐饮，并未将餐饮纳入场馆运营的核心范围，只是为了解决参展者的基本生理需求，餐品简单快捷，加之部分场馆没有配备厨房设施，甚至选用餐饮外包来解决用餐问题，因此，已无法满足参展企业日益多元化的餐饮需求。随着展览场馆升级换代，第五代、第六代会展场馆正在爆发式发展，场馆业态组合越来越丰富，服务提供越来越精细，将餐饮服务作为核心产品进行运营的场馆，餐饮服务正成为其招徕生意、提升用户体验的高附加值产品。在不少综合性会展场馆中，餐饮收入占总收入比重已超过30%，甚至超过场租收入，国际峰会的餐饮安排甚至成为一场“美食外交”活动。因此，会展餐饮产生的竞争优势，不仅可成为其与同类场馆竞争，更是其与周边酒店、度假村、特色会场等异业对手竞争的法宝。

从企业参展角度，会展餐饮始终都是确保参展工作效率、提升企业参展回报的重要内容。不仅要重视企业自身参展人员的用餐需求，同时要积极主动地与企业客户进行餐饮社交。随着网络消费、定制消费、体验消费、智能消费等新兴消费形态的发展，餐饮组织者不仅要关注餐品品质和价格，更要注重场景式体验，需要结合用餐需求（企业文化打造、客户联谊发展等），从环境、菜单、装饰、摆台、服务等进行餐饮主题设计，满足体验式餐饮需求。对于用餐接待人员，还需做好餐饮文化的知识培训，尤其是面向外宾，要做好餐饮礼仪功课，有助企业形象的提升和跨文化交际的文明呈现。

第二节　商业贸易休闲与餐饮文化

一、休闲概述

休闲是个复杂的概念，可以从时间、活动、生存方式或心态等角度来解读。

（一）时间角度的休闲

从自由时间的角度来考察休闲，亚里士多德称之为“可得的时间（available time）”。另一类从时间角度对休闲的理解是“在生存问题解决以后剩下来的时间”。要把休闲定义为“自由时间”，需要界定哪些时间属于自由时间。有些人认为，非营利时间就是自由时间。可有些人会自愿做一些事情并收取报酬。在被迫与自由选择之间划出明确的界限常常很难。对于某些特殊群体，更难，如退休的人、学生、家庭主妇、失业者、久病卧床的人、艺术家、教授，还有无家可归的人。哪些是他们的自由时间？所谓自由时间，就是指从事非营利性活动的时间，这对很多本来就不赚钱的群体来说，毫无意义。还有很多不得不做的事情与钱无关，如参加亲戚婚礼、减肥等。每个人都有这类与经济无关又不得不做的杂事，这些事务会占用时间。如果把休闲定义为“自由时间”，我们的社会中就存在 4 种不同形态的自由时间：富有者持久而自愿的闲暇、失业者临时而无奈的空闲、雇员们定期而自愿的休假和伤残者长期的休养，以及老年人自愿的退休。可见，这些各不相同的“自由时间”，对于它们的拥有者来说，并不相同。

（二）活动角度的休闲

从活动的角度来考察休闲，休闲也可被定义为一系列不同类型的活动。在古希腊，“休闲”意为“不是在不得不做的压力下从事的严肃的活动”。从社会活动的角度定义休闲，会扩展这个概念的内涵，使它包括一系列在尽到职业、家庭与社会职责之后，让自由意志得以尽情发挥的事情。它可以是休息，可以是自娱，可以是非功利性的增长知识、提高技能，也可以是对社团活动的主动参与。但是，对参与者而言，没有任何一项活动可以永远起到休闲的作用。如打球，一般来说，人们在工作之余打球可获得乐趣，但也有人靠打球挣钱。

（三）存在状态角度的休闲

从存在状态的角度来考察休闲，休闲就如亚里士多德所言，是一种不需要考虑生存问题的心无羁绊（absence of the necessity of being occupied）的状态。这种状态也被认为是“冥想的状态”（a mood of contemplation）。然而，心无羁绊只是休闲的前提，而不是休闲本身。休闲时，人们体验到的并非心无羁绊的感觉，而是一种愉快的冲动，他们迫切地需要有所羁绊。人们渴望去获得某种具有让人神往的经验，尽管这种渴望发自内心，它仍然是一种强制性的心理机制。我们并非出于理性推断或者功利权衡才认识到休闲对我们的益处，从而致力于获得休闲的感受，而是出于直觉和本能。当我们从某种事中得到了“休闲”的体验，我们就会有越来越高的热情，愿意将自我融入其中，这时休闲不是摆脱了羁绊，而是一种参与（presence），一种我们乐于放弃自我意识而投入的“参与”。我们乐于放弃，是因为我们凭直觉就肯定了这件事有意义，能够给我们以超越自我拥抱宇宙的快乐。休闲是一种欣喜感（sense of celebration），这样状态的人能够欣然接受这个世界和自己在这个世界上的位置。

（四）心态角度的休闲

从心态的角度来考察休闲，很多心理学家用“心灵上的自由”或“驾驭自我的内在力量”来表达休闲，即不论外部环境如何，一个人都会相信，他是自由的，是他在控制局面，而不是被环境所控制。心态是休闲感的一个重要组成部分。在休闲中，自我消融了，人们愉快地跟着感觉走。在这一过程中，我们不需要努力，就能够把注意力集中起来，而自我意识则被压缩了。不过，应该区分开两种不同心态。在第一种状态下，我们因全神贯注于愉快的强迫性体验而忽略了自我；在第二种状态下，我们惊奇（沉思和欣喜，contemplation and celebration），我们意识到我们自身是某种更为宏大的存在的一部分，而“自我”只是一个人为的限定。

二、商业贸易中的休闲成分

（一）商业带来现代休闲发展

根据对休闲的概念界定，休闲的本质是自由，而要达到这一状态，并不需要花钱，比如跑步、听歌、读书、沉思、自愿的公益服务等，都不太需要花钱，甚至不需要花钱。然而，现代社会商业发达，这又必然渗透到休闲中。商业对休闲的影响非常巨大，其中受商业影响最大的不是休闲的商业化，而是休闲的发现。从18世纪的杂志、咖啡馆和音乐厅，延续至19世纪的职业体育和假日旅游，现代人的休闲观念几乎是和各类休闲产业同时产生的。除了专门的商业娱乐机构，还有很多商业机构包括了重要的休闲成分，如电视节目、音乐节等，它们对休闲生活产生了巨大的影响。比如，现在对很多人来说，玩手机已经占用了生活中的大量时间。

（二）商业休闲服务的价值：体验

休闲可以免费，也可以不免费；可以在家里或户外做许多免费的休闲活动，也可以在许多商业性休闲服务机构中找到很多休闲服务，如度假胜地、主题公园、时尚生活方式中心、度假屋等。既然有免费的休闲活动，为什么要花钱休闲呢？休闲服务中的哪些因素吸引着消费者？

比如，为什么餐馆的食物比超市更贵？超市出售各类食物，除了生食需要回家烹饪，还出售熟食，甚至有些熟食的品质口味并不逊色于部分餐馆，但是同样的食物，超市的价格远低于餐馆。餐馆食物的价格远高于食物本身的价格，然而，仍然有很多消费者愿意为此付费。又比如，咖啡机上售卖的咖啡的价格，远低于星巴克的同款咖啡，但是星巴克仍然人满为患。其原因是什么？关键答案是：体验。

同理，同样的休闲行为，有些人更愿意购买，而不是选用便宜的甚至免费的，原因就是付费的休闲行为可以获得更好的体验。以运动为例，运动可以是免费的，可以自己跑步，但是，一般只能去室外跑步，这会受到天气的影响，太热、太冷或者下雨、下雪等，都会影响室外跑步，从而导致不能坚持。如果购买健身房会员，则可以去健身房的跑步机上跑步，或者用健身房的器械运动健身，也有人购买健身器械，在自己家里锻炼。这些都是较为基础的休闲服务产品。健身房大多会为会员提供教练，每天固定时间，大班开课，会员跟着教练从事各类健身活动，比如骑单车、练瑜伽等。除此之外，还有升级服务，即私教服务。私教会根据会员需求，全方位制定健身方案，帮助会员更快达到目的。可见，商业服务让休闲体验升级，而且，服务还分等级。体验越好，价格越高。

所以，休闲产业本质上是一个提供体验的产业。在这一点上，休闲产业和旅游产业的本质是一样的。事实上，休闲产业和旅游产业两者有很多重合之处。休闲产业存在的前提是人们愿意为美好的体验花钱，而这种美好的体验正是休闲的精髓所在。

尽管不能说任时候吃东西是一种休闲体验，因为吃饭首先是为了生存，可是吃似乎越来越成为一种休闲享受。我们所吃的远比维持基本生存所需要的多。我们吃各类“有趣”的食物，选择食物的着眼点是吃得愉快而不是营养。我们在悠闲的环境里吃，把吃当作休闲体验的一部分，就像去度假一样。最后，我们与朋友、同事共享美食，使得吃完全成为一种休闲体验。从这个角度来看，我们可以把所有活动都变成休闲活动。

三、茶饮中的休闲文化

（一）茶饮的不同性质和体验

从对休闲的概念解读可知，饮茶这一行为，可以是休闲，也可以不是休闲。是否为休闲活动，取决于很多因素。比如，饮茶的目的是什么？饮茶时的心态又是什么？是享受闲暇时光、感受异域文化，还是为了止渴，抑或是为了保健养生？也或者兼而有之。

在不同环境中喝茶是否有区别呢？显然，在家喝茶与在茶馆喝茶并不一样。

首先，在家喝茶不一定是休闲活动。喝茶可能只是单纯为了解渴。比如，浙江宁波人有喝茶的习惯，在方言中，喝水被称为“喝茶”。在20世纪八九十年代，宁波农村招待客人就是红糖加绿茶，而平时就只是喝绿茶，不太舍得放糖。喝茶也可能是为了其他原因，如为了改善眼干的症状而大量喝绿茶。这些活动都不属于休闲活动，而更倾向于生理需求或者保健需求。

其次，在家喝茶的体验不同。在家时，往往局限于自己的文化和日常生活，但在一些休闲服务机构，可能更容易得到更多的文化体验。

（二）茶饮中的不同休闲文化

茶文化源远流长，在全世界都有各种类型的茶叶及饮茶习俗。饮茶的过程也是感受不同文化的过程。所以，在某种程度上，饮茶蕴含着丰富的休闲体验。

1. 中国的茶俗

（1）中国的茶叶种类及名茶：中国地域广阔，茶叶类型多样，可分为红茶、绿茶、花茶、乌龙茶、白茶、紧压茶等。红茶是发酵茶，比较有名的有祁门红茶、英德红茶等；绿茶是不发酵茶，比较有名的有龙井、碧螺春、毛峰等；花茶是指将鲜花混入绿茶，比如茉莉花茶、玉兰花茶等；乌龙茶是半发酵茶，比较有名的有武夷山茶等；白茶也是不发酵茶，而且没有经过揉捻的程序，比较有名的有银针白毫、白牡丹等；紧压茶是压缩成砖块形的茶叶，比较有名的有普洱茶等。喝不同地方的名茶，本身就是感受不同地域文化的过程。

（2）中国丰富多彩的茶俗：不同地域的茶俗各不相同。第一种是客人来时的茶俗。当客人来到时，首先做的事就是泡茶献客。广东潮汕和福建漳泉等地区流行喝“功夫茶”。第二种是喜庆茶礼。在江浙一带，家里来客或有喜事，主人都应给来客或帮忙的人沏茶，并双手奉上。如果来客是至亲或稀客，应泡糖茶；一般客人，则沏红茶或绿茶。第三种是祭祀茶礼。在江西某些地区，每当中元节、大年初二时都有用茶祭祀祖宗的风俗。

饮茶看似简单，实则蕴含着丰富的地域文化。对于身处其中的人来说，只是日常生活的一部分，算不上休闲，对于其他人而言，却在事实上构成了休闲体验的一部分，包括在饮茶中感受茶水带来的愉悦、茶水背后不同地域文化的冲击等。

2. 国外的茶俗

据文史资料显示，世界上其他地方饮茶的习惯都是从中国传过去的，所以人们普遍认同饮茶是中国人首创，世界上其他地方的饮茶习惯、种植茶叶的习惯都是直接或间接地从中国传过去的。但是，发展至今，国外的茶叶也发展出自己的特色，而且也有很多非常有名的茶叶。

（1）国外的茶叶种类：外国茶叶主要有三大类。第一类是东亚茶，如日本的抹茶、蒸青绿茶，韩国的大麦茶等；第二类是印度、斯里兰卡、肯尼亚的红茶等；第三类是欧洲茶，主要有袋泡茶和花果茶。印度是世界红茶的主要产地。其中，大吉岭红茶以其独特的幽雅香气被誉为“红茶中的香槟”，其汤色橙黄璀璨（似带金圈），麝香浓郁，滋味纯净。阿萨姆红茶汤色红褐，带有玫瑰和麦芽的混合香，滋味浓烈。马黛茶是一种源自南美的富含咖啡因的泡腾茶，初饮提神，而后有烟熏的香气。南美人称其为“仙草”，认为是“上帝赐予的神秘礼物”，其含有多达196种活性营养物质，是世界上最有营养价值的植物之一。

（2）国外风格各异的茶俗：每个国家的茶俗各不相同。

印度人通常把红茶、牛奶和糖放入壶里，加水煮开后滤掉茶叶，将剩下浓似咖啡的茶汤倒入杯中。有些人在红茶煮好后放一些生姜片、肉桂、豆蔻、槟榔、茴香、丁香等，提高了茶的香味，这些奶茶又叫“调味茶”。还有一种饮用方式奇特的马萨拉茶，它的奇特在于这种茶要倒入盘子中用舌头舔饮，所以又叫舔茶。

马来西亚传统喝的是“拉茶”，用料与奶茶类似。调制师傅配制好料之后，用两个杯子像玩魔术一般将奶茶倒来倒去。由于两个杯子距离较远，看上去好像白色的奶茶被拉长一样，十分有趣，故被称为“拉茶”。

日本抹茶和日本茶道现已成为日本的国粹。虽然中国茶道（抹茶）已有1000多年历史，但自明代开始流行冲泡饮茶，中国抹茶茶道遂告失传。而当年的遣唐使荣西在中国学成后将其带回日本，从而使得抹茶在日本得以保留、继承和发扬光大。日本茶道

“抹茶”中所使用的茶是茶叶的粉末。抹茶与普通的日本茶叶有所不同，它是经过特别方法研制而成。首先在茶树刚刚长出新芽的时候就将嫩叶采摘下来以蒸汽蒸干，除去茎的部分碾成粉末，抹茶就做好了。

英国的下午茶文化风靡全球。在英国甚至流行这样一句话“当下午钟敲四下，世上的一切瞬间为（红）茶而停止”。葡萄牙公主凯瑟琳嫁到英国时便将已传到葡萄牙的中国红茶带到了英国，随后茶成为风靡英国的国饮，所以凯瑟琳被称为“饮茶皇后”。英国人每天下午四点左右都有喝下午茶这一约定俗成的习惯。那时，无论多忙，英国人都会放下手头工作到茶室小憩一会儿。丘吉尔曾把准许职工享有工间饮茶的权利作为社会改革的内容之一，此传统延续至今，各行各业的人每天都享有法定的15分钟的饮茶时间。英国人爱喝掺有牛奶的茶和什锦茶。在英国泡奶茶要先在杯里倒入牛奶再倒茶，若要加糖则最后放糖，次序颠倒则会被认为没有教养。

美国人饮茶力求简单快捷，喜欢喝加柠檬的冰红茶。将泡好的红茶汁倒入装有冰块的玻璃杯中，再加入蜂蜜和几片新鲜柠檬即可。美国人的快节奏生活方式，使得袋装冰茶、速溶茶、罐装茶水等大行其道。

◎ 拓展知识

阿根廷马黛茶——独特的共享饮茶文化

在南美国家阿根廷，几乎人人都喝马黛茶，而且每天都喝，这已经成为他们生活的一部分。喝马黛茶有很多讲究，简单来说就是“四分靠茶，六分靠罐”。上佳的马黛茶叶要用葫芦罐装，因为葫芦罐防水，烘干的马黛茶不会受潮，同时，葫芦罐没有味道，不会让马黛茶吸入奇怪的味道。“银吸管”是说，叶子加在杯子里，冲上热水，要用纯银做的吸管搅拌，以前欧洲贵族喝马黛茶都是用这种吸管。而且吸管入水的一段要抛光，还要钻一个小孔，搅拌的时候，马黛茶能够通过这个小孔进入空心吸管，和银金属充分接触。泡马黛茶的水温较高。有人说是70 ℃到85 ℃，有人说是65 ℃到75 ℃，趁热的时候，马黛茶的香气能完全出来。倒马黛茶时，一般把手掌放在葫芦罐上，打开罐口，然后手掌捂住，把罐子颠倒过来，使劲摇晃来摇晃去，把那些叶子“碎末”都砸在手上，然后再把茶叶倒入茶杯。倒水也有讲究，有些喜欢先倒水再放吸管，有些喜欢用沾湿的吸管先去和叶子，把叶子润湿，然后让热水顺着吸管下去，然后一边倒一边把叶子压实。喝马黛茶的传统方式也很特别。一家人或是一堆朋友围坐在一起，一把泡有马黛茶叶的茶壶里插上一根吸管，在座的人一个挨一个地传着吸茶，边吸边聊。壶里的水快吸干的时候，再续上热开水接着吸，一直吸到聚会散了为止。一起喝马黛茶是迅速拉进关系的重要方式。虽然一般来说，马黛茶是在家人和朋友之间分享，但事实上，他们可以和任何人分享。和陌生人分享马黛茶是一种善意的传递。曾有一位阿根廷人分享过他的经历。他在外旅行时，又累又冷又渴，突然看到墙角有一个人在喝马黛茶，他便过去问对方，“我可以喝你的马黛茶吗？”对方欣然同意。俩人一边喝马黛茶，一边聊天，并成为了朋友。

茶的足迹遍布了整个世界，而各个地区的饮茶习俗、文化又有着各自鲜活的特色。不同地域的茶被赋予不同的文化底蕴，它融合了东西方的文化精神。

（三）商业休闲服务场所中的饮茶休闲

商业休闲服务机构的价值在于，它能够为消费者强化休闲体验。因为，在家饮茶，往往受限于自己的认知范围，饮用的大多是日常茶叶，而在茶馆或其他休闲服务机构，却会被推荐并喝到种类更多的茶叶。很多场所也会提供更为优美的饮茶环境，让消费者更加显著地感知到，饮茶这个过程的悠闲性。这种悠闲的饮茶体验，或许是在家饮茶体验不到的。某些休闲消费场所甚至还会为消费者提供茶道表演，消费者在这个过程中能更直观地感受到饮茶文化。这些独特的体验是在家里无法实现的，消费者也愿意为这些额外的体验付费。

只有为消费者提供良好的体验，才能真正吸引他们，这也是拥有满意客户甚至是忠诚客户的唯一方法。从研究者角度，需要探索如何为包括游客在内的顾客提供更好的体验，需要研究他们的文化背景和需求，也需要研究顾客和员工之间的互动，还需要研究游客和居民之间的互动，为游客带来更好体验。从服务提供者角度，需要创造一个美好的环境，给消费者带来美好的体验。但要做到专业，这需要漫长的过程，而越专业就会有越多的人愿意为此付费。

第三节　人力资源招募与餐饮文化

一、人力资源招募概述

（一）人力资源招募的定义

所谓人力资源招募，就是组织为吸引足够数量的具备相应能力和态度，有助于实现组织目标的潜在员工而开展的一系列活动。在谈到招收新员工的时候，我国企业的习惯一般是把招募和甄选两个环节放在一起，并且用招聘的概念将招募和甄选这两种职能合二为一，其中的“招”即为招募之意，“聘”则为甄选录用之意。在企业人才招聘的实践中，最关键的其实并不是很多人认为的如何去选拔员工，而是如何更快地吸引到合适的优秀候选人。招募所扮演的角色就是为组织发现和吸引适合职位需要的潜在的合格候选人，从而使组织在产生人力资源需要的时候能够从中雇用到合格的员工。所以，招募实际上是在人力资源规划和员工甄选之间架起一座桥梁。

从招募的来源分，招募可以分为内部招募和外部招募。内部招募能够增加员工晋升机会，降低招募风险，节省岗前培训。外部招募在扩大候选人员范围、注入新鲜思想和活力、推动内部职位竞争等方面起到一定作用。

很显然，招募工作的目的绝不是简单地吸引大批求职者。如果一个组织吸引来了大量不合格的求职者，那么，表面看起来好像招募工作富有成效，实际上会导致将来不得不在甄选工作中付出大量的成本。尽管来的人很多，但是合格的人很少，组织虽然支出了大量成本，职位空缺却没有填补上。

人力资源招募的基本程序总的来说，主要包括确定招募需求、制订招募计划、实施招募活动、评估招募效果四个阶段。

1. 确定招募需求

首先，招募需求是在人力资源规划的基础上，根据各部门的实际用人需求确定的，具体取决于需要招募人员的职位本身。通常情况下，招募需求必须由具体的用人部门和组织的人力资源管理部门共同确定。

在确定招募需求的同时还需要做出的另外一个相关决定是，当组织中出现了一个职位空缺之后，到底是采取内部招募的方法还是通过外部招募的方法来达到这一目的。

2. 制订招募计划

一份招募计划通常包括：招募范围、招募规模、招募渠道、招募时间、招募预算等。其中，招募范围是指组织需要确定在什么样的范围内招募空缺职位的候选人。招募范围主要取决于职位本身的要求、填补职位的候选人的地区可得性，以及组织的战略定位。一般情况下，职位对任职者的要求越高，招募的范围会越大。招募渠道主要包括报纸、杂志及电视广告招募，校园招募，网络招募，猎头公司招募，就业服务机构招募等。

3. 实施招募活动

在这一阶段，组织的人力资源管理部门需要根据招募计划书，通过适当的渠道公布招募信息，同时收集求职者通过各种方式投递的简历，并进行初步筛选，为下一步的人员甄选做好准备。

4. 评估招募效果

一般来说，企业在整个招募活动结束后，要对照最初制订的招募计划，对招聘结果、招聘成本和招聘方法等方面进行考察评估，从而检验本次招募活动的实施效果，并在下一次招募活动中加以改进。招募效果的评估也会考虑到一些不可控因素或突发状况的影响，并将这些因素纳入下一次招募计划的部署。

二、餐饮人力资源招募现状

（一）餐饮业人力资源发展现状

餐饮行业属于劳动密集型产业，人力资源管理对于餐饮业的发展相当重要，其效果将会关系到餐饮业的可持续发展。中国饭店协会发布的《2019 中国餐饮业年度报告》，共调查了来自 25 个省、自治区、直辖市的 142 家规模较大的企业。在调研企业中，有 55.96% 的企业员工流失率在 12% 以下，人员流失率在 13% ~ 30% 的企业占比为 33.94%，流失率在 31% 以上的企业占比为 10.09%，员工流失率的最大值为 62%。

餐饮企业面临着巨大的人才缺口。“用工荒”这一现象，对于某些行业来说，可能是某段特定时间才会出现的现象，但是对于典型的劳动密集型行业——餐饮行业来说，这个现象似乎一直存在。目前，北上广深杭等一二线城市，餐饮人才缺口巨大。北京、广州的招聘规模与求职规模更是超过 5∶1。按照这个比例，招人模式已经进入抢人模式，对于很多企业来说，能招到员工好像已经很了不起了。

但是，在人才成为制约餐企扩张的关键要素，餐企们都选择谨慎观望的当下，有些餐饮企业却依然在飞速发展。2019 年麦当劳启动 520 招聘周，为完成“愿景 2022”，5 年内新增 2000 家餐厅的计划，麦当劳将在全国招聘 11 万员工。海底捞的员工离职率低至 10%，这是令海底捞董事长张勇引以为豪的。海底捞作为国内领军火锅企业，除了其人性化服务获得行业口碑外，企业对员工的关怀制度、给父母发工资等都是海底捞率先开创的留人高招。

所有的这一切倒逼着餐饮企业必须快速转变用人观念，在雇佣形式上做出相应调整。

（二）餐饮人力资源招募的雇主品牌与理念

雇主品牌是新的形势下出现的一种新的实践。雇主品牌指的是作为雇主，公司在人才市场上的知名度和美誉度。EVP（employee value proposition，员工价值主张）指的是公司对员工的承诺。雇主品牌实践来自于产品品牌在产品 / 服务销售过程中强大功能的启发。大家发现清晰、有独特价值内涵的品牌更有吸引力，有利于提高顾客忠诚度，有助于降低顾客的价格敏感度。雇佣价值主张是雇主品牌塑造的核心。比如，麦当劳的雇主品牌主张——“我们就相信年轻人”。2019 年 520 招聘周期间，麦当劳中国推出的创意海报，主题就是“经验为 0，潜力无限”。企业还专门对“00 后”员工开展了职业观调研，并发布了《“00 后”职业观白皮书》，这些都可以让人们深刻感受到麦当劳对年轻人的情有独钟。

在人才市场上，作为雇主的企业和它所提供的岗位实际上也是一种需要向目标人才营销的产品。雇主面目越清晰独特就越有吸引力，同时它也有利于求职者完成自我匹配。求职者能判断自己喜不喜欢、适不适合这个企业。有吸引力的雇主品牌除了能提高对人才的吸引力，还有利于降低求职者对于薪酬的敏感程度。有研究发现，如果企业具有强吸引力的雇主品牌，求职者可以接受比期望薪酬低 7% 的工资水平。雇主品牌的功能由此可见一斑。所以，越来越多的企业开始关注雇主品牌的塑造。

三、中外餐饮业人力资源招募比较

（一）麦当劳的人力资源招募

1. 可以当动画看的招募广告

3、4 月份是日本的毕业季和开学季，2016 年麦当劳在这样的特殊时期推出了有关大学生在麦当劳打工成长的宣传动画短片《未来的我》，希望能吸引更多的年轻人加入团队。

广告讲述的是一位初来乍到的女大学生加入麦当劳成为一名服务员，刚开始上班时手忙脚乱，但在前辈的指导和带领下，顺利升职。又是一个新老交替的季节，原来的职场小白最终成长为可以带领新人的前辈。蜕变过程相当励志，广告充满活力和正能量。

2. 麦当劳的“全景”体验式招募活动

除了招聘广告，麦当劳的“全景”体验式招募活动也是独具特色。在传统的招聘中，企业和应聘者互相了解的时间可能更多的是在面试时的几十分钟内，通过面试官与面试者的口头沟通来进行。而麦当劳现在所使用的“全景”体验式招聘，让这些求职者能够在确定意向之前，就知道未来的工作状态。每年的“全国招聘周”时间段，求职者可以前往全国2000多家指定的麦当劳餐厅，在品牌大使的带领下，可以参观工作与休息场所，对麦当劳的企业文化、培训项目、职业发展路径及员工激励活动进行了解。

在麦当劳的“全景”体验式招募活动过程中，求职者可以近距离地对不同工种进行观察，并与工作人员进行深入交流。整个过程结束之后，求职者可以再决定自己是否要进行应聘及应聘的工种。

（二）海底捞人力资源招募的理念

提及海底捞，一般人首先会想起它的服务。但海底捞的核心竞争力其实是一套能够激发员工创意、热情、积极性的人力资源体系。海底捞的核心价值观——“双手改变命运”，是怎么样形成和确立的？

用海底捞董事长张勇的话来说：“我们确立了‘双手改变命运’的核心理念来凝聚员工。想借此传达的是，只要我们遵循勤奋、敬业、诚信的信条，我们的双手是可以改变一些东西的。员工接受这个理念，就是认同我们的企业，就会发自内心地对顾客付出。我们在服务上的创新都是员工自己想出来的，因为他们深受‘双手改变命运’这个核心理念的鼓舞。”

海底捞“双手改变命运”的价值观，也是对中华民族的传统美德“勤劳致富”的很好的诠释。

四、人力资源招募未来发展趋势

领英（LinkedIn）在39个国家针对近9000名招聘人员进行了调查与访谈。根据领英在2019年及2020年发布的中国人才招聘趋势报告，分析总结出以下几点人才招募发展的趋势。

（一）人才多元化的趋势

在这个时代，人们正在追求一个尊重性别差异、消除性别偏见的社会。企业所追求的人才多元化战略，也需要建立在认识两性职场特点、避免无意识偏见的基础上。几代人共存的职场格局渐显明朗，每一代人的长处都应得到充分肯定。这是改变目前招聘格局的最关键因素，也是受到最广泛认同的趋势，半数以上的企业已经在主动应对这一变化。

在“妈妈辈”“叔叔辈”，甚至“奶奶辈”工作人员“占领”餐厅的背后，是餐饮行业用工难、人员缺口巨大的突出现状，也表明餐饮行业出现了用工老龄化趋势，但同时也说明餐饮企业用工理念在悄悄地发生变化。

（二）大数据和人工智能的运用

数据最常见的用途是为了更好地理解人才流失、技能缺口、薪酬待遇等问题。在中国，人才数据主要用于提升保留率，根据市场水平为候选人提供更好的待遇。然而，有一些隐含在人才数据中的行业趋势，仍未能得到有效挖掘。招聘的挑战越来越大，意味着所有行为和动作必须更加精准且有效。运用数据驱动招聘，就是这样的趋势。通过数据，能够准确地了解到哪一种行为是有效的，哪一种行为还有很大的提升空间。关注数据，也容易让招聘人员更加聚焦在一些重要的招聘指标（如招聘时间、招聘成本及招聘质量）上。

相较于全球调研数据，对人工智能（artificial intelligeʌce，AI）技术在招聘过程中的运用，中国企业招聘人员和用人经理一般持更积极的态度，尤其是针对软技能评估和自动化筛选等重复性工作。未来5年，中国企业更有可能会使用AI驱动的新方法，简化日常招聘工作，提升招聘效率。

1. 用营销的方式做招聘

开展企业招聘营销，注重候选人吸引。所谓招聘营销就是将营销思维融入招聘实践，帮助企业培养或吸引优质的候选人。以往企业会将更多的精力放在甄选的阶段，但是现在必须将更多的精力放在招聘营销上。企业只有吸引到更多合适的、高质量的候选人，招聘才会变得简单。招聘营销需要企业注重雇主品牌建设，越来越多的调研数据显示，声誉不好的公司不仅很难吸引到优秀的候选人，也很难留住优秀的员工。尤其对于刚毕业的学生来说，他们对职场还不了解，企业需要向他们传递雇主品牌，这才能真正吸引员工加入企业。做到这些需要企业真正用心梳理企业的员工价值主张（EVP），在内外保持一致性，并强化宣传。

2. 候选人关系管理

员工体验越来越受到企业重视，这要求企业用新的方式满足员工需求。候选人关系管理包含两个层面：一个是针对潜在的候选人的管理，另一个是针对现在的候选人的管理。针对潜在候选人，主要是管理和提升彼此之间的关系，增强他对企业的信任及公司的好感；针对现在的候选人，主要是提升候选人体验，确保优秀的候选人不在招聘流程中脱离。 比如，麦当劳的"全景"体验式招募活动很受求职者欢迎。候选人体验是候选人在招聘过程中对贵公司的总体看法。候选人的看法来自他在招聘过程中所经历的感受、行为和态度。候选人体验的好坏决定候选人是否愿意接受你的 offer（录用通知），将来是否愿意再次申请，或愿意推荐其他人来到公司。

候选人体验不仅包含线下与候选人接触过程中的体验，也涉及线上候选人访问企业招聘页面、浏览企业招聘信息及投递简历的体验。也就是说，企业与候选人的所有接触点都需要仔细考虑。

针对这些新的趋势，企业招聘人员毫无疑问应该回归人本的管理，将每个人才都看成最宝贵的资产。

第四节　旅游景区开发与餐饮文化

一、旅游景区发展现状

众所周知，旅游景区是旅游业发展的主要力量。过去很长一段时间，旅游业发展主要以旅游景区观光、休闲为主，旅游景区在满足游客参观游览、休闲度假、科学考察、康乐健身等方面发挥了重要作用。旅游景区是游客开展旅游活动的重要空间。旅游景区是旅游业的核心要素，是旅游产品的主体成分，是旅游产业链中的中心环节，是旅游消费的吸引中心，是旅游产业面的辐射中心。

旅游景区的发展也为中国旅游业取得举世瞩目的成绩注入了强大动力，旅游景区作为旅游产品的重要组成部分，是旅游产业发展成效的核心指标，在国内旅游和入境旅游方面发挥了重要作用。“十三五”时期，我国国内旅游市场和入境旅游市场稳步增长，如表 8–2 所示。国内旅游人数、旅游收入保持高质量的快速增长态势；入境旅游人数、入境旅游收入保持稳定的增长趋势，这也说明中国正逐步成为国际游客备受喜爱和认可的国际旅游目的地。全年旅游总收入逐年增高，我国旅游业向世界证明了其作为战略性支柱产业的责任担当和产业风采。

表 8–2 “十三五”时期 2016—2019 年旅游业主要发展指标

年份	国内旅游人次（亿人次）	国内旅游收入（亿元）	入境旅游人次（万人次）	入境旅游收入（亿美元）	旅游总收入（万亿元）
2016	44.35	39390	13844	1200.00	4.69
2017	50.01	45661	13948	1234.17	5.40
2018	55.39	51278	14120	1271.03	5.97
2019	60.06	57251	14531	1313.00	6.63

数据来源：中华人民共和国文化和旅游部（截至 2020 年 8 月）

二、旅游景区发展趋势

（一）高质量发展是旅游景区发展的主基调

中国特色社会主义进入新时代，我国社会主要矛盾已经转变为人民日益增长的美好生活需要和不平衡不充分的发展之间的矛盾。这一论断为新时代旅游业发展提供了新机遇，也提出了新要求。没有优质的旅游，就不可能满足人民日益增长的旅游需要。质量提升是旅游景区可持续发展之根、安身立命之本，也关乎旅游产业高质量发展。在大众旅游由初级阶段向中高级阶段演化，在我国从旅游大国向旅游强国逐步迈进，在旅游业要服务“我国日益走近世界舞台中央、不断为人类做出更大贡献”的历史时期，旅游景区实现高质量发展是新时代的使命。因此，旅游景区必须以高质量发展为导向，坚持共享为理念，不断创新旅游产品、提高旅游服务质量、完善旅游基础设施建设、优化旅游供给，从而满足人民群众日益增长的美好生活需要。

（二）文旅融合是旅游景区发展的主旋律

2018 年，文化和旅游部正式成立。文化和旅游两大部门合并，从顶层设计上文化与旅游进行了有机融合；在内涵上，“诗”代表着“文化”，“旅游”寓意着“远方”，文旅融合促成了诗和远方牵手。中华民族自古以来所崇尚的“读万卷书，行万里路”，实际上就是把旅游和文化融合在一起。2500多年前，孔子就阐述了“无文不远”的理念。中国古人游览名山大川，留下传诵后世的名篇佳句，实际就是一种深度的文旅融合。“诗和远方说”开启了“文”小姐与“旅”先生的蜜月旅行，诗和远方互相赋能，相互加码，促进文旅融合高质量发展。

根据联合国世界旅游组织2019年统计数据，全世界旅游活动中约有37%涉及文化因素，文化旅游者以每年15%的幅度增长。文化成为旅游最大的原动力。文化与旅游深度融合发展不仅呈现出前所未有的活跃态势，而且成为未来10年影响中国旅游业发展的最大变量。旅游产业与文化产业具有天然的耦合性和共同的现实需求基础，符合产业融合发展的趋势。在新时代条件下，文化与旅游的相互渗入、互为支撑、协同并进、深入融合是推动旅游高品质发展的必然要求。

“十三五”时期，我国文化和旅游加快了融合的步伐，文化和旅游机构的数量及从业人员持续保持良好的态势（见表8-3）。文化和旅游的有机融合，既给文化“加码”，更为旅游“赋能”。文旅融合发展坚持以满足人民群众美好生活需要为出发点和根本落脚点。文旅融合产生的新业态、新产品、新商业模式、新技术、新IP、新媒体能够拓展延伸文化和旅游产业链。一方面，文旅融合不断增加人民群众的幸福感。坚持文旅融合发展以个性化、内涵化的文化体验强化人民群众的精神享受和愉悦感，不断满足人民群众对美、趣、乐的需求，提高人民群众的幸福感。另一方面，文旅融合可以做到让文化和旅游产品、公共基础设施等服务人民，让人民群众拥有更舒适的旅游和文化环境，让人民群众拥有更好的生活。

表8-3 “十三五”时期2016—2019年全国各类文化和旅游机构及人员情况

年份	机构数（万个）	从业人员数（万人）
2016	35.82	517.85
2017	37.65	526.69
2018	36.44	518.94
2019	35.05	516.14

数据来源：中华人民共和国文化和旅游部（截至2020年8月）

（三）科技是旅游景区发展的新动能

“互联网+旅游”的快速发展，也宣告着信息技术快速融入旅游发展。信息技术的快速升级激发了创新能力，也创造了文旅融合发展的实现路径。技术革新在文旅融合发展中的作用主要体现在创新文旅产品设计、提高互动体验方式、提高智慧管理效率等方面。其中，有三项技术在文旅发展中应用最广：一是人工智能。随着人工智能技术的日益成熟，人工智能在旅游中的应用也越来越多，当前主要集中在游客服务和景区介绍方面，在未来文旅产品设计上，人工智能技术的应用将带来极大的创新。二是虚拟现实技术（virtual reality，VR）。2019 年是 5G 元年，随着 5G 技术的发展及 AR（augmented reality）、VR 技术的逐步成熟，许多的概念产品得以落地，使得 AR、VR 旅游产品可以进行商业化运营，扩大文旅产业的时空范围，让游客不受地域和时间的限制，身临其境地感受多种多样的文化。三是声光电技术的发展。声光电让当前诸多静态的文化资源跳脱出原有的束缚，更加生动地、不受限制地呈现在游客面前。技术的变革为创新文旅产品、扩大信息渠道、增强游客体验等提供了强有力的实现路径，促进了文化和旅游的深度融合，让灿烂的历史文化有了承载的物体，得以传承和宣扬，让旅游的内涵有了更加深刻的文化意义。

四、旅游景区开发的价值

（一）旅游景区依然是旅游业的支柱

旅游有六大要素“食、住、行、游、购、娱”，其中“游”“娱”是核心。旅游者到某地旅游，往往是因为其知名的旅游景区或独一无二的旅游资源。换言之，旅游景区的吸引力是激发旅游者动机的重要因素。旅游景区是旅游者的终极旅游目的和所购买旅游产品的核心内容。很多城市和地区的综合发展也往往依托当地最知名的旅游景区，甚至一些旅游景区就是城市发展的支柱。对于旅游业发展而言，亦是如此。尽管旅游业发展已经开始从传统的观光旅游向休闲度假旅游转型升级，但必须指出的是，旅游业发展并未放弃观光旅游。相反，观光旅游依然是大众游客的重要选择，特别是知名的旅游景区。因此，旅游景区依然是旅游业的支柱。

（二）旅游景区的发展是提升区域旅游经济效益的前提

旅游景区作为旅游资源的集聚地和集中展示地，对于提升区域旅游业经济效益的能力也不容忽视。大量的事实证明，旅游景区资源丰富和品质高的地方就拥有先发优势和强大竞争力。2016 年，全域旅游上升为国家战略，全国各地大力发展全域旅游。全域旅游发展的一个重点内容就是将城市和地区的空白地带、边缘地带最大化利用，打造成美丽的风景。通过打造休闲化的旅游设施、植入当地的文化内容，实现全域景区化、全域休闲化，从而打造更多的旅游体验点，创造更多的旅游消费点，形成旅游消费面，提升区域旅游经济效益。

（三）旅游景区是塑造旅游业良好形象的“重要窗口”

随着旅游业的发展，旅游景区成为地方形象的突出代表，甚至成为城市的“金名片”。旅游景区是外来旅游者到达当地的重要目的。景区形象的好坏往往直接影响旅游目的地的总体旅游形象和城市形象。旅游业的发展要承担起展示文化魅力、倡导文明旅游、展现城市形象的“重要窗口”责任，而旅游景区是塑造旅游业良好形象的“重要窗口”。

五、旅游景区开发与餐饮文化

旅游六大要素中的“食”代表着餐饮。“民以食为天”深刻阐明了餐饮在社会经济发展中的地位，也表明了餐饮文化悠久的历史。餐饮业一直以来都是旅游业发展的重要内容。餐饮文化是关于人们吃喝行为的一种文化现象。在旅游业中，餐饮文化则表现为游客吃喝什么、如何吃喝、吃喝的效果等饮食文化。让游客追捧饮食文化，就要通过美食这个载体去实现，为游客创造极致的美食体验，进而提升游客的满意度。

（一）美食成为旅游景区发展的推动力

美食具有极强的地域性。美食结合在地文化，被赋予了文化的色彩。彰显地域文化特色是体现美食不可替代性的重要保障。在旅游发展过程中，游客需求与旅游景区发展共融，使得美食成为旅游景区创造旅游效应的重要推动力，也间接拉动地方经济。美食是带动旅游发展的重要抓手，对于塑造旅游景区品牌、提升旅游目的地吸引力具有重要的积极效应。

（二）美食是旅游景区为游客创造情感寄托的“美丽风景”

游客对美食的追求，实际是追求一种完整的生活体验和精神享受。美食不仅满足了游客味觉、嗅觉、视觉等观感需求，也满足了游客从美食中寻找乡愁和儿时回忆的生活需求，还满足了游客寻求情感满足与寄托的精神需求。旅游景区积极开发美食，为游客在美食体验中创造寄托情感的“美丽风景”。

（三）从美食文化到美食产品，为美食旅游增色

美食文化只有积极转化成美食产品，才能真正释放文化的魅力，让文化在美食体验中可赏、可触、可玩，增强美食旅游的新鲜感和带入感。因此，旅游景区要在美食产

品上持续不断创新，增加美食体验内容，享受免费体验制作美食的过程，形成美食体验链，让美食成为旅游景区的独特符号。同时，积极开发美食特色活动，举办美食节，增加参与性和趣味性，创造成千上万的游客一起享用美食的宏伟场景，为美食旅游增加动人的色彩。

（四）美食文化与旅游景区融合，打造网红经济

美食文化是中华传统文化的组成部分，在新时代条件下，网红经济和地方美食文化融合，形成新型的美食文化传播体系。在旅游景区开发中，美食是传播餐饮文化的重要载体，也是旅游景区营销的重要载体。将美食作为旅游景区的核心卖点，就是大力发展美食旅游，释放美食吸引力。通过美食旅游，景区向游客持续传递饮食文化、消费文化和生活文化。同时，旅游景区也可以通过美食旅游进一步聚集游客的人气，丰富旅游产品类型，充实旅游体验深度。美食旅游将促进旅游景区成为一个网红旅游景点及目的地。

◎ 案例研究

旧金山超级美味三明治之旅

旧金山冬暖夏凉、阳光充足，是世界著名的旅游胜地、度假天堂。美食也是旧金山旅游的标志，世界各地的游客远赴旧金山就是为了享受一顿美食。

旧金山不仅拥有一座美丽的金门大桥，还有众多美食，尤其是将近200种的超级三明治，吸引着成千上万的游客。其中，位于卡斯特罗区的艾克三明治店，成为世界各地游客必到的地方。每天，游客和当地居民都排着长长的队伍，就是为了品尝让人食欲高涨且名字新奇的三明治。很多游客纷纷表示，来旧金山卡斯特罗区就是为了品尝三明治，这也足以体现美食的魅力。“Three People Live Together（三个人住在一起）”“Sorry Charlie（对不起查理）”“We Are Just Friends（我们只是朋友）”等各种新奇的三明治名字，不断地吸引游客去品尝和体验。三明治精致的制作过程，诞生了一个个美味的三明治。特别令人惊奇的是，艾克三明治店还专门制作了最大、最邪恶的超级三明治：氪星。这款超级三明治拥有13款配料，重达2千克，成为当地三明治的一大标志。

通过旧金山超级美味三明治，我们可以得到一些启示。

1. 将美食打造成旅游金名片

美食作为美食文化的载体，也是诸多地方旅游的符号。旅游发展就要充分利用美食的

吸引力，打造旅游黄金名片，发挥美食对于旅游地聚集人气效应、释放吸金效应的作用。正如本案例所示，三明治作为一种非常常见的食物，却成为旧金山旅游业的黄金名片，世界各地游客来旧金山就是为了品尝三明治。

2. 创建有趣的美食名字

名字往往是流行的象征。有趣的名字也能成为传递美食文化的载体，让游客闻“名”而动。旅游景区开发要充分发挥创意，创建既能体现文化内涵，又能契合游客心理需求的名字。正如本案例所示，一些有趣的三明治名字，如“三个人住在一起”“对不起查理”“我们只是朋友”，这刺激了游客的旅游动机和体验欲望。

3. 打造一个“美食之王”

美食旅游的开发需要积极打造一个核心的标志物，成为美食旅游的一个引爆点。正如本案例所示，艾克三明治店，做了一个重 2 千克的超级三明治，这也成为这家三明治店的招牌，成功地塑造了一个核心吸引物。

本章小结

- 从场馆运营角度，会展餐饮是打造场馆核心竞争力、提高营利能力的必备项目；从企业参展角度，会展餐饮是确保参展工作效率、提升企业参展回报的重要内容。
- 休闲的概念可以从时间、活动、生存方式或心态等多维角度来理解。商业贸易中的休闲活动要让消费者认同其价值，必须注重产品体验，餐饮休闲活动，亦然。
- 未来的竞争是人才的竞争，因此人力资源必然是企业管理的重点。人力资源招募则是企业根据自身品牌和雇主理念，寻找与组织目标一致的员工，在餐饮行业中尤为关键。
- 旅游景区是旅游业的核心要素，是旅游产品的主体成分，是旅游产业链中的中心环节，是旅游消费的吸引中心。作为六大要素之首的餐饮，必是旅游景区开发中的重中之重。

复习思考

1. 餐饮文化在企业参展管理中的重要意义是什么？
2. 除了茶文化外，还有哪些餐饮文化是休闲活动中的表现方式？
3. 在人力资源招募中，海底捞和麦当劳的雇主理念的差异表现在哪些方面？
4. 以你的家乡或者你去过的旅游目的地为例，谈一谈旅游景区规划中餐饮文化的运用价值。

参考文献

[1]北京友谊宾馆《国际菜谱》编写组 . 国际菜谱 [M]. 北京：科学普及出版社，1983.

[2]白露 . 法语的历史变迁与法国语言政策 [J]. 考试周刊，2015（09）：81-82.

[3]滨川真由美 . 出国游旅游日语一本通 [M]. 北京：北京理工大学出版社，2019.

[4]曹岚 ,杨旭 . 我国调味品文化的发展历程及文化遗产保护 [J]. 中国调味品，2013（11）：117-120.

[5]柴焰 . 关于文旅融合内在价值的审视与思考 [J]. 人民论坛·学术前沿，2019（11）：112-119.

[6]程晓丽，祝亚雯 . 安徽省旅游产业与文化产业融合发展研究 [J]. 经济地理，2012（09）:161-165.

[7]丁永明 . 户外烤肉 美食文化 [J]. 食品与生活，2005（10）：40-41.

[8]邓芝彬 . 汉语拼音与国际音标的比较——以外国人学习汉语为例 [J]. 民族论坛，2011（03）：36-37.

[9]董燕生，刘建 . 现代西班牙语学生用书 1[M]. 北京：外语教学与研究出版社，2014.

[10]丁浩，尚雪娇 . 葡语国家黄皮书：中国与葡语国家合作发展报告（2019）[M]. 北京：社会科学文献出版社，2019.

[11]郭剑英 . 中西餐服务之比较 [J]. 中国烹饪研究，1998（03）：60-64.

[12]高第 . 从零开始学西班牙语　这本就足够 [M]. 2 版 . 北京：中国纺织出版社，2017.

[13]高第 . 一学就会说西班牙语 [M]. 北京：中国纺织出版社，2019.

[14]胡玲 . 旅游礼仪 [M]. 重庆：重庆大学出版社，2015.

[15]黄金贵 .“羹”、“汤”辨考 [J]. 湖州师范学院学报，2005（06）：1-7.

[16]黄南津 .“羹”的文化解读 [J]. 长沙水电师院社会科学学报，1996（03）：104-106.

[17]韩国语教育开发研究院 . 美丽的韩国语初级 1[M]. 哈尔滨：黑龙江朝鲜民族出版社，2016.

[18]何锦涛，朱楠，冯伟良，等.顺德美食文化经济发展平台探究[J].中国商论，2020（09）：7-8.

[19]杰弗瑞·戈比.你生命中的休闲[M].康筝，译.昆明：云南人民出版社，2002.

[20]金康.肯德基售中国油条的启示[J].城市开发，2011（09）：76-77.

[21]江南.阿拉伯饮食习俗[J].烹调知识，2010（28）：58-59.

[22]黎福清.中国酒器文化[M].天津：百花文艺出版社，2003.

[23]罗妮·费恩.西餐[M].李燕英，薛峰峰，译.沈阳：辽宁教育出版社，2000.

[24]刘振英.浅谈德语的演变及其发展（一）[J].德语学习，2000（05）：18-24.

[25]李伟.俄罗斯饮食习惯的形成与发展[J].世纪桥，2013（15）：79-80.

[26]李怡.俄语语义研究及其历史发展阶段[J].译苑新谭，2011（00）：112-120.

[27]雷丽平.俄罗斯文化的形成、发展及其主要特征[J].西伯利亚研究，2001（02）：41-44，53.

[28]刘昕.人力资源管理[M].3版.北京：中国人民大学出版社，2018.

[29]林峰.从产业价值的提升看文旅融合[J].中国房地产，2019（14）：22-25.

[30]理查德·E.苏里文，丹尼斯·谢尔曼，约翰·B.哈里森.西方文明史[M].8版.海口：海南出版社，2009.

[31]毛文婷.英国饮食中的外国元素[J].世界文化，2011（10）：46-47.

[32]马勇，崔翰林.文旅融合发展的三维价值解构与重构[J].武汉商学院学报，2019（04）：5-8.

[33]纳忠.阿拉伯语的起源、发展和传播[J].阿拉伯世界，1980（01）：1-10，20.

[34]邵万宽.我国传统菜肴调味文化的四大主干味型[J].中国调味品，2018（03）：192-197.

[35]舌尖上的德国美食[J].餐饮世界，2019（08）：66-71.

[36]人民教育出版社，光村图书出版株式会社.新版中日交流标准日本语（初级）[M].北京：人民教育出版社，2015.

[37]谭媛元.葡萄牙的美食文化[J].餐饮世界，2012（02）：117-118.

[38]隗静秋.中外饮食文化[M].北京：经济管理出版社，2010.

[39]王学泰.中国饮食文化史[M].桂林：广西师范大学出版社，2006.

[40]魏益民.中华面条之起源[J].麦类作物学报，2015（07）：881-887.

[41] 王仁兴 . 汉晋北朝烤肉串图像研究——兼及当代烤肉串的世界分布 [J]. 美食研究，2017（ 01）：1-7，28.

[42] 王霞晖 . 探讨英语教育与饮食文化的融合——书评《食品行业英语》[J]. 肉类研究，2020（03）：112-113.

[43] 王盼盼 . 德国饮食礼仪 [J]. 肉类研究，2010（05）：1.

[44] 吴贻翼 . 现代俄语功能语法概要 [M]. 北京：北京大学出版社，1991.

[45] 薛希 . 美食榜单“红与黑” [J]. 产城，2018（01）：78-81.

[46] 夏冬梅 . 俄罗斯饮食文化 [J]. 青年与社会，2013（10）：324-325.

[47] 杨铎，杨晓川 . 由羹到汤——河南的汤文化 [J]. 寻根，2018（05）：37-41.

[48] 袁妮，赵秀美 . 现代俄语语法教程 [M]. 北京：中国人民大学出版社，2002.

[49] 杨薇，金日平 . 旅游韩语 [M]. 北京：北京理工大学出版社，2017.

[50] 赵荣光 . 中国当代餐饮企业文化建设的原则构想 [J]. 商业经济与管理，2001（09）：60-62.

[51] 郑南 . 文化交流视域下的面条与面条文化 [J]. 南宁职业技术学院学报，2013（01）：1-5.

[52] 赵莹 . 浅析汉语的发展历程 [J]. 文教资料，2019（18）：24-25，20.

[53] 赵秀英 . 意大利语的起源 、形成和演变 [J]. 外语与外语教学，2001（05）：31-33.

[54] 张健康 . 企业参展管理 [M]. 重庆：重庆大学出版社，2021.

[55] 中国会展经济研究会 . 2018 年度中国展览数据统计报告 [EB/OL].（2019-04-02）[2021-05-30]. http://www.cces2006.org/index.php/home/index/detail/id/12252，2019-04-02，2018.

[56] DE GRAZIA S. Of Time, Work, and Leisure [M]. NY：The Twentieth Century Fund, 1961.

[57] DUMAZEDIER J. Current Problems of the Sociology of Leisure [J]. International Social Science Journal, 1960（12）:526.

[58] KAPLAN M. Leisure in America [M]. NY：John Wiley & Sons, 1960.

[59] MAY H, PETGEN D. Leisure and Its Uses [M]. NY：A. S. Bames, 1960.

[60] PIEPER J. Leisure—The Basis of Culture [M]. NY：New American Library, 1952.

互联网+教育+出版

立方书

教育信息化趋势下，课堂教学的创新催生教材的创新，互联网+教育的融合创新，教材呈现全新的表现形式——教材即课堂。

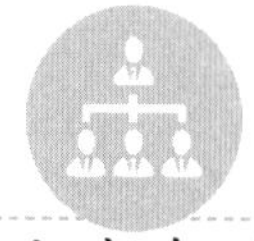

轻松备课　分享资源　发送通知　作业评测　互动讨论

“一本书”带来“一个课堂”　教学改革从“扫一扫”开始

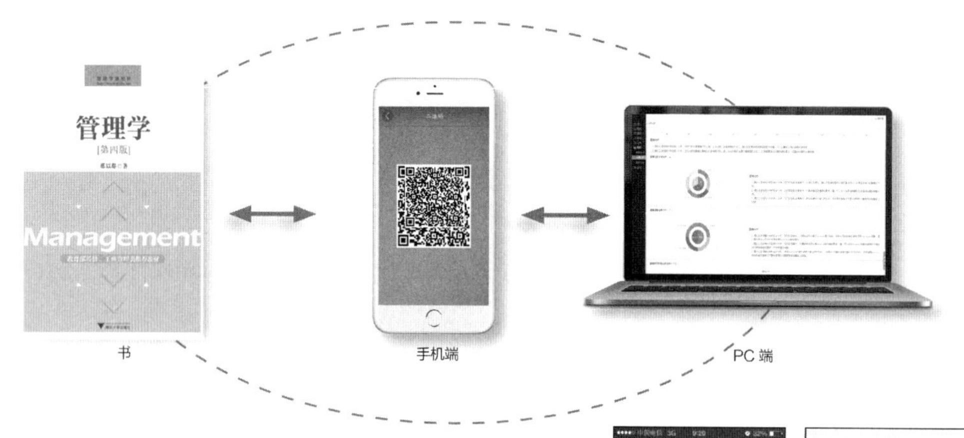

打造中国大学课堂新模式

【创新的教学体验】

开课教师可免费申请“立方书”开课，利用本书配套的资源及自己上传的资源进行教学。

【方便的班级管理】

教师可以轻松创建、管理自己的课堂，后台控制简便，可视化操作，一体化管理。

【完善的教学功能】

课程模块、资源内容随心排列，备课、开课，管理学生、发送通知、分享资源、布置和批改作业、组织讨论答疑、开展教学互动。

扫一扫 下载APP

教师开课流程

- 在APP内扫描**封面**二维码，申请资源
- 开通教师权限，登录网站
- 创建课堂，生成课堂二维码
- 学生扫码加入课堂，轻松上课

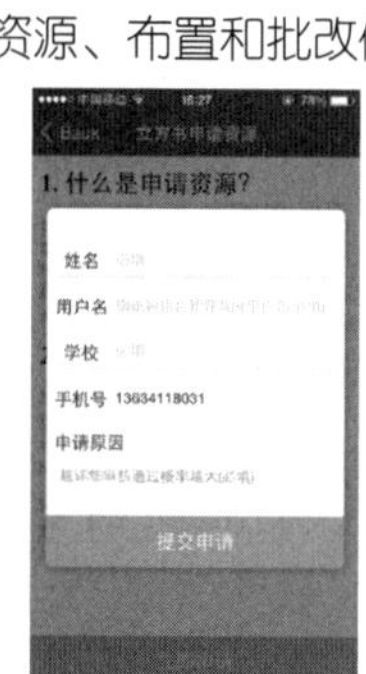